"十三五"国家重点出版物出版规划项目

无人系统科学与技术丛书

无人机系统空域管理技术

The Airspace Management Technology of UAS

程旗 冯涛 编著

国防工业出版社

·北京·

图书在版编目(CIP)数据

无人机系统空域管理技术／程旗，冯涛编著. — 北京：国防工业出版社，2023.2
(无人系统科学与技术丛书)
ISBN 978-7-118-12841-3

Ⅰ.①无… Ⅱ.①程… ②冯… Ⅲ.①无人驾驶飞机－空中交通管制 Ⅳ.①V279 ②V355.1

中国国家版本馆 CIP 数据核字(2023)第 030260 号

※

国防工華出版社出版发行
(北京市海淀区紫竹院南路23号 邮政编码100048)
北京龙世杰印刷有限公司印刷
新华书店经售

＊

开本 710×1000 1/16 印张 18¾ 字数 350 千字
2023 年 2 月第 1 版第 1 次印刷 印数 1—2000 册 定价 108.00 元

(本书如有印装错误，我社负责调换)

国防书店：(010)88540777 书店传真：(010)88540776
发行业务：(010)88540717 发行传真：(010)88540762

国防科技图书出版基金
2019 年度评审委员会组成人员

主 任 委 员	吴有生
副 主 任 委 员	郝 刚
秘 书 长	郝 刚
副 秘 书 长	刘 华　袁荣亮

委　　　　员　于登云　王清贤　王群书　甘晓华　邢海鹰
（按姓氏笔画排序）刘　宏　孙秀冬　芮筱亭　杨　伟　杨德森
　　　　　　　　肖志力　何　友　初军田　张良培　陆　军
　　　　　　　　陈小前　房建成　赵万生　赵凤起　郭志强
　　　　　　　　唐志共　梅文华　康　锐　韩祖南　魏炳波

致读者

本书由中央军委装备发展部**国防科技图书出版基金**资助出版。

为了促进国防科技和武器装备发展，加强社会主义物质文明和精神文明建设，培养优秀科技人才，确保国防科技优秀图书的出版，原国防科工委于1988年初决定每年拨出专款，设立国防科技图书出版基金，成立评审委员会，扶持、审定出版国防科技优秀图书。这是一项具有深远意义的创举。

国防科技图书出版基金资助的对象是：

(1) 在国防科学技术领域中，学术水平高，内容有创见，在学科上居领先地位的基础科学理论图书；在工程技术理论方面有突破的应用科学专著。

(2) 学术思想新颖，内容具体、实用，对国防科技和武器装备发展具有较大推动作用的专著；密切结合国防现代化和武器装备现代化需要的高新技术内容的专著。

(3) 有重要发展前景和有重大开拓使用价值，密切结合国防现代化和武器装备现代化需要的新工艺、新材料内容的专著。

(4) 填补目前我国科技领域空白并具有军事应用前景的薄弱学科和边缘学科的科技图书。

国防科技图书出版基金评审委员会在中央军委装备发展部的领导下开展工作，负责掌握出版基金的使用方向，评审受理的图书选题，决定资助的图书选题和资助金额，以及决定中断或取消资助等。经评审给予资助的图书，由国防工业出版社出版发行。

国防科技和武器装备发展已经取得了举世瞩目的成就，国防科技图书承担着记载和弘扬这些成就，积累和传播科技知识的使命。开展好评审工作，使有限的基金发挥出巨大的效能，需要不断摸索、认真总结和及时改进，更需要国防科技和武器装备建设战线广大科技工作者、专家、教授，以及社会各界朋友的热情支持。

让我们携起手来，为祖国昌盛、科技腾飞、出版繁荣而共同奋斗！

国防科技图书出版基金
评审委员会

本书编审委员及编写组

编 审 委 员 陈志杰　刘永坚　王沙飞　李　辉
　　　　　　 张学军　蔡开泉
编写组成员 李君惠　章学锋　王彦成　王　杰
　　　　　　 廖育富　赵浩然　郑　超　赵清明
　　　　　　 耿依田　吕　波

序

20世纪40年代至50年代,人们研制了军用无人靶机,开创了无人机使用的先河。随着现代信息技术和先进制造技术的突飞猛进,人们赋予了无人机更强的生命力,无人机具有用途多、作战环境要求低等有人机无法比拟的优点,在现代信息化战争中发挥着情报侦察、军事打击、信息对抗、通信中继、空中预警等至关重要的作用。进入21世纪,无人机作战已成为战争形式的常态。在民用领域,无人机广泛应用于搜索救援、电力巡检、管线巡检、农林植保、交通监视、物流运输、地理测绘、监测监控等方面。我国已经出现了以"大疆"为代表的一大批民用无人机制造和运营商。近年来,我国发布了几十项无人机相关标准、规范和制度,在我国多个省(自治区、直辖市)的低空管理试点改革中均将无人机纳入试点运行管理的范畴,试点改革省份越来越多,开放空域范围越来越大,无人机应用正在步入发展快车道。未来,随着人工智能、5G通信、北斗定位通信、云网络、纳米科技等新技术的发展,无人机的自动化、智能化、网络化、微型化程度越来越高,自主、仿生、编队、集群等飞行模式不断涌现,无人机编队物流、无人机网络协同探测、无人机蜂群作战等应用将日益广泛,不断推动社会进入智能时代。

由于无人机飞行具有灵活性强、随机性大的特点,为了确保飞行安全,长期以来一直采用隔离空域的运行方式。隔离空域运行对无人机飞行灵活性、任务遂行能力和空域资源的高效利用均带来非常不利的影响,同时对有人飞机和其他飞行体的飞行与空域调配带来极大的限制,无人机进入公共空域、与有人机混合运行成为发展的必然趋势。21世纪初,美国针对大中型无人机提出了国家空域系统集成无人机运行的概念和计划,对超低空小微型无人机推出了无人机交通管理(UTM)

系统；欧洲针对大中型无人机提出了无人机融入公共空域的发展路线，针对小微型无人机推出了安全融入欧洲空域的无人机交通管理系统 U – space。

无人机与有人机相比，在飞行特点、操控方式、空域需求、机载设备能力、管理方式等方面存在明显的不同，无人机进入公共空域进行混合空域运行将面临一系列需要解决的空域运行管理技术问题。首先，无人机需具备相应的技术能力，包括无人机的探测监视、间隔管理和感知避撞等，避免无人机与障碍物、无人机与其他飞行体、无人机与禁入空域的冲突，以及避免无人机遭遇恶劣气象环境；其次，需要一体化、灵活的空域组织和管理技术，包括空域分类划分、使用调配、规划评估等，保证空域安全，提高整个空域资源的使用率，满足无人机空域使用需求。通过空域运行管理，在不改变有人机运行规则的前提下，可以为有人/无人机的飞行安全、空域安全和空域高效使用提供保障。此外，从管理层面，还需要对无人机、无人机驾驶员、交通管理、操作运行等方面提出明确的安全要求和运行规范。

本书围绕上述无人机融入公共空域的需求背景，聚焦无人机空域管控关键技术方向，详细阐述了技术体系和系统架构、无人机飞行监视技术、空域间隔管理技术、空域管理与评估技术以及相关技术特点和存在的有关问题，对促进我国无人机产业和低空经济发展提供了重要的技术支撑。尤其是，针对目前广泛关注的"低、慢、小"空中目标带来的空域安全问题，专门在第 5 章论述了无人机探测与反制技术，并针对未来智能无人机发展，在第 7 章论述了无人机空域管理技术的未来发展趋势。本书内容丰富，知识系统全面，书中资料内容翔实，具有很高的实用参考价值。反映了作者对专业技术有较深认知和宽广视野，具有明显的前瞻性和创新性，是一部无人机空域管理领域的专业著作。期望本书对无人机运行相关领域的科研工作者、院校师生、军民应用管理与操控人员以及无人机爱好者有所帮助。

2022 年 7 月 21 日

前　言

无人机具有用途广、飞行灵活性高、成本代价低等特点，在某些方面具有有人机系统无法比拟的优势。基于无人机的诸多优点，无人机在军民用领域得到了广泛应用。我国使用无人机进行人工降雨、航空遥感、农林植保、地球物理探矿、危险天气监测、灾情监测、海岸缉私等飞行活动与日俱增。无人机飞行活动量的快速增加，导致无人机与障碍物、无人机与无人机、无人机与有人机等之间产生碰撞冲突的风险增大，无人机对非许可空域的侵入导致对地面人员生命财产安全和国防安全的风险显著提升，对空域安全造成严重威胁，对无人机飞行空域进行科学的规划管理和使用、降低空域安全风险是当前非常迫切的需求。

无人机飞行空域正由超低空、低空向中高空甚至临近空间方向扩展，飞行空域几乎覆盖了全空域。特别是军用无人机遂行训练、侦察、突击、干扰等任务，经常有跨越机场区域、飞行管制分区或飞行管制区的长航线机动和转场飞行，对空域的需求呈现出使用空域范围大、留空时间长、占用高度层多、空域使用随机性强的特点。

空域是一种有限的资源，在空域资源有限而需求不断增长的条件下，传统的无人机隔离空域运行模式将向非隔离空域运行转变，未来无人机与有人机在融合空域中运行成为发展趋势。空域管理将变得更为复杂，在充分考虑安全及使用效率的情况下，需要进行合理、协调的空域监视和运行管理。

本书围绕无人机系统的空域管理技术问题，介绍了无人机系统空域管理的基本概念，提出无人机系统空域管理技术体系和系统架构，针对无人机飞行监视技术、空域间隔管理技术、探测与反制技术、空域管理与评估技术等进行了论述。围绕智能无人机的发展及其空域应用所带来的新挑战、新需求,阐述了空域管理技术未来发展趋势及相关的概念、原理和技术方法。

本书共分为7章,主要内容安排如下:

(1)第1章主要介绍无人机系统、空域管理、无人机系统空域管理的基本概念,以及国内外现状和发展趋势,为后续章节内容提供基础知识。

(2)第2章主要提出了无人机空域管理的技术体系和系统架构,在技术体系上对运行支撑技术、空域安全技术和运行管理技术进行了功能描述与特征分析,在系统架构上对区域集中式系统、广域分布式系统和有人/无人机协同空域管理系统等进行了功能描述与特征分析。

(3)第3~6章重点从无人机飞行监视、空域间隔管理、探测与反制、空域管理与评估4个方向讲解了无人机系统进入空域所涉及的主要技术问题,针对每一方面技术问题进行了详细分析,提出了当前的主流技术手段或方法原理。

(4)第7章针对日新月异的无人机飞行和空域使用技术发展需求,展望未来无人机系统空域管理技术的发展趋势,介绍了新的空域管理技术和方法。

全书在广泛参考国内外资料和听取行业专家意见的基础上,围绕无人机系统空域管理技术领域,融入了团队的研究成果,同时也涵盖了当前技术现状和技术进步的主流认识,具有一定的实际应用价值,适合相关领域的运行管理人员、科技工作者和高校师生等阅读参考。考虑到行业的习惯用法以及对国外技术资料的理解对比等原因,书中部分数量单位仍沿用了英制单位进行描述,便于读者阅读。尽管作者在编写过程中投入了大量的时间和精力,但由于水平有限,书中难免存在疏漏和不妥之处,恳请读者批评指正。

在本书的撰写过程中,感谢国防工业出版社、西北工业大学、北京航空航天大学等单位专家和老师的多次热情指导与建议,感谢陈志杰院士、刘永坚院士、王沙飞院士、李辉老师、张学军老师、蔡开泉老师对本书著成提出的宝贵建议,感谢国防科技图书出版基金对本书出版的资助。本书主要由本人和冯涛编写,参加编写的人员还包括李君惠、章学锋、王彦成、王杰、廖育富、赵浩然、郑超、赵清明、耿依田、吕波等,参加本书编辑的人员包括曾如意、刘佩洁、何爽、李小亚等,在此感谢他们的辛勤付出。

程 旗

2022 年 6 月

目 录

第1章 绪论 ··· 001

1.1 概述 ··· 001
- 1.1.1 无人机系统 ··· 001
- 1.1.2 无人机分类 ··· 002
- 1.1.3 无人机飞行 ··· 007
- 1.1.4 无人机系统空域运行环境 ··· 010

1.2 无人机空域管理 ··· 012
- 1.2.1 无人机空域管理概念 ··· 012
- 1.2.2 无人机空域管理现状 ··· 016
- 1.2.3 无人机空域管理特点 ··· 019
- 1.2.4 无人机空域管理规范 ··· 026
- 1.2.5 无人机空域管理系统 ··· 032

1.3 小结 ··· 034

第2章 无人机空域管理技术体系 ··· 035

2.1 概述 ··· 035

2.2 无人机空域管理运行概念 ··· 035
- 2.2.1 运行概念 ··· 036
- 2.2.2 参与相关方 ··· 039

2.3 无人机空域管理技术体系架构 ··· 040
- 2.3.1 运行支撑技术 ··· 042
- 2.3.2 空域安全技术 ··· 048
- 2.3.3 运行管理技术 ··· 054

2.4 无人机空域管理系统架构 ··· 058
- 2.4.1 区域集中式无人机空域管理系统 ··· 058
- 2.4.2 广域分布式无人机空域管理系统 ··· 059
- 2.4.3 有人/无人机协同空域管理系统 ··· 060

2.5 小结 ··· 061

第3章 无人机飞行监视技术 ········· 062

3.1 概述 ········· 062
3.2 一次监视雷达 ········· 064
3.2.1 空管一次监视雷达 ········· 064
3.2.2 机载交通监视雷达 ········· 068
3.2.3 低空探测雷达 ········· 068
3.3 二次监视雷达 ········· 069
3.3.1 常规模式二次监视雷达 ········· 070
3.3.2 S 模式二次监视雷达 ········· 074
3.4 ADS-B 系统 ········· 081
3.4.1 系统介绍 ········· 081
3.4.2 ADS-B 数据链 ········· 085
3.4.3 星基 ADS-B 系统 ········· 090
3.4.4 1090ES 数据链 ADS-B 地面站主要指标 ········· 093
3.4.5 1090ES 数据链 ADS-B 地面站 ········· 093
3.5 多点定位监视 ········· 094
3.5.1 系统组成 ········· 095
3.5.2 工作原理 ········· 096
3.5.3 主要指标 ········· 099
3.5.4 典型产品 ········· 100
3.6 机载防撞系统 ········· 101
3.6.1 系统功能 ········· 101
3.6.2 工作原理 ········· 102
3.6.3 系统组成 ········· 103
3.6.4 主要指标 ········· 106
3.6.5 典型产品 ········· 107
3.6.6 新一代机载防撞系统 ········· 108
3.7 基于数据链的监视 ········· 110
3.7.1 C2 数据链 ········· 111
3.7.2 卫星通信数据链 ········· 112
3.7.3 5G 通信数据链 ········· 113
3.7.4 无人机数据链的未来 ········· 114
3.8 小结 ········· 114

第4章 无人机系统空域间隔管理 ... 115

4.1 概述 ... 115
4.2 无人机融入空域运行间隔管理 ... 115
4.2.1 间隔保持与防撞技术体制 ... 115
4.2.2 影响因素分析 ... 117
4.2.3 规避空中对象属性 ... 118
4.2.4 目标和准则 ... 120
4.2.5 服务能力 ... 121
4.2.6 功能要求 ... 123
4.2.7 告警时间 ... 124
4.3 无人机 DAA 技术 ... 125
4.3.1 技术标准 ... 125
4.3.2 系统能力要求 ... 126
4.3.3 系统架构 ... 128
4.3.4 设备功能类别 ... 130
4.3.5 系统指标 ... 132
4.3.6 告警算法 ... 133
4.4 无人机 ACAS Xu 技术 ... 145
4.4.1 技术标准 ... 145
4.4.2 系统架构 ... 145
4.4.3 系统能力 ... 147
4.5 无人机 ATAR 技术 ... 149
4.5.1 技术要求 ... 150
4.5.2 ATAR 概述 ... 151
4.5.3 ATAR 组成 ... 153
4.5.4 ATAR 特点 ... 154
4.6 无人机 DAA 系统典型场景应用分析 ... 154
4.6.1 机载 DAA 系统应用分析 ... 154
4.6.2 地基 DAA 系统应用分析 ... 156
4.7 小结 ... 158

第5章 低空无人机探测与反制系统 ... 159

5.1 概述 ... 159

5.2 低空无人机探测与反制应用系统 ………………………………… 159
    5.2.1 应用系统组成 …………………………………………… 160
    5.2.2 应用系统架构 …………………………………………… 161
5.3 指挥与信息处理系统 ……………………………………………… 162
    5.3.1 系统组成 ………………………………………………… 162
    5.3.2 系统架构 ………………………………………………… 162
5.4 低空雷达探测系统 ………………………………………………… 163
    5.4.1 系统组成 ………………………………………………… 164
    5.4.2 技术原理 ………………………………………………… 165
    5.4.3 典型产品 ………………………………………………… 166
5.5 低空光电探测系统 ………………………………………………… 168
    5.5.1 系统组成 ………………………………………………… 168
    5.5.2 技术原理 ………………………………………………… 168
    5.5.3 典型产品 ………………………………………………… 169
5.6 低空频谱探测系统 ………………………………………………… 170
    5.6.1 系统组成 ………………………………………………… 170
    5.6.2 技术原理 ………………………………………………… 171
    5.6.3 典型产品 ………………………………………………… 172
5.7 多源融合探测系统 ………………………………………………… 173
    5.7.1 系统组成 ………………………………………………… 173
    5.7.2 技术原理 ………………………………………………… 174
    5.7.3 典型产品 ………………………………………………… 175
5.8 无人机反制系统 …………………………………………………… 176
    5.8.1 压制干扰 ………………………………………………… 176
    5.8.2 欺骗干扰 ………………………………………………… 179
    5.8.3 激光反制 ………………………………………………… 181
    5.8.4 其他类型反制 …………………………………………… 182
5.9 小结 ………………………………………………………………… 182

第6章 无人机空域管理与评估技术 ………………………………… 184

6.1 概述 ………………………………………………………………… 184
6.2 基于地理围栏的无人机空域管理技术 …………………………… 184
    6.2.1 无人机围栏技术 ………………………………………… 184
    6.2.2 无人机围栏技术典型应用 ……………………………… 194
6.3 基于网格化的无人机空域管理技术 ……………………………… 195

  6.3.1 三维空间网格化技术 ……………………………………… 196
  6.3.2 网格化在无人机路径规划技术应用 ……………………… 214
 6.4 无人机空域容量评估技术 ………………………………………… 219
  6.4.1 无人机空域可用空间识别 ………………………………… 219
  6.4.2 无人机空域结构特征 ……………………………………… 220
  6.4.3 无人机空域碰撞风险 ……………………………………… 220
  6.4.4 冲突检测与解脱模型 ……………………………………… 220
  6.4.5 无人机空域容量评估 ……………………………………… 221
 6.5 无人机空域运行仿真技术 ………………………………………… 221
  6.5.1 无人机空域运行仿真系统 ………………………………… 221
  6.5.2 无人机融合空域仿真模型 ………………………………… 223
  6.5.3 欧美无人机系统融入国家空域仿真 ……………………… 224
 6.6 小结 ………………………………………………………………… 227

第7章 无人机空域管理未来发展 …………………………………………… 228

 7.1 概述 ………………………………………………………………… 228
 7.2 未来挑战与机遇 …………………………………………………… 228
  7.2.1 无人机未来发展概况 ……………………………………… 228
  7.2.2 智能无人机发展 …………………………………………… 230
  7.2.3 无人机空域管理新技术 …………………………………… 244
  7.2.4 无人机空域管理面临的挑战 ……………………………… 247
 7.3 空域管理技术发展趋势 …………………………………………… 249
  7.3.1 天地一体化空域监视系统 ………………………………… 250
  7.3.2 综合化空域管理系统 ……………………………………… 250
  7.3.3 智能化空域管理 …………………………………………… 251
  7.3.4 空域数字孪生体 …………………………………………… 252
  7.3.5 UTM 与 UAM ……………………………………………… 253
 7.4 小结 ………………………………………………………………… 254

缩略语 …………………………………………………………………………… 256

参考文献 ………………………………………………………………………… 261

Contents

Chapter1 Introduction ·· 001

1.1 Overview ·· 001
    1.1.1 UAS ··· 001
    1.1.2 UAS classification ·· 002
    1.1.3 UAS flight ··· 007
    1.1.4 Airspace Operating Environment of UAS ······························ 010
1.2 UAS airspace management ·· 012
    1.2.1 Concept of UAS airspace management ································· 012
    1.2.2 Current status of UAS airspace management ······················· 016
    1.2.3 Characteristics of UAS airspace management ······················ 019
    1.2.4 Standards for UAS airspace management ···························· 026
    1.2.5 UAS airspace management system ······································· 032
1.3 Summary ·· 034

Chapter2 Technical System of UAS Airspace Management ············ 035

2.1 Overview ·· 035
2.2 Operational concept of UAS airspace management ························· 035
    2.2.1 Operational concept ·· 036
    2.2.2 Participate in relevant parties ·· 039
2.3 Technical architecture of UAS airspace management ······················· 040
    2.3.1 Operation support technology ·· 042
    2.3.2 Airspace safety technology ·· 048
    2.3.3 Operation management technology ······································· 054
2.4 Architecture of UAS airspace management system ·························· 058
    2.4.1 Regional centralized UAS airspace management system ····· 058
    2.4.2 Wide-area distributed UAS airspace management system ····· 059
    2.4.3 Collaborative manned/unmanned aircraft airspace management system ······ 060
2.5 Summary ·· 061

Chapter3　UAS Flight Surveillance Technology　062

3.1　Overview　062
3.2　Primary surveillance radar　064
　　3.2.1　ATC primary surveillance radar　064
　　3.2.2　ATAR　068
　　3.2.3　Detection radar in low altitude　068
3.3　Secondary surveillance radar　069
　　3.3.1　Mode A/C SSR　070
　　3.3.2　Mode S SSR　074
3.4　Automatic Dependent Surveillance-Broadcast system　081
　　3.4.1　System introduction　081
　　3.4.2　ADS-B datalink　085
　　3.4.3　Satellite based ADS-B system　090
　　3.4.4　Main parameters of 1090ES ADS-B ground station　093
　　3.4.5　1090ES ADS-B ground station　093
3.5　Multilateration surveillance　094
　　3.5.1　System composition　095
　　3.5.2　Operational principle　096
　　3.5.3　Main parameters　099
　　3.5.4　Typical products　100
3.6　Airborne collision avoidance system　101
　　3.6.1　System Function　101
　　3.6.2　Operational principle　102
　　3.6.3　System composition　103
　　3.6.4　Main parameters　106
　　3.6.5　Typical products　107
　　3.6.6　New generation ACAS X　108
3.7　Datalink based surveillance　110
　　3.7.1　C2 datalink　111
　　3.7.2　Satellite communication datalink　112
　　3.7.3　5G communication datalink　113
　　3.7.4　Future of UAS datalink　114
3.8　Summary　114

Chapter4　UAS Airspace Separation Management　115

4.1　Overview　115
4.2　Separation management of UAS integration into airspace　115
　　4.2.1　Technical system of separation and collision avoidance　115
　　4.2.2　Analysis of influencing factors　117
　　4.2.3　Air object properties for avoiding　118
　　4.2.4　Objectives and guidelines　120
　　4.2.5　Service capability　121
　　4.2.6　Functional requirements　123
　　4.2.7　Alarm time　124
4.3　UAS DAA technology　125
　　4.3.1　Technical standards　125
　　4.3.2　System capability requirements　126
　　4.3.3　System architecture　128
　　4.3.4　Device class　130
　　4.3.5　System parameters　132
　　4.3.6　Alarm algorithm　133
4.4　UAS ACAS Xu technology　145
　　4.4.1　Technical standard　145
　　4.4.2　System architecture　145
　　4.4.3　System capability　147
4.5　UAS ATAR technology　149
　　4.5.1　ATAR technical requirements　150
　　4.5.2　Overview of ATAR　151
　　4.5.3　Composition of ATAR　153
　　4.5.4　Characteristics of ATAR　154
4.6　Application analysis of UAS in typical scenes　154
　　4.6.1　ABDAA system application analysis　154
　　4.6.2　GBDAA system application analysis　156
4.7　Summary　158

Chapter5　Detection and Defense System of Low Altitude UAS　159

5.1　Overview　159

5.2　Detection and defense application system of low altitude UAS ··· 159
　　5.2.1　Composition of the application systems ··· 160
　　5.2.2　Architecture of the application systems ··· 161
5.3　Command and information processing system ··· 162
　　5.3.1　System composition ··· 162
　　5.3.2　System architecture ··· 162
5.4　Radar detection system in low altitude airspace ··· 163
　　5.4.1　System composition ··· 164
　　5.4.2　Technical principle ··· 165
　　5.4.3　Typical products ··· 166
5.5　Photoelectric detection system in low altitude airspace ··· 168
　　5.5.1　System composition ··· 168
　　5.5.2　Technical principle ··· 168
　　5.5.3　Typical products ··· 169
5.6　Spectrum detection system in low altitude airspace ··· 170
　　5.6.1　System composition ··· 170
　　5.6.2　Technical principle ··· 171
　　5.6.3　Typical products ··· 172
5.7　Multi-source fusion detection system ··· 173
　　5.7.1　System composition ··· 173
　　5.7.2　Technical principle ··· 174
　　5.7.3　Typical products ··· 175
5.8　UAS defense system ··· 176
　　5.8.1　Suppression jamming ··· 176
　　5.8.2　Deception jamming ··· 179
　　5.8.3　Laser countermeasure ··· 181
　　5.8.4　Other types of countermeasure ··· 182
5.9　Summary ··· 182

Chapter6　Airspace Management and Evaluation Technology of UAS ··· 184

6.1　Overview ··· 184
6.2　Geo-fencing based airspace management technology of UAS ··· 184
　　6.2.1　UAS fence technology ··· 184
　　6.2.2　Typical application of UAS fence technology ··· 194

6.3　Grid based airspace management technology of UAS ············· 195
    6.3.1　Three-dimensional space gridding technology ························ 196
    6.3.2　Application of Grid in UAS path planning technology ················ 214
6.4　Airspace capacity evaluation technology of UAS ····················· 219
    6.4.1　Available space identification of UAS airspace ························ 219
    6.4.2　Structural characteristics of UAS airspace ····························· 220
    6.4.3　Collision risk of UAS airspace ·· 220
    6.4.4　Model of conflict detection and resolution ···························· 220
    6.4.5　Airspace capacity evaluation of UAS ·································· 221
6.5　Simulation technology of UAS airspace operation ···················· 221
    6.5.1　Simulation system of UAS airspace operation ························ 221
    6.5.2　Simulation model of UAS fusion airspace ····························· 223
    6.5.3　Simulation of UAS integrated national airspace in Europe and US ··· 224
6.6　Summary ··· 227

Chapter 7　Future Development of UAS Airspace Management ·········· 228

7.1　Overview ··· 228
7.2　Future challenges and opportunities ···································· 228
    7.2.1　Overview of UAS future development ································· 228
    7.2.2　Development of Intelligent UAS ·· 230
    7.2.3　New technologies of UAS airspace management ······················ 244
    7.2.4　Challenges faced by UAS airspace management ······················ 247
7.3　Development trend of airspace management technology ············· 249
    7.3.1　Space and earth integrated airspace surveillance system ············ 250
    7.3.2　Integrated airspace management system ······························ 250
    7.3.3　Intelligent airspace management ······································· 251
    7.3.4　Airspace digital twin ·· 252
    7.3.5　UTM and UAM ·· 253
7.4　Summary ··· 254

Abbreviation ··· 256

References ·· 261

第1章
绪　　论

1.1　概　　述

航空中通信导航监视技术、指挥与控制技术、电子推进技术、材料技术的迅速发展,给无人机产业链和行业大力发展带来极大的推动作用,越来越多的无人机在空中航行,包括构型多样、重量等级多变、飞行方式不尽相同等多种无人机。为了有效梳理无人机的自身和系统组成结构,本节从无人机系统、无人机分类、无人机飞行、无人机系统空域运行环境4个方面进行了概述。

1.1.1　无人机系统

无人驾驶飞行器是一种有动力、可控制、能携带多种任务设备、执行多种任务并能重复使用的无人驾驶航空器,简称无人机(UAV)。无人机系统(UAS)是指利用无线电遥控设备远程操纵或自备的程序控制装置进行自主飞行的不载有驾驶人员的航空器系统,通常包括无人机及与其配套的通信站、起飞(发射)回收装置以及无人机的运输、储存和检测装置等。

2018年8月31日,中国民用航空局发布的《民用无人机驾驶员管理规定》中将无人机系统定义为:无人机以及与其相关的遥控站(台)、任务载荷和控制链路等组成的系统。

欧洲航空安全局(EASA)将无人机系统定义为:无人机系统由单独的系统部分组成,包括无人机、控制站、指挥和控制链路、起飞与回收部分以及飞行所需的其他系统。

美国联邦航空局(FAA)将无人机定义为:一种用于或计划用于在空中飞行且机上无飞行员的装置,包括机上无飞行员的各种飞机、直升机、飞艇和平移起落飞机。

1.1.2 无人机分类

1. 无人机分类方式

现有无人机体型结构差异大、类型多,不同的行业和机构对无人机分类的方式不尽相同,本书梳理的分类方法包括按照使用空域高度分类、按照航程航时分类、按照动力源分类、按照外形构造分类、按照应用领域分类、按照重量和大小分类。

(1) 按照使用空域高度分类。通常按照使用空域高度将无人机分为超低空、低空、中空、高空和超高空无人机。飞行高度低于100m的为超低空无人机,飞行高度在100~1000m范围内的为低空无人机,飞行高度在1000~7000m范围内的为中空无人机,飞行高度在7000~18000m范围内的为高空无人机,高于18000m的为超高空无人机。

(2) 按照航程航时分类。通常按照无人机飞行的航程航时将无人机分为低成本近程、近程、短程、中程、远程无人机。一般情况下,航程5km以内、飞行时长20~45min、成本10000美元以内的无人机为低成本近程无人机,航程50km以内、飞行时长1~6h的无人机为近程无人机,航程可达150km、飞行时长8~12h的无人机为短程无人机,飞行半径可达650km的无人机为中程无人机,飞行半径达300km、高度达30000英尺[①]、飞行时长达36h的无人机为远程无人机。

(3) 按照动力源分类。通常无人机驱动使用的动力源方式,可将无人机分为油动无人机和电动无人机。油动无人机多采用汽油或煤油燃料作为驱动源,电动无人机一般采用电池作为驱动源。

(4) 按照外形构造分类。通常按照外形构造将无人机分为多旋翼无人机、固定翼无人机和无人直升机等,该分类方式最为多见。

(5) 按照应用领域分类。无人机广泛应用于各行各业,通常按照应用领域将无人机分为消费无人机、工业无人机和军用无人机。

(6) 按照重量和大小分类。该分类通常将无人机分为微型、轻型、小型、中型和大型无人机。一般情况下,将翼展小于0.5m,最大飞行距离小于2km的无人机称为微型无人机;将机身尺寸在0.5~3m,飞行距离在2~150km的无人机称为轻型无人机;将机身尺寸在3~5m,起飞质量小于200kg,活动半径在150~350km的无人机称为小型无人机;中型无人机起飞质量在200~500kg;将起飞质量大于500kg的无人机称为大型无人机。

---

① 1英尺=0.3048m。

常用无人机分类与用空需求见表 1-1。

表 1-1　常用无人机分类与用空需求

分类方式	无人机类型	无人机特征	使用空域
按使用空域高度	超低空无人机	飞行高度低于 100m	超低空
	低空无人机	飞行高度 100~1000m	低空
	中空无人机	飞行高度 1000~7000m	中高空
	高空无人机	飞行高度 7000~18000m	中高空
	超高空无人机	飞行高度大于 18000m	高空、超高空
按航程航时	低成本近程无人机	航程小于 5km、飞行时长 20~45min、成本 10000 美元以内	超低空
	近程无人机	航程小于 50km、飞行时长 1~6h	低空
	短程无人机	航程不低于 150km、飞行时长 8~12h	低空、中高空
	中程无人机	飞行半径不低于 650km	中高空
	远程无人机	飞行半径不低于 300km、高度不低于 30000 英尺、飞行时长不低于 36h	中高空、超高空
按动力源	油动无人机	通常以汽油或煤油发动机作为驱动源	低空、中高空、超高空
	电动无人机	通常以电池作为驱动源	低空、中高空、高空
按外形构造	多旋翼无人机	多个旋翼驱动	超低空、低空
	固定翼无人机	固定翼驱动	低空、中高空、超高空
	无人直升机	无人驾驶类直升机	低空、中高空
按应用领域	消费无人机	续航性能较低，飞行航程较短，体积和重量较小，大多属于多旋翼无人机	低空
	工业无人机	续航性能、飞行航程、载荷与配重有很大提升，安全性能有更大的保障	低空、中空
	军用无人机	军事应用无人机	低空、中高空、超高空
按重量和大小	微型无人机	翼展小于 0.5m，最大飞行距离小于 2km	超低空
	轻型无人机	机身尺寸 0.5~3m，飞行距离 2~150km	超低空、低空
	小型无人机	机身尺寸 3~5m，起飞质量小于 200kg，活动半径 150~350km	低空
	中型无人机	起飞质量 200~500kg	低空、中高空
	大型无人机	起飞质量大于 500kg	中高空、超高空

从空域管理角度，无人机分类还应考虑到无人机的飞行特点和飞行模式，如远程驾驶无人机、程序规划飞行无人机、智能自主飞行无人机等。

2. 国内外对无人机的分类

国际民航组织（ICAO）于2011年发布了《关于无人机系统适航和空域融合通告（328号）》，将没有机载驾驶员操控的航空器及其相关要素统称为无人驾驶航空器系统，按操控方式进行分类，将无人机分为远程驾驶航空器系统和自主航空器系统。驾驶员不在无人机上对其进行远程操控的系统称为远程驾驶航空器系统，自主航空器系统是没有驾驶员介入飞行管理的无人驾驶航空器系统。328号通告中提出了"无人机系统达到有人航空器相同的安全水平，空管、空域不宜做大幅调整，无人机系统必须能够最大程度地符合现存的条款"等指导准则。可以看出，328号通告要求无人机系统"尽量"适应有人航空的现有标准，因此首先需要解决的是如何界定适应和不适应。针对这个问题，民航有关研究单位指出，航时长、航程远、速度快、高度高、重量体积大、超视距或自主飞行的"高、快、大"类无人机系统飞行性能和飞行路线与通用航空器相似，与有人航空器使用空域重叠部分较多，有些特殊用途的无人机系统甚至可能加入航路飞行，属于能够适应现有标准的类型。此类无人机系统的载荷能力较大，应答机等监视设备的安装不会造成明显减载。对于"低、慢、小"类无人机系统，安全危害没有前者那么大，性能和体积也限制了设备的安装，属于不能适应现有标准的类型。因此，本质上是根据航时、航程、速度、高度、重量、是否视距飞行、控制模式等多个维度指标对无人机系统进行分类和分级。从总体上，ICAO把无人机从总体上分为两类，见表1-2。

表1-2 ICAO对无人机的总体分类

无人机分类	特征
远程驾驶航空器系统	飞行驾驶员不在航空器上但进行遥控操作
自主航空器系统	没有驾驶员介入飞行操控和管理

美国国家航空航天局（NASA）给出了无人机的有关分类和分级，明确无人机系统在国家空域系统运行的审定基础、运行限制和驾驶员资质，提出了按照重量进行分类的建议，将无人机分为三类，其中微型无人机质量小于150kg，小型无人机质量为150~5682kg，大型无人机质量大于5682kg。

美国国防部综合考虑军民用无人机，将无人机分为5个类别，见表1-3。

表1-3 美国国防部无人机分类

无人机分组	尺寸	最大起飞质量/磅①	飞行高度/英尺	速度/节	代表无人机
第一组	小型	0~20	<1200（地平面）	<100	RQ-11 Raven,WASP
第二组	中型	21~55	<3500	<250	ScanEagle

① 1磅=453.59g。

续表

无人机分组	尺寸	最大起飞质量/磅	飞行高度/英尺	速度/节	代表无人机
第三组	大型	<1320	<18000(海平面)	<250	RQ-7B Shadow RQ-21 Blackjack
第四组	较大型	>1320	<18000(海平面)	任何速度	MQ-8B Fire Scout MQ-1A/B Predator MQ-1C Gray Eagle
第五组	超大型	>1320	>18000	任何速度	MQ-9 Reaper RQ-4 Global Hawk MQ-4C Triton

欧盟规定了开放类、限制类和认证类三种不同运行类别的飞行要求和限制。开放类运行是按照基本及预先定义的特点进行,开放类运行的无人机需满足:视距飞行、飞行高度不超过400英尺、最大起飞质量(MTOW)不超过25kg。限制类的运行风险比开放类更大,运行需要安全风险评估授权。认证类无人机与有人机具有同等运行风险,受到相同的监管制度(飞机认证、操作人员认证和飞行员执照)约束。

随着无人机规则在欧洲内部的协调,欧盟将无人机分为不同的无人机类别,定义了5类无人机:C0、C1、C2、C3和C4,飞机等级数越高,操作无人机的风险越大,对于每一类都有不同的技术要求,无人机分类和规范汇总见表1-4。

表1-4 欧盟无人机分类

无人机类型	质量	最大速度/(m/s)	是否需要远程识别系统	最大高度/m	是否需要地理感知系统	在"开放类"中运行的机动类型	特征
C0	小于250g	19	否	120	否	A1,A3	需要"慢速模式"
C1	小于900g	19	是	120	是	A1,A3	最大特征尺寸<3m
C2	小于4kg	—	是	120	是	A2,A3	无自动控制模式
C3	小于25kg	—	是	120	是	A3	—
C4	小于25kg	—	否	—	否	A3	—

欧盟针对质量大于25kg的无人机不做限定和分类,欧盟成员国根据本国航空管理部门制定适合于国家空域系统无人机分类方式,并且欧盟给出的无人机分类主要针对"开放类"的情况。

表1-4中,远程识别系统是无人机在飞行过程中定期发送当前飞行数据的系统。远程识别系统内容包括UAS操作员编号、序列号、位置数据、当前高度、飞行方向、速度和飞行员的位置等。A1类只能用MTOW小于250g的无人机进

行,允许在人群(但不允许露天集会)上方飞行,根据"过渡"规则,MTOM 为 500g 或以下的无人机可以在 A1 区飞行,但不得故意在人群上方飞行,无人机驾驶员必须持有 A2 类型的合格证书。A2 类只能使用 C2 级无人机或 MTOW 低于 2kg 的无人机进行操作,无人机驾驶员必须持有 A2 合格证书,使用 C2 级无人机的飞行距离可在 30m 以内,飞行速度可在 5m/s 以内。A3 类包括 MTOW 高达 25kg 的无人机,只在无人群生活的区域飞行,如不会在住宅、商业、工业或娱乐区域飞行。

英国民用航空局(CAA)于 2010 年发布了第 4 版《英国空域内无人机系统运行指南》(CAP722),其中规定,MTOW 超过 150kg 的无人机系统都要申请 EASA 的适航认证;驾驶员证照分级须考虑飞行经历、航空器最大质量、飞控模式、运行控制和安全风险评估等因素;资质与无人机系统质量匹配,目前无人机系统按照质量分为 4 类,驾驶员相应分类。第一类:质量小于等于 7kg,不做硬性规定;第二类:质量大于 7kg 且小于等于 20kg,划分为小型,遵守国内法律;第三类:质量大于 20kg 且小于等于 150kg,属于轻型,遵守国内法律;第四类:质量超过 150kg,属于大型,遵守 EASA 的规章。同时,CAA 根据两种失事情形对航空器的撞地动能给予限制:从 400 英尺(约 120m)高度自由落体,并考虑航空器的高速飞行状态(考虑最大平飞速度的 1.4 倍值);假设不考虑气动阻力,任何物体从 400 英尺高度自由落地的速度可以达到 95kn,80kg 的物体撞地动量能达到 95kJ。如果物体能够获得较大的空气阻力,落地速度会明显较少,质量将会允许偏大。只要不超过落地动能 95kJ 的限制,航空器的最大质量可以达到 150kg,但是最大平飞速度要明显降低。英国无人机分类见表 1-5。

表 1-5 英国无人机分类

无人机类型	特征
第一类无人机	质量小于等于 7kg,不做硬性规定
第二类无人机	质量大于 7kg 且小于等于 20kg,划分为小型,遵守其国内法律
第三类无人机	质量大于 20kg 且小于等于 150kg,属于轻型,遵守其国内法律
第四类无人机	质量超过 150kg,属于大型,遵守 EASA 的规章

国家空管委和中国民用航空局(CAAC)将无人机分为民用无人机和国家无人机。民用无人机是指用于民用航空活动的无人机;国家无人机是指用于民用航空活动之外的无人机,包括用于执行军事、海关、警察等飞行任务的无人机。根据运行风险大小,民用无人机又分为微型无人机、轻型无人机、小型无人机、中型无人机、大型无人机,分类见表 1-6。

表1-6 中国民用航空局无人机分类

无人机类型	特征
微型无人机	空机质量小于0.25kg,设计性能同时满足飞行真高不超过50m、最大飞行速度不超过40km/h、无线电发射设备符合微功率短距离无线电发射设备技术要求的远程驾驶航空器
轻型无人机	同时满足空机重量不超过4kg,最大起飞质量不超过7kg,最大飞行速度不超过100km/h,具备符合空域管理要求的空域保持能力和可靠被监视能力的远程驾驶航空器,但不包括微型无人机
小型无人机	空机质量不超过15kg或者最大起飞质量不超过25kg的无人机,但不包括微型、轻型无人机
中型无人机	最大起飞质量超过25kg但是不大于150kg,且空机质量超过15kg的无人机
大型无人机	最大起飞质量超过150kg的无人机

1.1.3 无人机飞行

1. 无人机飞行概念

无人机系统运行将按ICAO现有的载人飞机标准约束,减少有人机与无人机飞行之间的管控、法律、安全和具体标准之间的差异。为了使无人机融入非隔离空域和非隔离机场,应有一名无人机驾驶操控员负责无人机的飞行。无人机驾驶操控员可以利用自动驾驶仪等设备来协助履行职责,但在相当长一段时间内,无人机驾驶操控员的责任不会被技术所取代。

无人机驾驶操控员通过语音或者数据链的通信方式响应空中交通管制(ATC)发出的指令,并且对无人机的安全负责。在无人机运行过程中,有各种类型的自动驾驶技术可用,但是和有人机自动飞行驾驶系统能够迅速控制飞机的模式相同,无人机驾驶操控员在任何时候都可以掌控无人机飞行的管理。

一般情况下,中大型无人机拥有和有人机相同的飞行阶段——滑行、起飞、巡航、下降和着陆。在特殊情况时,无人机可能被发射进入空中工作,其性能可能与有人机存在着显著的不同。尽管无人机与有人机的情况不完全一致,无人机驾驶操控员都将按照远程驾驶航空器(RPA)所在国家和空域的飞行规则来操控无人机,并且包括遵守空中交通服务(ATS)单位提供的指令和提示。

2. 无人机应用

1）军事应用

无人机在军事领域可用于情报、监视、侦察和攻击等。在南斯拉夫、伊拉克、阿富汗、利比亚等地区战争以及近期中东地区持续军事冲突、阿亚战争和乌克兰军事冲突中,美国、以色列、土耳其、俄罗斯等国部队广泛使用无人机。

未来无人机将会执行更复杂的任务,如空中格斗、目标探测、识别和摧毁、对敌防空的打击与压制、电子攻击、网络节点和通信中继、空中运输与再补给、反水面舰艇战、反潜战、地雷战、舰船对目标的机动、进攻与空中防御作战和空运等。因此,其发展趋势是取代有人操作的任务,尤其是在涉及战争重要部分的"枯燥乏味、恶劣和危险"的任务中。

2) 民用及商用

经过多年的发展,无人机正处于推广民用/商用的关键时期。结合各行业的无人机实际应用情况和需求,无人机的潜在民用应用可归纳为以下5类:

(1) 环境(或地球科学)应用,包括远程环境研究(磁场测量、冰层厚度监测等)、大气监测和污染评估(同温层污染监测、CO_2 流量和火山灰测量等)、天气预报、地质勘探(绘制路基沉降和矿物质分布图、石油勘探等)。

(2) 通信应用,如电信中继服务、移动电话传输或宽带通信。

(3) 监视应用,包括国土安全(海洋及国境巡逻、海岸监视、执法等)、农作物和收成监视、火灾探测、基础设施监视(输油与输气管线、高压动力线、管路等)和地形绘图(森林制图、城市地区遥感等)。

(4) 商业应用,包括空中摄影、精确农业化学喷灌、商品和邮件运输等。

(5) 紧急情况应用,包括消防、搜索与救援、海啸/洪水监视、核辐射监视和灾情态势感知、人道主义援助等。

3. 无人机飞行安全要求

飞行安全是无人机飞行活动的基本目标,是要尽可能降低人身安全风险和财产损失风险,使其达到可接受的水平。飞行高度低、速度慢、质量小、数量众多的中小型无人机更需要加强飞行安全管理。针对开放类、限制类和认证类等无人机的不同运行方式,无人机的飞行安全要求也不同。

开放类别的 UAS 操作应该满足以下主要安全要求:

(1) 无人驾驶飞机的最大起飞质量小于 25kg。

(2) 遥控飞行员确保无人驾驶飞机与人保持安全距离,并且不会飞越人群。

(3) 遥控驾驶员始终将无人驾驶航空器保持在视距内运行(VLOS)中,除非以跟随模式飞行或使用规定的无人驾驶航空器观察功能。

(4) 在飞行过程中,无人驾驶飞机保持在距地球表面最近点 120m 范围内,除非飞越特殊障碍物。

(5) 最大起飞质量小于 2kg 的无人驾驶飞机通过与人员保持至少 50m 的最小水平距离进行操作,并且远程飞行员的能力水平至少应与规定水平相当。

(6) 最大起飞质量超过 2kg 且小于 25kg 的无人驾驶飞机,遥控飞行员需具备胜任能力水平。

（7）无人机系统运行涉及无人机在地面自然高程或地形自然高程上空飞行，无人机应保持在距地表最近点 120m 以内。测量的距离应根据地形的地理特征进行调整，如平原、丘陵、山脉。

（8）当无人驾驶飞机在水平距离超过 105m 的人造障碍物 50m 范围内飞行时，无人机操作的最大高度可增加到障碍物高度以上 15m。

（9）最大起飞质量（包括有效载荷）小于 10kg 的无人滑翔机可以在距地球表面最近点 120m 以上的距离飞行，条件是无人滑翔机在任何时候都不会在遥控飞行员上方超过 120m 的高度飞行。

限制类别的 UAS 操作应该满足以下主要安全要求：

（1）UAS 运营商从其注册所在成员国的管理机构获得运行授权。

（2）运营商需向主管机关申请营运许可，并进行运行风险评估，其中需包括适当的风险缓解措施。

（3）轻型无人机系统操作员应获得证书批准。

（4）若无人机运营商根据规定向注册成员国的主管当局提交声明，以进行符合"开放"类别的标准场景的操作，则 UAS 运营商无须根据第 1~4 款获得运行授权，应适应特定的规定程序。

（5）无人机系统运行应符合运行授权或标准场景中由 UAS 运营商声明规定的运行限制，包括授权范围、适用的条件、UAS 操作限制、飞行保障能力、无人机的认证等。

认证类别应满足如下要求：

（1）考虑各种风险因素，确定地面和空中操作的风险，包括可能危及第三方或当地财产、涉及人员安全运输、涉及危险品安全运输等。

（2）所涉及的无人驾驶飞机的复杂性、性能和操作特性应满足要求。

（3）飞行的目的、UAS 的类型、防撞能力以及使用的空域等级应满足要求。

（4）UAS 操作或活动的类型、规模和复杂性，以及流量的规模和类型应提前评估。

（5）受 UAS 操作所涉及风险影响的人员能够评估和控制这些风险的程度。

（6）预先制定一系列可能的风险缓解措施。

无人机的安全飞行需要社会各界密切合作、共同配合。

（1）政府管理机构：制定无人机准入标准、管理标准，提供产品数据库。

（2）无人机云：与无人机协同，提供实时飞行管理能力，支持政府管理机构的管理接口，支持无人机云之间的互联互通。

（3）无人机制造商：生产符合国家标准的联网无人机，完成销售前备案。

(4) 电信运营商:为无人机提供高可靠通信连接、实时业务保障、便捷实名登记、位置校验等服务。

1.1.4　无人机系统空域运行环境

无人机的飞行是由无人机操控驾驶员完成的,相对于有人机的运行更加智能化,在不同空域运行环境中,具备应用广泛、适应性强、操作方便等优势,能够替代人类进行危险的、难以到达的、枯燥的、隐蔽性高的航空作业。但是,由于无人机飞行灵活,空域运行环境复杂多变,尤其无人机系统使用独立监视手段时,空管部门难以有效对无人机的飞行活动进行掌握和监测,就无人机飞行过程而言,远程驾驶员基本只能依靠无人机自身传感器来获取监视信息,简单了解无人机的飞行位置和模式,对于空域周边运行环境是抽象感知的,这样的空域运行环境将对飞行活动带来不利的影响和安全问题。

建立完善的空管保障手段经费投入巨大,以及无人机自身"感知—规避"能力的限制,未来一段时间内,无人机的运行空域仍以隔离空域为主,只有继续完善低空飞行保障体系,无人机才能融入低空管制、监视和报告空域中。军事部门的无人机可以进入限制区、警告区等空域,但是由于飞行距离、无人机数量、访问和调度方面的问题,无人机许多核心的运行在这些空域无法完成,开发和验证某些其他训练空域的访问方法可以解决这些问题,并确保提供一个全国性的无人机空域运行环境。

无人机系统典型的空域运行环境如图1-1所示,图中展示了不同无人机运行场景类型的活动范围、视距内操控、视距外操控,以及无人机在进离场、起飞着落过程因与有人机性能差异的飞行方式带来的用空需求、隔离运行要求和高度层跨越需求等,整个系统场景图被分成6种类型运行场景图,不同场景对应不同的运行环境。

(1) 视距内运行要求一名视觉观察者能够看到UAS、周围的空中交通、地面/天气,并在飞行过程中与无人机驾驶员进行直接通信。观察者可以位于地面上,或者在移动的车辆、船舶、飞机上,根据无人机位置和操作情况来确定是否需要空中交通管制通信。

(2) 终端区运行旨在促进UAS在区域终端区附近或限制空域附近的有限空域内飞行。利用能够扫描超出限制空域边缘的观察员或传感器技术,确保UAS在终端环境中的安全操作,观察员或传感器提醒UAS操作员接近交通活动,以便采取行动避免与其他交通的潜在碰撞。UAS与空中交通管制员合作,可以有效地执行其训练和其他任务,而不影响其他载人飞机的安全和管制员的工作量。

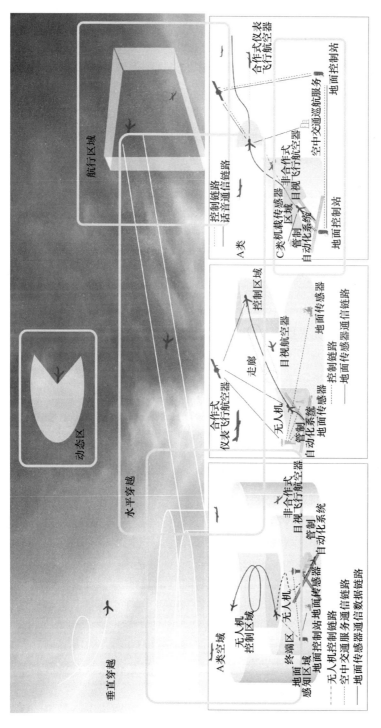

图 1-1 无人机系统典型的空域运行环境

(3) 军事运行空域提供了一种强大的、全国性的 UAS 训练能力,而无须创建新的空域类别。允许 UAS 从各种不同的地点随时进入,并使军事单位能够在专门为军事训练设计的军事指定空域进行作战训练。

(4) 横向穿越(或"走廊")运行包括通过预定义的走廊从一个受控空域飞行到另一个控制空域。走廊运行可以在航站楼、受限或任何其他受控制的空域之间。这些走廊可以在任何高度实施,但通常位于 E 类空域(美国 E 类空域高度范围:从场压高度 1200 英尺至海平面高度 18000 英尺)。

(5) 垂直穿越运行包括在控制空域内螺旋爬升或下降至 A 类(美国 A 类空域高度范围:海平面高度 18000～60000 英尺)控制空域或指定的走廊高度。发生螺旋爬升/下降的空域可以是终端区、军事限制/警告区或其他管制空域。

(6) 动态运行下的 UAS 将具有与有人机类似的融入公共空域中的能力,这种运行概念下,UAS 用户能够提交飞行计划,并执行飞行计划活动。

1.2　无人机空域管理

由于不同类型的无人机数量迅速增多,给空域管理带来了极大挑战。未来中大型无人机会进入航路飞行,更多其他无人机也会进入混合空域运行,机场场面/飞行服务站、终端区空域、航路中空中交通态势更加复杂,需要更多的空管部门、有效的管理规范和规章来指导无人机的飞行。本节从无人机空域管理概念、空域管理现状、空域管理特点、空域管理规范、空域管理系统 5 个方面对无人机空域管理进行介绍。

1.2.1　无人机空域管理概念

1. 无人机空域管理的基本概念

无人机空域管理是指遵循国家空域的统筹管理要求,依照无人机类型对无人机系统需进入空域进行空域的组织和管理,通过建立战略的、规则的、程序的空域结构和进行基于监视的、合理协调的空域使用管理,满足无人机的飞行活动、交通流量、服务水平和行为规则的需要,同时尽可能减小对其他空域目标的影响,主要行为包括空域的分类、划设、分配、调配和基于空域态势监视下的冲突管理、发布空域指令、空域安全和效能评估等。无人机系统使用的空域分为隔离空域和融合空域两类。隔离空域是指专门分配给无人机系统运行的空域,通过限制其他航空器的进入以规避碰撞风险;融合空域是指无人机系统和其他有人驾驶航空器同时运行的空域。

空域的组织要求所有空域纳入管理范围,对纳入管理范围空域提出了服务水平或能力要求,其空域相关的活动对于空中交通管理(ATM)系统来说需要在不同程度加以明确。虽然一般没有永久性/固定的受限制空域,但基于国家利益、安全问题或 ATM 能力等的考虑,某些空域将受到服务限制。对于用于特定空域如基于轨迹运行的空域、高密度运行空域、特殊用途空域等,在确保安全和适合飞行的条件下,不应限制其他飞机的空域进入和运行。通常特定空域的使用优先级应不受该空域主要用途或装备保障能力的限制。空域指定有其必要性,但不应将其组织成一个永久排除混合使用或混合操作的方式。空域的组织将覆盖从最复杂的空域到最不复杂的空域。构建战略的、规则的、程序的空域结构的基本原则包括:

(1) 空域的组织和管理是动态的、灵活的,并且基于服务需要。空域的边界、划分和分类将适应交通模式和交通环境的变化,并支持其他有人机 ATM 服务的有效运作。空域组织的灵活性不仅需要定期的战略规划过程,也需要根据当前实际飞行活动来确定最佳战术级的空域配置。

(2) 空域的组织应有利于飞行的顺畅,使飞行能够尽可能符合最优飞行轨迹,不受到过多的飞行限制和飞行延误。

(3) 空域的规划应尽可能适应动态飞行轨迹运行,只有在无法满足动态轨迹需求的地区才能建立结构化的空域和航路航线系统。

空域的管理是选择和应用空域的组织方案与服务方案、最佳满足空域用户需求的过程。空域资源的限制和争夺使空域管理高度复杂,需要合理平衡各利益相关方。基于监视的、合理协调的空域管理的基本原则包括:

(1) 所有的空域都应灵活管理,空域边界将根据实际交通流量进行调整,不应受到国家或设施能力的限制。

(2) 空域管理流程应适应动态飞行轨迹运行,并根据实际运行需要提供最佳的系统解决方案。

(3) 采用隔离空域运行时,所需空域的大小、形状和使用时间等应以最小化但不影响使用为原则。

(4) 应协调和监视空域的使用,以尽量减小空中飞行冲突、保障飞行间隔,并尽可能减少对操作的任何限制。

(5) 空域的保留使用应预先计划,并尽可能进行动态更改,以适应计划外的空域使用需求。

(6) 结构化的空域和航路航线系统仅适用于需要提高容量或避免进入受限空域与危险地区。

无人机系统空域管理应当遵循统筹配置、灵活使用、安全高效的原则,充分考虑国家安全、社会效益和公众利益,科学区分不同类型无人机飞行和性能特点,评估与有机的差异性和相互影响,合理规划使用隔离空域或融合空域,确保飞行间隔,以及为适应无人机的全空域灵活自动化飞行甚至自主化飞行等不同特性,进行空域的四维(三维空间和时间)动态调配。

无人机系统空域管理的核心目标是在有限空域资源下满足无人机系统的空域使用需要。空域资源是有限的,基于安全和效率原则,需要从总体上进行规划安排。无人机是空域用户之一,无人机进入空域会对空域现有管理方式、运行规则、基础设施、其他空域用户等带来不同程度的影响。因此,无人机系统空域管理是在遵循统筹规划和减小对外影响的约束条件下,通过多层次的灵活使用方式,来满足无人机对空域的使用需求。

无人机系统空域管理的核心内容是对无人机所进入空域的多层次、多维度的安全动态使用方式。通过战略层的分类划设、战术层的实时动态调配进行空域规划管理,利用多源监视手段对空域进行实时连续监视和安全监管,依据空间、时间、空域目标属性等进行多维度空域灵活调配和使用。

无人机系统空域管理的核心特征是灵活、安全、高效的空域使用以满足无人机运行需要。灵活是指空域管理的实时性、动态性、连续性以及所需性能的满足能力。安全是指空域间隔管理、目标防相撞、电子围栏等相关的冲突风险水平在可允许范围之内。高效是指对空域资源的占用或对其他航空器目标、其他空域、空域管理成本等的影响在可接受范围之内。

2. 无人机空域管理的核心功能

依据无人机所使用的空域条件和采用特定的管理方式进行无人机空域管理,实现对无人机可用空域的充分利用,同时兼顾无人机融入公共空域时满足不同空域用户的用空需求。无人机空域管理在无人机飞行航迹进行优化的基础上,采用科学的管理手段,提高无人机空域资源的时空利用率。为充分满足无人机用空需求,无人机空域管理遵循"使用最大化,限制最小化"的原则,通过规划设计、仿真评估等一系列活动,提供最佳的空域资源使用方案。

2015年12月,EASA颁布了《无人机监管框架》技术意见,对无人机总体监管思路进行了说明,即无人机的监管需要一种与其特殊运行风险相适应的方法,EASA从无人机运行风险和设计风险两方面考虑,建立相应的监管体系,将无人机的监管分为开放类、限制类、认证类三类。按EASA无人机管理分类分级的角度,对三种管理方式下无人机空域管理的核心功能进行分析。

(1)开放类监管主要针对超低空空域管理即无人机交通管理(UTM)系统。为了解决民航空中交通系统的弊端和发挥工业界的力量,世界各国都提出了自己的无人机交通管理系统框架。这里主要介绍NASA主导提出的UTM框架,世界各地的无人机空中管理框架都与美国的UTM框架类似,因此UTM可以认为是无人机空中管理的通用框架。UTM 不依赖于集中控制,而是使用分布式授权的原则。美国 UTM 框架如图 1-2 所示,UTM 系统是由飞行情报管理系统(FIMS)和以无人机服务提供系统(USS)为中心的网络组成。UTM 具有多层分离保证,从战略管理到更实时的分离规则和应急管理,再到实时避障能力,以确保各项操作安全进行。USS 由 FAA 认证,每个服务供应商的责任是交换数据和协调其他服务供应商。FAA 管理通过信息交换与 ATM 系统协调所需的数据,并存储诸如飞行计划等信息,这一过程称为全系统信息管理(SWIM)。同时,FAA 通过运行飞行情报管理系统,在 USS、ATM 和国家空域系统(NAS)之间进行协调。通过这种方式,FAA 可维持空域和交通运行的监管、运营权限,具有给空域用户的提供按需访问的权限,并可以通过 UTM 来维持空中态势感知。空中交通管制员不需要管制空域中的每个无人机,而只需使用 UTM 来发布指令,约束和配置空域。

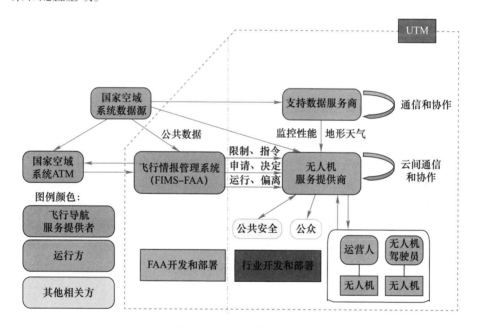

图 1-2 美国 UTM 框架

(2)限制类监管针对的是隔离空域运行时的情景。为最大限度地提升低空空域资源利用率,促进无人机行业发展,在隔离空域运行时无人机空域管理的核心是保证无人机作业需求,在飞行安全的前提下,规范无人机隔离空域划设,合理设定无人机飞行空域隔离保护区水平和垂直范围,以求提高空域利用率、保证相邻空域有人机运行的安全性。通常,隔离空域可分为作业飞行区和安全保护区两部分。隔离空域的作业飞行区大小主要考虑用户作业任务所需的范围大小、与周边空域的间隔与位置关系、与地面相关单位的协调关系,以及通信、导航、监视系统的覆盖范围等。目前,隔离空域作业飞行区水平范围通常由用户单位申报,并经空域管理部门批准,在空域矛盾不突出的情况下,通常按照用户所申请的范围审批。但是,隔离空域安全保护区部分的水平范围和垂直范围应随无人机类型、机载设备能力、无人机性能、无人机驾驶员和管制员素养水平情况不同而不同。

(3)认证类监管针对的是无人机在融合空域运行时的场景。伴随着民用无人机日益广泛的应用,飞行活动日益频繁,应该如何对民用无人机飞行活动加以引导和规范成为当今航空管理的一个难题。所以,融合空域运行时,无人机空域管理的核心功能是有效引导无人机运行遵守有关规定各规范,合理审批飞行计划,推动无人机空域管理技术体系发展,大力支持无人机飞行监视技术、间隔管理技术、探测与反制技术、空域管理与评估技术的研究工作,对无人机进行规范管理,保障安全运行。

1.2.2 无人机空域管理现状

1. 国外无人机空域管理现状

国外的无人机发展非常迅速,但同时也面临诸多问题。因此,相关部门也在不断地寻找管制无人机、推动无人机行业发展的各种有效措施。欧洲航行安全组织在2007年12月的一份报告中明确提出了无人机的管制应满足三个基本原则:一是无人机的飞行活动不能干扰空域中其他飞行器的安全;二是无人机的飞行管制应该参照有人机的做法,并力求基本达到一致;三是向无人机提供的空中交通管制服务对管制员来说应当是透明的。这些做法对无人机的空中管制无疑具有重要的借鉴意义,其中最为主要的就是要从技术和管理两个方面来开展无人机的管制。

1)美国管理现状

美国联邦航空管理局(FAA)对国家空域进行了统一分类,综合考虑了主要运行于低空的民用无人机以及运行于低空、中高空的军用无人机的空域需求,对不同高度层的无人机基本飞行要求进行规范。2020年,FAA更新发布了《UAS集成进国家空域系统路线图》,并发布《UTM运行概念V2.0》,在空域使用上提出了融入公共空域的运行概念和系统规划。在对无人机的运行管理上,明确提出质量250g~25kg、飞行高度120m以下、视距操作或等同看见规避能力距离3km以内的无人机属于小型无人机,必须通过管理注册,需要低空飞行授权和具备通知能力;飞行在更高空域、质量大于25kg的无人机属于中大型无人机,需要参照 DO-365/DO-366 标准,进入空域需具备必要的感知规避能力。

NASA 推出了 UTM,并逐步发展了 4 种构型。构型 1 的核心是为无人机驾驶员按照飞行任务申请空域提供畅通的渠道,实现低密度空域的视距内信息共享,满足农业、消防和基础设施监控使用。无人机驾驶员遇到冲突时将手动调整计划和空域。构型 2 将确保无人机能够在操作员目视范围以外进行远距离任务飞行,并能够在人口相对稀疏的地区实现低密度运行。构型 3 将增加跟踪、无人机—无人机/无人机—UTM 间的通信与网络中心系统、部分与有人机的交互功能,在人口密度适中的地区上空飞行,该构型将支持无人机用于公共安全和特定的包裹运送。构型 4 将允许无人机在城市环境中高密度运行,并能支持无人机的一系列应用从新闻收集与包裹运送到私人消费,该构型将增加应对大型突发事件的能力。

目前,美国联邦航空局已经提出专门适用于无人机的飞行空域限制,禁止商用无人机和业余无人机在 133 个军事设施上空进行未经授权的飞行。这些限制是根据美国联邦法规第 14 章中的相关规定提出:美国的军事设备对于国家安全至关重要,FAA 和国防部已经同意在这些军事设施的边界范围内限制无人机飞行,横向边界 400 英尺以内。另外,根据联邦安全和情报机构的额外要求,需要限制无人机在重要基础设施和其他设施上空飞行。

2)欧洲管理现状

2015 年 7 月 30 日,EASA 颁布高级制修订通知《无人机运营规章框架说明》(A-NPA2015-10)。EASA 对无人机监管的政策是基于性能和风险的,该政策是紧密围绕无人机运营形式展开的。EASA 引入了三个类别:

(1)开放类(低风险)。开放类是风险非常低的无人机运营类型,因此无须航空监管部门的参与,即使是商业运行的无人机也不需要航空监管部门管理。对于此类运行的无人机来说,无须适航审定,也没有针对运营商和飞行员的资质要求。该类无人机的安全性是通过运行限制、行业标准的贯彻、某些功能的要求以及运行规则等途径来保证的。该类别可由警方监管。

(2)特许运营类(中等风险)。特许运营类的无人机运营活动具有一定的风险,需要通过额外的限制或通过对设备和人员能力提出更高的要求来控制风险。该类型由成员国的国家航空当局(NAA)授权,可以存在一个机构来协助经营者来进行风险评估。

(3)认证类(高风险)。如果无人机运营的风险上升到类似于正常载人航空器运营的风险水平,将被归类在审定类。这些运营活动中涉及的无人机与当前的有人机适航审定政策是基本一致的,需要取得多个批准。该类别的要求与载人飞机适航管理相同,由 NAA 和 EASA 监管。

2. 国内无人机空域管理现状

我国空域实行"统一管制、分别指挥"体制。在中央空中交通管理委员会的领导下,由空军负责全国的飞行管制,军用飞机由军航实施指挥,民用飞机和外航飞机由民航实施指挥。2015年5月,我国设立了国家飞行流量监控中心,以加强对全国空域的规划和管理,实时掌握全国空域飞行动态。

1)逐步规范了空域的划分、运行和管理机制

低空空域的分类范围、空域运行的权责、空域的安全监督与保障流程等正在逐步规范,但仍需要进一步明确并提高可操作性,运行在低空空域的消费类无人机和工业类无人机是否能够顺畅运行与此密切相关。传统的隔离空域运行方式不仅难以满足无人机不断增长的用空需求,而且对其他航空器的运行带来限制。

2)构建了民用无人机一系列规范和标准

我国已经出台了无人机相关的一系列规范和标准,如《无人机驾驶航空器飞行管理暂行条例》《无人机驾驶航空器系统作业飞行技术规范》《民用无人驾驶航空器系统空中交通管理办法》《民用无人机驾驶员管理规定》等,对无人机飞行、空中交通管理、驾驶员操作等给出了相关要求,但规范标准的完备性、可操作性以及军警民协调规程等仍须持续优化,以不断适应飞速发展的无人机空域管理的要求。此外,空中交通的有序运行必须以航空器性能的充分可控为基础,在空中交通管理中,无人驾驶航空器应参考有人驾驶航空器,按照不同的类型进行适航审定,建立相关规范和标准,确保其符合空中交通管理要求,保证空中交通的安全。

3)现有空管模式正在不断调整适应无人机应用需求

现有的空管模式主要针对有人机,管制人员可以通过多种途径与驾驶员进行直接沟通,确定意图,实施各种指令,而操作无人机飞行的人员与管制单位通常难以建立及时有效的通信联系,管制人员无法对其进行"面对面"的管制指挥,管理效果大打折扣。现有空管模式正在不断通过优化空管技术保障能力、执行无人机认证管理措施、实行无人机机载能力许可管理、构建管制员与无人机操控员之间的通信链等措施以适应无人机运行需求。2021年底,民用无人驾驶航空器综合管理平台(UOM)实名登记系统正式上线,实现了"逐人身份核对",开启了无人机智慧管理模式,从源头上实现了人机合一,为规范行业秩序、提升行业监管能力创造了有利条件。未来,随着自动化或自主化能力的新型智能无人机的发展,智能无人机融入公共空域、进入混合空域运行将需要空管技术和管理模式的更新甚至变革。

4)无人机操控人员技术水平存在差异

目前,民用无人机操控通常采用可视范围手控、超视距手控、预置程序控制

三种方式,操控人员就是无人机的"飞行员",他们将决定无人机的活动。由于无人机的起飞、着陆及巡航方式差异较大,各种操控方式对人员技术要求也不尽相同,操控人员知识技术水平的差异会影响无人机飞行的准确性,部分操控人员甚至不了解空中交通的要求和规则,飞行活动随意性大,对无人机的监管带来很大挑战。

5)避让的技术障碍

有人机在空中运行采取"看见避让"的原则,即使在仪表飞行规则飞行时,如果气象条件许可,驾驶员仍需遵守"看见避让"。无人机上由于没有驾驶员,应当采取"感知避让"的运行原则,且无人机感知避让能力不得低于看见避让能力。从目标来分,飞行器感知避让可分为合作式和非合作式两种类型。

合作式感知避让面临的挑战是需要降低配套设备价格、减轻重量和减少能耗。目前的解决方案有移动蜂窝网络(4G、5G)通信技术、广播式自动相关监视(ADS-B)设备、数据链通信、北斗卫星无线电测定业务(RDSS)通信等,虽然在技术上不存在太多障碍,但是若要加装于低载荷能力的微小型无人机上,在工程化实施上仍然存在一定困难。

非合作式感知避让技术面临的主要挑战是要提高感知避让精度。航空无线电技术委员会(RTCA)规定:无人机在空中要及时发现有人机并主动避让。但是,非合作式感知避让基于传感器(惯性测量装置、激光雷达、相机等设备),这就决定了其避让技术必须受到机载设备测量精度、计算能力和轨迹预测能力的限制,使得无人机的个体避让能力存在较大差别,同一无人机在不同情况下的避让行为也会有误差,避让技术有待提高。

1.2.3 无人机空域管理特点

1. 无人机进入空域基本条件

随着众多行业对无人机应用不断增多,以及无人机平台自主化和智能化技术发展,目前先进无人机平台已经具备了一定的空域态势感知与自主决策能力。无人机进入空域飞行,必须满足三个基本要求:一是满足一定的安全性或适航性;二是需要由对应资质的无人机驾驶员操控;三是必须符合空中规则(包括军用和民用)。这三个要求至关重要,构成了无人机进入空域的基础。

安全性或适航性是对所有进入空域的航空器需要满足的基本要求。安全性或适航性是采用或遵守安全规章、认证规则、标准和方法建立的一套最低性能要求。通过适航认证,指定类别和级别的航空器系统的设计制造以及维护能够保证其飞行安全。无人机的适航性,应增加适用于无人机特有的部件和系统属性的标准,可以参考借鉴国内外有人机的相关经验以及研制标准。

无人机驾驶员资质是允许无人机常规飞行的第二个基本条件，当前以及今后很长一段时间内，对无人机平台的控制，尤其是起降、任务规划与重规划等任务，还是以无人机驾驶员操作为主。对无人机的操作不同于有人机的驾驶，如无人机的起飞、巡航以及目视遥控降落、辅助目视降落或完全自主降落，无人机驾驶员的技能培训与有人机截然不同。因此，各级培训部门必须确保驾驶员获得必需的无人机操作知识、技能和能力。

要实现无人机像常规有人驾驶飞机一样在公共空域内飞行，无人机须具有感知与规避、指挥与控制（C2）能力等自身性能的同时，还必须建立适用于无人机的航空管制法规和程序，使得无人机的飞行活动不危及空域中其他飞行器的安全。

2. 无人机空域使用特点

1）占用空域范围大

常规翼展 1~2m 的固定翼无人机飞行时间可超过 5h，飞行半径超过 200km。用于巡线、巡管、巡路等的工业无人机须满足相对较远航程、较大航时的要求，用于远程侦察、纵深突击等的军用无人机常有跨越机场和作战区域等的大空域需求。随着无人机的广泛使用，无人机型号越来越多，其使用空域范围越来越大。

2）占用高度层多

目前，无人机飞行从低空几米高度到高空 20000m 或以上飞行高度，在垂直空间内占用空域的范围与有人机相比，部分军用无人机飞行高度甚至超过有人机。大型、多功能、长航时无人机在空域飞行中可以占用几乎所有高度层。随着科学技术的发展和军事斗争的需要，无人机的飞行高度不断拓展，无人机工业应用和军事作战训练等对垂直空间的要求也越来越高。

3）占用时间长

无人机训练可根据任务的需要昼夜实施。无人机可满足各种气象条件下飞行训练的要求，因此无人机训练具有全时性，对空域的使用时间覆盖范围广。由于无人机较低的加速度和飞行速度等特点，相比有人机，无人机在出航、归航阶段需占用更长空域时间。

4）空域使用灵活性强

无人机的发射与回收形式多种多样，发射形式有空中发射和地面发射两种，地面发射又有发射架的零长发射、跑道起飞发射等，回收形式有伞降回收、撞网回收、跑道着陆等。多样的发射与回收方式为无人机使用创造了有利条件，即在很多情况下解除了机场和跑道的限制，使得无人机的应用更为方便和机动灵活，同时也具备隐蔽、便于发动突然攻击的作战特点，因此，要求无人机能够实时进入并灵活使用空域。

5）空域保障要求高

在军用、民用无人机处于试飞定型阶段时，无人机试飞一直是按照特殊任务或重要任务对待。中大型军用无人机的训练飞行，其感知能力难以具备有人机同等水平，常常按照特殊任务飞行进行保障。因此，其对空域的使用要求很高，对空域保障的要求甚至高于有人机。

3. 无人机空域使用分类

1）无人机空域划设

空域划设或空域划分是根据空域性能、飞行密度和实际需要，对有关飞行情报区、管制区、限制区、危险区、飞行程序、飞行高度、飞行间隔等进行设计、实施、调整和监控，是空域规划的具体实现过程。空域划分包括飞行高度层规定和各种空中交通服务区域的划分。空域分类划分的目的是满足公共运输航空、通用航空和军事航空等空域用户对不同空域使用需求，确保空域得到安全、合理、充分、有效的利用。空域分类是复杂的系统性标准，包括对空域内运行的人员、设备、服务、管理的综合要求。无人机飞行空域划设应当遵循统筹配置、灵活使用、安全高效等原则，充分考虑国家安全、社会效益和公众利益，科学区分不同类型无人机飞行特点，明确飞行空域的水平、垂直范围和使用时限。

从不同视角对无人机使用空域划分进行分析。

（1）从空域资源属性的角度，空域分为可飞区和禁飞区，可飞区是指供无人机在一定的运行规则下完成航行的空域，禁飞区是指禁止无人机进入的空域。

（2）从管制能力的角度，ICAO 标准中把全部空域分为 7 类，分别为 A、B、C、D、E、F、G 类，其中规范了不同性能等级无人机许可进入的空域范围及对应要求。由 A 类到 G 类空域的限制等级逐渐递减。空域分类如下：

① A 类只允许仪表飞行规则（IFR）飞行，所有航空器之间配备间隔，提供 ATC 服务，要求实现地空双向通信，进入空域要进行 ATC 许可。

② B 类允许 IFR 和目视飞行规则（VFR）飞行，其他同 A 类。

③ C 类只要求 IFR 飞行之间、IFR 和 VFR 飞行之间配备间隔，对 IFR 飞行之间、IFR 和 VFR 飞行之间提供 ATC 服务，其他同 B 类。

④ D 类只要求 IFR 飞行之间配备间隔，对 IFR 飞行之间提供 ATC 服务，对 VFR 飞行提供飞行情报服务，其他同 C 类。

⑤ E 类只需要 IFR 飞行实现地空双向通信，VFR 飞行进入空域不需要 ATC 许可，其他同 D 类。

⑥ F 类对 IFR 飞行提供交通资讯和情报服务，VFR 飞行提供飞行情报服务，所有航空器进入空域都不需要 ATC 许可，其他同 E 类。

⑦ G 类不需要提供间隔服务,对飞行提供飞行情报服务,只需要 IFR 飞行是实现地空双向通信,进入空域不需要 ATC 许可,其他同 F 类。

工业类和消费类无人机大部分飞行在低空空域,在我国低空无人机飞行可参照《低空空域使用管理规定(试行)》,将飞行空域划分为 4 个种类,即管制空域、监视空域、报告空域和目视飞行航线。空域分类如下:

① 管制空域:为飞行活动提供空中交通管制服务、飞行情报服务、航空气象服务、航空情报服务和告警服务的空域,即航空用户申请飞行计划,空管部门掌握飞行动态,实施管制指挥。

② 监视空域:为飞行活动提供飞行情报服务、航空气象服务、航空情报服务和告警服务的空域,即航空用户报备飞行计划,空管部门监视飞行动态,提供飞行情报和告警服务。

③ 报告空域:为飞行活动提供航空气象服务和告警服务,并根据用户需求提供航空情报服务的空域,即航空用户报备飞行计划,向空管部门通告起飞和降落时刻,自行组织实施,空管部门根据用户需要,提供航行情报服务。

④ 目视飞行航线:为确保航空用户能够飞到预定空域,且飞行人员或操控员在目视条件下飞行的航线。

(3) 从无人机运行要求、无人机感知规避和 C2 链路能力、管制能力的角度,无人机在中高空和终端管制区空域飞行,飞行空域可划分为隔离空域和非隔离空域。隔离空域是指专门分配给无人机运行的空域,通过限制其他航空器的进入以规避碰撞风险的区域。在规定时限内未经航空管制部门许可,航空器不得擅自进入无人机隔离空域或临时隔离空域。无人机隔离空域或临时隔离空域与航路、航线的间隔,以及与其他飞行空域的间隔标准,可以按照空中限制区的间隔标准执行。非隔离空域是指无人驾驶航空器系统与其他有人驾驶航空器同时运行的空域。

(4) 从无人机操控能力的角度,空域可划分为视距内空域和视距外空域。在视距内空域采用驾驶员或观测员与无人驾驶航空器保持直接目视视觉接触的运行方式,视距外空域是指需要借助监视、通信等技术手段完成航行服务的空域。

UTM 系统使用的是超低空空域,即 G 类空域(高度范围为 0 ~ 400 英尺),轻小型无人机主要在这类空域运行,轻小型无人机空域划分如图 1 - 3 所示。

一种以无人机类型、作业任务和场景来划分飞行高度层的方法如下:

(1) 超低空航路空域:90 ~ 120m 高度层用于轻小型及以下无人机物流配送,设计最后 1km 航路网,主要是用于多旋翼无人机作业,而 60 ~ 90m 高度层用于保护。特殊场景可依据作业任务、所需通信性能和定位能力,可以设计 40 ~

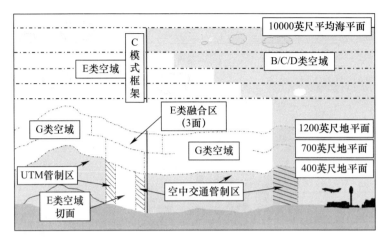

图 1-3 轻小型无人机空域划分

50m 高度层用于地面巡检,如交通车辆巡检、警用治安巡检等,60~80m 高度层用于房屋、基站、桥梁巡检等。

(2) 近低空航路网空域:150~270m,设计末端航路网,供混合翼无人机等高速前飞的无人机使用。

(3) 低空航路网空域:高度 300~1000m,暂不做建议。

以上分层建议的 +0m 基准高度是一个区域参考点的修正海拔高度,所有的高度测量均为相对于基准高度。如果是山地丘陵区域或者密集城区高楼建筑较多,应该按照地形修正基准高度,如美国 G 类空域是采用相对高度测量。相对基准高度 +300m 以上区域,建议采用绝对高度测量。无人机空域分层示意图如图 1-4 所示。

2) 无人机用空类型分类

无人机用空类型分类可以依据多种维度来确定,如从管制人员的角度和从使用者的角度。前者的出发点是如何通过用空类型分类以利于对无人机进行有效的管理,后者的出发点是面向各种飞行任务时如何合理进行用空类型分类以保障任务的遂行。

(1) 从无人机管制角度。

① 固定空域。无人机固定空域一般选择在无人机机场、固定发射场地附近,尽量避开民航航路航线、军航有人机训练空域,如果与军航有人机训练空域交叉重叠,必须按照无人机空域的最高高度调整与有人机飞行的垂直间隔(此间隔应该大于现行规定的高度间隔),并确定无人机进出空域的方法、高度和水平范围。无人机在固定空域飞行应与有人机一样具备同样的"感知-避让"功

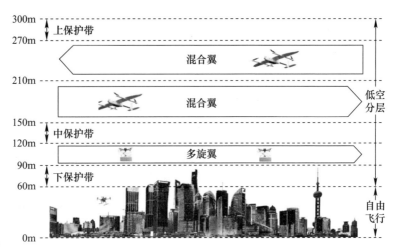

图1-4 无人机空域分层示意图

能。固定空域的形状通常选择圆形或方形。空域的大小、数量由无人机用户根据无人机性能、科目(任务)要求而定,如长180km、宽100km,空域划定是长期的,没有时间限制。此类空域适用于中程无人机、长航时无人机的训练飞行。

② 临时空域。无人机根据任务需要、飞行活动的性质,在固定空域以外特定的区域为无人机所划设的临时性投放、发射、飞行的区域范围。临时空域的划设需考虑无人机用户的需求,且尽量不占用民航航路、航线、军航有人机训练空域。如果与军航有人机训练空域重叠,必须按照无人机空域的最高高度来调整与有人机的垂直间距(此间距应大于当前规定的高度间距),并明确无人机进入和离开该空域的方法、高度和使用时间。空域的大小由无人机用户根据无人机性能、科目(任务)要求而定,一般水平范围为无人机以平均速度飞行2~3min的距离。临时空域按照所批复的时间,使用完毕后,自行撤销。此类空域适用于短程无人机、中程无人机的训练飞行。

③ 共用空域。如果无人机的机载设备、航行能力、操作员的操作能力、防撞系统达到有人机同等水平,可以与有人机共享空域飞行。但无人机的感知能力严重依赖于机载系统,其运行方式与有人机仍有很大不同,在有人机空域中执行任务的无人机将带来额外影响和不安全因素,因此共用空域范围、空域的大小需要无人机用户与当地管制部门或所涉及的有人机用户协商确定,但要明确无人机进出空域的方法、无人机使用高度范围。

(2) 从用户使用角度。

① 低空、超低空飞行空域。低空、超低空飞行空域通常选择在居民点较少的平坦地区或空旷地带上空。空域为长方形、圆形和椭圆形,如设置一个长度为

25~30km、宽度为10~15km、高度为3000m以下的空域。此类空域适用于近程和短程无人机、中程无人机的飞行。

② 航行航线。无人机航行航线一般是根据飞行任务、训练科目,在考虑地形特点、操作员的技术水平和其他方面要求的基础上,通常可选择为三角航线或长距离直线往返航线。选择无人机航行航线还应考虑飞行任务、飞行航线、威胁程度、训练空域、航路等航管因素的限制,尽量减少无人机穿越航路、飞越民用机场等飞行密集区。按照航空管制流程,无人机在执行飞行任务之前必须向当地管制部门提出空域使用申请,申请内容包括计划航迹起始点、关键转弯点、降落点、航线安全高度和航线各段的距离、航向、所需飞行时间等数据。航空管制部门对管制区域内所有的飞行计划进行飞行冲突排除和飞行预先调配,并随时介入飞行调度,确保区域内所有的飞行计划没有潜在的飞行冲突。此类空域适用于中程无人机、长航时无人机的训练飞行。

③ 侦察航线。无人机侦察训练的目的是使无人机操纵人员掌握搜索、发现和识别目标的方法,熟练地使用机上侦察设备对各种目标实施空中侦察。无人机侦察训练选定的主要侦察目标有各种阵地、军队集结地域、机场、海港、渡口、发电站、车站、桥梁、城镇、居民点和运动中的军队、车辆、船(舰),以及铁路、公路、河流、海岸线和各种成线状配置的阵地等。无人机侦察训练航线、进入侦察目标的方向、出航方法和侦察高度等的选择,都应符合隐蔽、突然的要求,为提高训练质量,避免对同一目标以同样的方法实施同样的侦察。侦察训练时,航线多、区域广、高度不固定,可根据需要适时改变高度。在目标区活动的方式常采用直线下滑、下滑转弯、蛇形飞行或在目标上空盘旋等。因此,划设此类空域要考虑空域的范围和高度,尽量满足侦察飞行在目标区上空活动方法及对飞行高度的要求,并要调配好与其他飞机的飞行冲突。此类空域适用于中程无人机、长航时无人机的训练飞行。

④ 投放空域。投放空域是指无人机由母机运载,在指定区域实施空中发射的空域。无人机投放空域应避开城市和居民密集地区,选择在沙漠和空旷地带上空或其附近,空域为长方形、圆形或椭圆形,长度一般为母机投放无人机后至无人机发动机开启工作的最大距离,宽度一般为转弯半径的3倍,空域使用高度一般为地平面至20000m,空域的性质多为临时划设的空域。此类空域适用于母机发射的无人机训练和任务飞行。

⑤ 编队空域。编队空域通常应选择在便于观测或遥控的区域,尽量避开山区和航路,距离起降点20~30km。如有可能,应选择面状目标作中心,线状目标作边界,以易于保持空中位置。空域为长方形,长度一般为空域飞行科目在最大飞行速度时2~5min的平飞距离,宽度一般为在最大飞行速度、坡度为15°~30°

时转弯半径的3倍。此类空域适用于中程无人机、长航时无人机的训练飞行。

⑥ 攻击空域。攻击空域是指攻击无人机借助机上攻击武器,对目标进行打击(类似于战斗轰炸机)的空域。攻击空域应选在道路、人烟稀少的地区上空,以免误伤居民。射击方向应避开航路、固定航线、地方航线、空中走廊、相邻飞行空域、居民点和其他重要目标。空域为长方形空间,一般应使攻击无人机有4~6次占位射击的机会,长度为30~50km,宽度为10~15km。此类空域适用于中程无人机、长航时无人机的训练飞行。

⑦ 轰炸靶场空域。轰炸靶场空域应避开城市、军事要地、厂矿、港口和乡镇居民点。轰炸位置应避开航路、固定航线、地方航线、相邻飞行空域、居民点和其他重要目标。空域为长方形空间,中心设有靶标。通常根据无人机轰炸训练进入方向,确定无人机轰炸的进入点和退出点。空域以靶心起算,长度为30~50km,宽度为10~15km。此类空域只限于无人轰炸机。

⑧ 海上飞行空域。海上飞行空域通常选在靠近海岸、以海岸为基地、远离海岸旅游地的空域。空域的范围可以按照无人机的性能、任务需求而定。此类空域适用于短程无人机、中程无人机的训练飞行。

1.2.4 无人机空域管理规范

无人机在空域运行涉及空域、无人机用户、管理单位等多个利益相关方,是军警民多方相互协调和管理的过程,需要构建包括无人机本身、飞行操作、管理要求、系统能力等完善的规范体系。世界各国根据其国内机构设置的不同,相关标准规范由不同层级部门制定、发布、实施和监督。从无人机飞行过程涉及的要素来看,无人机空域管理规范体系的基本构成见表1-7。

表1-7 无人机空域管理规范体系的基本构成

分类	标准/规范/要求/办法	主要内容
空域使用	空域分类、划分、申请、规划、调配等标准 空域使用规定	规定空域的分类划分、申请使用、规划调配等,规范不同空域对应的空管能力和运行要求等
交通管理	无人机空中交通管理办法 技术能力规范 飞行管制应急处置程序 飞行服务保障体系	规定无人机空中交通管理的方法、流程、技术保障能力和违规飞行处理方法等
飞行操作	飞行活动管理办法 运行规定/飞行管理条例/飞行规范	规定无人机运行操作需要符合相关要求,如空域间隔、操作距离、飞行高度层等

续表

分类	标准/规范/要求/办法	主要内容
无人机	无人机分类标准 注册登记要求 适航标准/适航审定要求	结合空域、空管、任务等要求规定无人机的类别,针对不同类别提出适航标准,规定不同类别无人机的注册登记和飞行许可要求
驾驶员	无人机驾驶员管理规定 无人机驾驶员资质管理规定	规范无人机驾驶员的资质审定、培训训练、上岗管理、能力级别等

1. 国外无人机空域管理规范

随着无人机在空中活动量的飞速发展,无人机系统安全和管控工作越来越重要,具备良好的自身安全性是无人机进入空域飞行的最基本条件,包括自主可控基础平台与自主能力提升等方面。空中交通管理是确保无人机飞行安全的基本保障,主要内容包括安全管控和运行标准体系等方面。

美国无人机空中交通管理技术由NASA主导开发,同时针对高空空域和低空空域展开。在高空空域方面,NASA启动了无人机融入国家空域系统(UAS-NAS)项目;在低空空域方面,NASA和FAA合作推出针对低空空域的无人机空中交通管理系统。国际民航组织于2015年初颁布了《远程驾驶航空器系统(RPAS)手册》;美国联邦航空局于2016年发布了小型无人机管理规则Part107,目前正研究在机场环境中检测无人机的技术手段和管理办法;NASA已经开始构建基于基站的无人机监控系统;欧洲航空安全局颁布了《无人机运营规则》等,并投入人力、物力开发无人机监管系统。

NASA启动的UAS-NAS项目由NASA、FAA、通用原子公司和霍尼韦尔公司合作对无人机感知与避让系统概念进行验证。该项目分为适应、融合、演进三个阶段,包括开展无人机避撞系统在没有人为干预情况下的空中碰撞试验,目标是建立该领域的技术标准。NASA和FAA合作推出的无人机空中交通管理系统将能够安全高效地提供一系列管理服务,如空域设计、动态地理围栏、恶劣天气和风力避免、拥塞管理、地形回避、路径规划、飞行间隔管理以及应急管理低空空域作业等,目标是构建一套4级技术控制等级(TCL)标准。

欧洲、日本、新加坡等国家也开展了UAS安全管理技术研究。欧洲远程驾驶航空器系统融入空域的研究项目由欧洲防务局主导,开展了空中防撞系统、使RPAS融入欧洲空域和提升RPAS自动化水平三个项目。日本2016年在ICAO亚太地区无人机系统会议提出了无人机应用和技术发展蓝图,要求2018年在人迹罕至区域实现超视距飞行3级,突破基于运行管理的冲突规避技术;2020年在人迹罕至区域实现超视距飞行4级,实现基于探测的碰撞规避技术,达到与载人机相同的安全能力。新加坡南洋理工大学和新加坡民航局联合设立的空中交通管理研究院主持无人机管理系统项目,用4年时间研究如何更好地管制无人机,让无人机在空中能够各行其道,保证安全的同时可充分地利用新加坡的空域。

2. 我国无人机空域管理措施

自2010年国务院、中央军委发布《关于深化我国低空空域管理改革的指导意见》以来,低空空域应用逐渐步入快速发展期。"十三五"期间,无人机运行管理的多项政策法规落地,对无人机适航、无人机运行、无人机驾驶员、无人机空管等提出了相应标准规范。中国民用航空局2015年发布《轻小无人机运行规定》;2016年发布《民用无人驾驶航空器系统空中交通管理办法》;2018年发布《民用无人机驾驶员管理规定》和《民用无人驾驶航空器从事经营性飞行活动管理办法》;2019年发布《轻小型民用无人机飞行动态数据管理规定》和《特定类无人机试运行管理规程》;2020年发布《高风险货运固定翼无人机系统适航标准》。

为推动无人驾驶航空器系统标准的制定,国家标准委员会成立了跨部门的无人驾驶航空器系统标准推进委员会,成员单位包括工业和信息化部、中国民用航空局、国家空管委办公室等单位。2017年,国家标准委员会联合多家单位发布了《无人驾驶航空器系统标准体系建设指南》。在该指南公布前后,不少社会团体也积极行动,推动在某些方面制定行业标准、团体标准。为加强国际交流和合作,中国加入了国际标准化组织成立的无人驾驶航空器系统分技术委员会,并在其中主动承担了部分国际标准的制定任务。总体来看,无人驾驶航空器系统的标准制定工作正在推进过程中,但标准的协调、成熟需要时间逐步完善。

国内主要开展了针对小型无人机的基于卫星定位和移动互联网的飞行管理系统开发与应用,其中代表性的系统包括青岛云世纪信息科技有限公司的U-Care、中国科学院地理所的"如来天网"、AOPA-China的U-Cloud、四川通用航空协会的飞云、大疆的GEO等。U-Cloud、U-Care和飞云系统已获得中国民用航空局飞行标准司的无人机云系统运行许可。北京航空航天大学与工业和信息化部、北京市科学技术委员会、国家教育委员会、华力创通等单位合作,开展了合作无人机身份识别以及机载模块的深入研究,形成了配备有卫星通信网络以及蜂窝移动通信、全球定位系统(GPS)与北斗多模定位功能的机载管控模块产品,成功应用于小型无人机的安全管控。

我国目前形成的无人机空域管理规范的层级概况如图1-5所示。

1) 国家层面标准法规规范

我国政府重视无人机行业的发展,国务院、中央军委、工业和信息化部、发展和改革委员会、民航局、交通运输部等主体相继出台了一系列关于无人机管理、

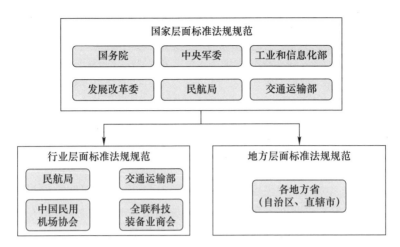

图1-5 无人机空域管理规范的层级概况

规范和应用的政策法规,强化监管和完善标准,形成并输出中国标准,出台了关于无人机行业的发展规划,助推无人机行业的发展。国家层面相关标准法规规范见表1-8。

表1-8 国家层面相关标准法规规范

序号	法规文件	发布时间	主要内容
1	国务院、中央军委《通用航空飞行管制条例》	2003年1月	明确规定无人机用于民用业务飞行时,须当作通用航空飞机对待
2	国务院、中央军委《关于深化我国低空空域管理改革的意见》	2010年8月	明确了深化低空空域管理改革的总体思路、主要任务和措施,提出了试点、推广、深化三个建设阶段,明确2020年底前为我国低空空域管理改革深化阶段
3	国务院《民用无人驾驶航空器系统驾驶员管理暂行规定》	2013年11月	规定重量小于等于7kg的微型无人机,飞行范围在目视视距内半径500m,相对高度低于120m范围内,无须证照管理,但应尽可能规避遥控飞机进入过高空域
4	国务院、中央军委《低空空域使用管理规定(试行)》	2014年7月	将低空空域分为管制空域、监视空域和报告空域,其中涉及监视、报告空域的飞行计划,企业需向空军和民航局报备
5	国务院《关于促进通用航空业发展的指导意见》	2016年5月	低空空域定义由1000m以下,提升到3000m以下

续表

序号	法规文件	发布时间	主要内容
6	工业和信息化部《无人驾驶航空器系统标准体系建设指南(2017—2018年版)》	2017年6月	确立了无人驾驶航空器系统标准体系三步走建设发展路径,明确了系统标准体系建设的总体要求,建设内容和组织实施方式
7	发展和改革委员会《"十四五"规划和2035年远景目标纲要》	2021年3月	稳步建设支线机场、通用机场和货运机场,积极发展通用航空

2)行业层面标准法规规范

中国民用航空局、中国民用机场协会、全联科技装备业商会等行业组织发布多项政策,解决无人机适航管理、空域管理、探测反制等问题,规范无人机行业发展,完善法规标准体系。行业层面相关标准法规规范见表1-9。

表1-9 行业层面相关标准法规规范

序号	法规文件	发布时间	主要内容
1	民航局《关于民用无人机管理有关问题的暂行规定》	2009年6月	用于解决无人机的适航管理问题
2	民航局《民用无人机空中交通管理办法》	2009年6月	用于解决无人机的空域管理问题
3	民航局《通用航空飞行服务站系统建设和管理指导意见(试行)》	2012年10月	要扩大低空空域开放,具体包括科学规划空域、优化飞行服务、提高审批效率三个方面
4	民航局《关于民用无人驾驶航空器系统驾驶员资质管理有关问题的通知》	2014年4月	规定无人机驾驶员资质及训练质量管理由中国航空器拥有者及驾驶员协会负责,这是我国首次对无人驾驶员的资质培训要求
5	民航局《轻小无人机运行规定(试行)》	2015年12月	用于规范民用无人机,特别是低空、慢速、微轻小型无人机的运行
6	民航局《民用无人机系统分类及分级》	2015年12月	规定民用无人机的具体分类
7	民航局《民用无人机驾驶员管理暂行规定》	2016年7月	对原《民用无人驾驶航空器系统驾驶员管理暂行规定》进行第一次修订,修订的内容主要包括重新调整无人机的定义和分类,新增管理机构管理备案制度,取消部分运行要求
8	民航局《民用无人驾驶航空器系统空中交通管理办法》	2016年9月	保障民用航空活动的安全,加强民用无人机飞行活动的管理,规范其空中交通管理的办法

续表

序号	法规文件	发布时间	主要内容
9	民航局《民用无人驾驶航空器实名登记管理规定》	2017年5月	要求自2017年6月1日起,民用无人机的拥有者必须进行实名登记
10	民航局、空管局《民用无人驾驶航空器违规飞行管制应急处置程序(暂行)》	2017年8月	理顺信息通报流程,规范管制单位面对无人机违规飞行的应急处置程序
11	民航局《低空飞行服务保障体系建设总体方案》	2018年10月	明确服务空域内有无人机飞行活动的,飞行服务站应当建立相应的保障措施,必要时与无人机空中交通管理信息系统建立联系
12	民航局《促进民用无人驾驶航空发展的指导意见(征求意见稿)》	2019年5月	目的是促进无人驾驶航空健康发展,提升民用无人驾驶航空管理与服务质量
13	中国民用机场协会《民用机场无人驾驶航空器探测及反制系统通用技术要求》(征求意见稿)	2019年7月	对无人机探测和反制技术进行规范,填补了国内外空白,为民航局进一步管理机场无人机防范提供参考依据,为民用机场采购和建设无人机反制设备提供技术标准依据
14	全联科技装备业商会《低慢小无人机侦测反制系统通用要求标准》(征求意见稿)	2019年8月	对低空空域无人机的基本管理、标准的制定与应用进行规定,为"低、慢、小"无人机探测反制产品及服务的整体性能、设计生产和应用发展提供国家技术法规有力依据
15	中国民用航空局、国家发展改革委、交通运输部联合印发《"十四五"民用航空发展规划》	2022年1月	要求大力引导无人机创新发展,积极拓展服务领域,完善法规标准体系,创新无人机产业生态

3)地方层面标准法规规范

各地方省(自治区、直辖市)相继出台无人机标准法规规范,制定若干管理规则和管控措施,对无人机飞行管理做出了详细规定。地方层面相关标准法规规范见表1-10。

表1-10 地方层面相关标准法规规范

序号	法规文件	发布时间	主要内容
1	广东省《关于加强无人机等"低慢小"航空器安全管理的通告》	2017年6月	对飞行高度低于500m、飞行速度小于200km/h、雷达反射面积小于$2m^2$的飞行目标进行管理。规定其禁飞地区,并要求因工作需要,确需在上述区域飞无人机等"低、慢、小"航空器,有规定需提前申报批准的,须按规定获得批准后开展作业

续表

序号	法规文件	发布时间	主要内容
2	四川省《四川省民用无人驾驶航空器安全管理暂行规定》	2017年9月	明确购买无人机将实行实名制,驾驶员必须考取驾照。民用无人机生产企业应当在无人机上安装飞行控制芯片、设置禁飞区域软件,采取防止改装或改变设置的技术措施
3	深圳市发布《深圳市民用轻小无人驾驶航空器管理办法》(征求意见稿)	2017年9月	强调用科技手段对无人机进行监管,重点监管容易对民航以及公共安全造成隐患的消费级无人机以及部分航空模型,并对限飞和禁飞区进行了区分
4	重庆市《民用无人驾驶航空器管理暂行办法》	2017年12月	规定飞行空域分为自飞空域、报备空域和管控空域
5	深圳市《深圳市民用微轻型无人机管理暂行办法》	2019年1月	明确了企业与飞手责任、禁飞区域、飞行审批管理以及法律责任等
6	西安市《关于2019"低慢小"航空器飞行管理的公告》	2019年4月	从管理对象、管理区域、违规行为、违规处罚等角度出发,对"低、慢、小"航空器的飞行管理做出了详细规定
7	浙江省《无人驾驶航空器公共安全管理规定》	2019年5月	从实名、设限、严管三个角度出发,首次从法律层面对无人机安全问题做出了相应规定
8	海南省《海南省民用无人机管理办法(暂行)》	2020年4月	对民用无人机进行详细划分管控
9	上海市《加强民用无人机等"低慢小"航空器安全管理通告》	2020年5月	发布"低、慢、小"航空器包含类型;民用无人机拥有者,应当按照民用航空管理相关规定予以实名登记;民用无人机等"低、慢、小"航空器在上海市的管控区域等。总计8项具体管理内容措施

1.2.5 无人机空域管理系统

无人机空域管理系统涉及空域管理、C2管理、飞行管理和风险管理等。数据库是整个无人机空域管理系统的基础,其获取、存储和管理各类型的数据,用于支持无人机系统的运作,可以分为静态数据和动态数据。静态数据包括无人机规格、操作员信息、永久禁飞区、地形数据等。动态数据包括无人机运行状态、动态地理围栏空域、航空气象等。无人机空域管理需要在数据库的基础上,重点实施空域划分与设计、空域容量评估、空域多源探测监视、无人机指挥控制、无人机感知规避和自主航迹规划等的行为集合。无人机空域管理系统典型应用场景如图1-6所示。

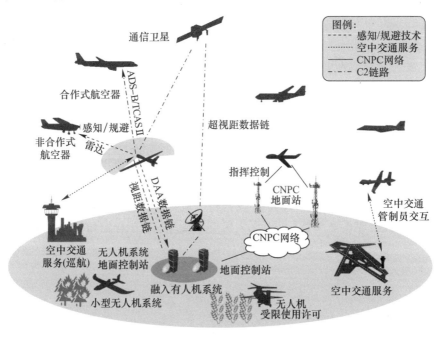

图1-6 无人机空域管理系统典型应用场景

建立一个灵活的无人机空域管理系统,需要解决以下三个问题:

(1) 建立灵活的动态空域,使空域利用最优化。

(2) 建立适应无人机运行环境的技术手段和风险管理规章制度,进行相应的无人机风险预警、风险管控、风险评估,防止无人机之间互相干扰、碰撞。

(3) 建立可靠的无人机空域管理系统,构建综合运行管理平台,对无人机实施管控,以确保无人机在空中安全、高效地运行。

为了便于管理,无人机空域在高度上被分成多个层,每个层对应不同类型空域管理服务和无人机运行能力,在不同类别空域或高度层上运行的无人机需满足对应的空中交通需求许可和运行要求,以指导无人机合理合规使用空域。低空无人机空域使用指导标准如图1-7所示。

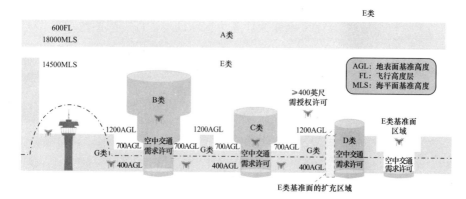

图 1-7 低空无人机空域使用指导标准

1.3 小　　结

首先,本章对无人机系统及分类进行了概述,从无人机飞行概念、飞行应用、安全要求、空域运行环境4个方面对无人机飞行进行了介绍;其次,从无人机空域管理概念、无人机空域管理现状、无人机空域管理特点、无人机空域管理规范、无人机空域管理系统5个方面对无人机空域管理进行了介绍和分析。

第2章
无人机空域管理技术体系

2.1 概　　述

本章参考美国国防部体系架构框架(DoDAF)的设计方法,以"保障飞行安全、提升空域效率"为目标,以典型无人机运行场景为切入点,采用运行概念、技术体系架构和系统架构三个视图,提出无人机空域管理技术体系,作为无人机空域管理领域技术研究、系统实现和应用的重要参考。

在无人机空域管理运行概念方面,分析提出超低空运行、中低空混合运行、高空融合运行和隔离空域运行4种典型场景,梳理空域管理有关的场景运行所需的核心要素,提出无人机空域管理运行的系统架构。

在无人机空域管理技术体系架构方面,按照"目标导向、分层建模"的设计思路,提出由运行支撑技术、空域安全技术和运行管理技术三层构成的技术体系框架。

在无人机空域管理系统架构方面,分析无人机在不同场景领域的应用情况,总结技术应用模式,提出区域集中式无人机空域管理系统、广域分布式空域管理系统和有人/无人机协同空域管理系统三种典型应用系统架构。当然,随着行业和技术的发展,将会不断出现新的应用系统架构。

2.2 无人机空域管理运行概念

本节在分析无人机运行特点、空域运行管理流程的基础上,提出相应的典型运行场景和运行要素,梳理运行管理所需的技术范畴和能力要求,构建运行系统架构,并归纳相关参与方的职责与定位,形成无人机空域管理运行概念。

2.2.1 运行概念

根据国家相关政策规定、空域分类、飞行规则、任务用途等因素,为保证不同种类的无人机在空域内与民航(通航)等实现安全飞行,在提高无人机自身安全性的基础上,还必须建立科学的空中交通管理机制,施行无人机空域管理,解决无人机与有人机隔离空域运行、共同空域内融合运行以及在低空公共空域等的安全飞行和高效利用空域资源问题。按照可承受性、任务需求和应用领域的不同,无人机需具有不同的装备和能力,无人机空域管理主要包括超低空运行、中低空混合运行、高空融合运行和隔离空域运行4个典型运行场景。无人机空域运行场景如图2-1所示。

图2-1 无人机空域运行场景

(1)超低空运行场景的运行范围主要在真高120m(含)以下且不包含民航空管管制范围。一般微型、轻型、小型无人机在此范围内进行视距内或超视距飞行,无人机与有人机相互隔离运行,并隔离在人群密集地区、重要设施和政治场所之外,以保证公共安全为首要条件,其主要应用包括个人娱乐、农林植保、国土测绘、电力巡线、应急救援、支线及末端物流等。

(2) 中低空混合运行场景的运行范围主要在民航空管管制范围以外的中低空区域,且不含超低空运行场景的范围。所有类型无人机均可能在此场景下进行超视距飞行,无人机与有人通用航空器混合运行,其主要应用包括支线物流、应急救援、短途载人运输等。

(3) 高空融合运行场景的运行范围主要在民航空管管制范围以内。一般大中型无人机基于仪表飞行规则飞行,无人机与运输航空飞机融合运行,其主要应用为公共航空运输,是典型的远程遥控驾驶航空器运行场景。高空融合运行场景的运行规则与空管体系基本沿用现有民航空中交通管理体系。

(4) 当无人机系统不具备"感知即避让"能力时,应当从空间或时间上与有人机飞行采用隔离空域运行。

按照上述无人机在不同空域内执行飞行活动的能力要求,无人机空域管理运行涉及无人机系统、空中交通管理服务、运行规则与政策以及公共安全4个方面,构成无人机空域管理运行的主要要素。无人机空域管理运行要素如图2-2所示。

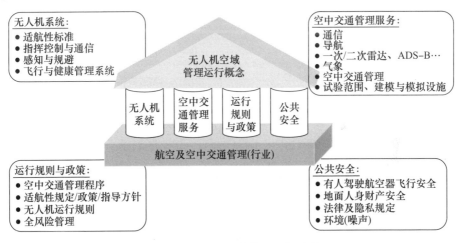

图2-2 无人机空域管理运行要素

涉及空域管理的无人机系统技术,主要是对无人机制造商和运营商提出无人机进入各类空域运行环境所需的约束和技术条件,包括适航标准、指控与通信、感知与规避、飞行与健康管理系统等技术;空中交通管理服务是根据各类运行环境为无人机提供空管服务的保障设施和信息服务,包括通信、导航、监视、气象、空中交通管理、试验范围和建模与模拟设施等;运行规则与政策主要包括面向无人机行业管理制定的空中交通管理程序、适航性规定、无人机运行规则、安全风险管理等法规与管理办法;公共安全主要涉及对有人驾驶航空器飞行安全和地面人员财产安全的威胁消除、法律与隐私规定以及环境(噪声污染)等方面的法规和技术。

无人机空域管理是由各型无人机系统、空中交通管理服务、运行规则与政策以及公共安全构成的有机整体,是实现无人机系统适用不同空域条件高效有序飞行的主要支撑,因此从系统运行的视角看,无人机空域管理涉及无人机从生产制造到飞行使用等全生命周期过程,是由无人机、有人机、无人机运营和制造单位、航空管制单位和公安、应急保障和空防部门等构成的运行系统架构,如图2-3所示。

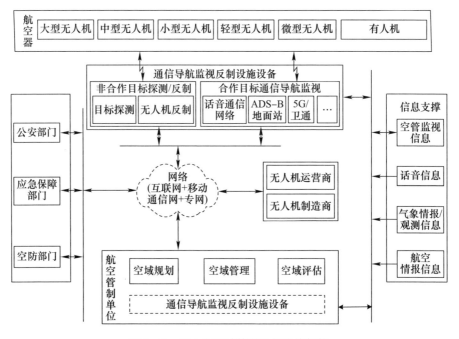

图2-3 无人机空域管理运行系统架构

各型无人机根据其具备的通信导航监视以及感知规避能力,按照所需性能要求在不同运行场景运行。大中型无人机一般具备机载应答机、ADS-B或北斗等合作监视能力,轻小微型无人机多采用通信指控链路、移动通信网络等方式实现合作监视能力。目前,绝大部分无人机不具备感知与规避能力,只能按照隔离空域方式运行,极大限制了无人机行业应用和空域利用效率。

航空管制单位的核心服务是建立在业务服务基础上的网络化服务,提供空域规划、空域管理和空域评估。空域规划是对低空管理范围空域基础规划,包括低空监视空域、报告管制空域、临时禁区、限制区的划设;空域管理主要用于对空域进行综合管理,同时能够监视空域使用情况,对违规飞行产生告警,并对违规飞行进行处置;空域评估是对空域运行进行数值评估,生成评估数据,帮助管理人员了解空域运行状况。

无人机空域管理运行的协同单位包括公安部门、应急保障部门、空防部门等,承担针对无人机的航空安全和公共安全监管系统的职能。无人机空域管理综合各方要素,形成包括空管单位、无人机运营单位、无人机制造单位、公安部门、救援部门和飞行用户等在内的多部门空地一体协同运行环境。

信息支撑部分主要包括空管监视信息、话音信息、气象情报/观测信息、航空情报信息等空管信息的空管数据网络、配套的广播式自动相关监视地面站、低空非合作目标探测系统、空地话音通信系统等支撑环境。

2.2.2 参与相关方

无人机空域管理运行的核心服务是建立在非合作目标探测/反制、合作目标通信导航监视基础上的空域管理能力,同时兼顾飞行服务和用户服务。空域管理主要用于对空域进行综合管理和规划评估,能够监视空域使用情况,实施飞行安全间隔管理,对违规飞行产生告警,并对违规飞行进行处置;飞行服务负责平台内外部各类信息的交换,并对救援、公安等用户提供业务支撑;用户服务负责用户飞行申请、空域信息查询、通知公告查询等。无人机空域管理运行主要涉及三个参与相关方,即服务对象、管理服务方、支持保障设施,其角色和责任划分见表2-1。

表2-1 无人机空域管理运行参与相关方描述

类别	名称	描述
服务对象	无人机	无人机空域管理的管理对象,根据空域运行条件配置所需的空管航电设备
	无人机制造单位	无人机空域管理关联方,主要负责无人机机载设备满足相关空域运行所需规定和技术要求
	无人机运营单位	实施无人机飞行作业单位和人员,负责整个无人机空域管理系统运行和安全,按照管理服务规定开展飞行活动
管理服务方	航空管制单位	提供航空器空中交通管制的机构,接收计划申请、承办飞行审批、对航空器的滑行/起飞/着陆和空中飞行实施监督与管理,为航空器飞行提供安全间隔和安全措施
	公安部门	针对涉及公共安全业务的空域管理服务,负责违法违规无人机落地后的秩序和现场处置

续表

类别	名称	描述
管理服务方	应急保障部门	针对涉及应急救援业务的空域管理服务,包括无人机遇险应急救援的组织、管理和实施救援行动
	空防部门	针对涉及空防安全、临时空域的划设与管理,从空防角度加强无人机空防安全管控,降低无人机对民航飞行、运行安全和对国家空防安全的影响
支持保障设施	非合作目标探测/反制	作为特定低空空域的空管监视手段,对低空合作/非合作目标进行探测,采用雷达、光电、频谱探测、卫星导航干扰等多种手段,实现对低空目标的探测、跟踪、定位和反制
	合作目标通信导航监视设施设备	无人机空域管理的监视保障支撑,对合作无人机、有人机提供通信导航监视能力的地面空管保障设施设备,主要提供其高频通信、测控链路通信等通信能力,提供卫星导航、惯导、导航定位增强等导航能力,提供雷达、ADS-B、北斗短报文监视、通信测控链路监视等监视能力

无人机空域管理是以监视、通信、导航等基础设施为主要支撑,结合合作目标通信导航监视、非合作目标探测/反制能力,以监视信息、气象情报、航行情报和话音信息等接入作为信息保障,由航空管制单位实施空域管理,并实现飞行服务和用户服务等业务。无人机空域管理,承担针对无人机的航空安全和公共安全监管系统的职能,其管理者主要是航空管制单位、公安部门、应急保障部门和空防部门,以及无人机产业管理相关部门;管理服务的对象主要是无人机制造单位、无人机运营单位和无人机驾驶员;支持保障设施主要由非合作目标探测/反制和合作目标通信导航监视组成。非合作目标探测/反制可以作为特定低空空域的空管监视手段,负责低空非合作目标监视补充,更重要的是负责航空安全、公共安全监管,是发现和取证违规飞行的必要手段。合作目标通信导航监视是无人机飞行管理的信息保障系统,同时也可提供给管制系统或空防监视系统。

2.3 无人机空域管理技术体系架构

本节按照空中交通管理的技术范畴,依据无人机空域管理运行概念所需的能力要求,提出相应的架构层级和技术框架,形成无人机空域管理技术体系架构。

无人机空域管理过程,是涉及多主体协同的空地一体化运行过程,为达到无人机空管"安全、高效"的目标，按照"目标导向、分层建模"的设计思路，可将无人机空域管理技术体系架构分为三个层级，从下至上依次是运行支撑技术、空域安全技术和运行管理技术，无人机空域管理技术体系架构如图 2-4 所示。

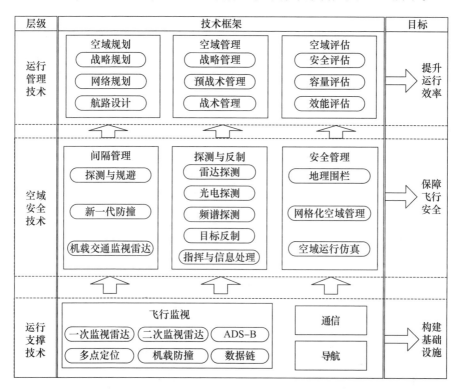

图 2-4　无人机空域管理技术体系架构

运行支撑技术层主要包括一次监视雷达（简称一次雷达）、二次监视雷达（简称二次雷达）、ADS-B、多点定位、机载防撞、数据链等监视技术，监视、通信和导航技术共同构成无人机空域管理的基础设施，为空域安全技术层提供信息支持。

空域安全技术层包括间隔管理、探测与反制、安全管理等技术，通过提升无人机系统自身感知与规避能力，结合地面探测与反制以及地理围栏的管理手段，从而提升无人机适应不同运行场景的所需性能要求，使其具备进入多空域、全空域的飞行能力，有效保障航空飞行安全。

运行管理技术层是在运行支撑和空域安全各项技术基础上，采用战略规划、网络规划和航路设计等实现空域规划，采用战略、预战术和战术三级进行空域运行管理，综合应用安全、容量和效能三方面评估实现空域评估，从而为建立全面、高效、安全的无人机空域管理能力提供直接业务支撑。

2.3.1 运行支撑技术

1. 飞行监视

无人机飞行监视技术主要包括一次雷达、二次雷达、ADS-B、多点定位、机载防撞、数据链等监视技术,根据使用场景、配置需求、定位精度的不同,选用不同的技术。无人机飞行监视技术,是无人机空域管理的主要运行支撑技术,为空域安全技术提供态势信息,是空域运行管理的性能依据。

1) 一次雷达

一次雷达技术依靠对空中飞行器发射电磁波信号,接收其反射波实现对非合作无人机的监视和定位。用于探测空中物体的反射式主雷达,采用测量目标距离和方位的两坐标体制,成本价格比较低。其基本原理是地面雷达装置发射无线电波,空中飞机的反射回波,地面雷达依据反射回波得出距离和方位信息。

一次雷达是独立的、非合作式监视系统,在一次雷达可自主获取目标的监视信息,而被监视目标不需要安装任何相关的设备。由于无人机起飞质量、经济性等因素,对于未安装机载应答机非合作目标,二次雷达不能识别无人机目标,一次雷达监视技术是低空无人机地基监视和态势感知的主要技术之一。

空管一次监视雷达可以分成三类:

(1) 近程一次监视雷达:用于机场附近和终端区目标监视,主要是塔台管制员或进近管制员使用。

(2) 远程一次监视雷达:设置在航管控制中心或相应的航路点上。它的探测范围在 250 海里①以上,高度可达 13000m。它的功率比近程一次监视雷达大,在航路上的各部雷达覆盖了整个航路,这样管制员就可以对航路飞行的飞机实施雷达间隔。

(3) 场面监视雷达:主要用于特别繁忙机场的地面监控,它可以监控在机场地面上运动的飞机和各种车辆,塔台管制员用来控制地面车辆和起降飞机的地面运行,保证安全。

在无人机空域管理中,空管一次监视雷达技术主要面向合作无人机和中高空大型无人机的监视,遵循与有人机相似的空管一次监视指标,也是实现有人/无人机混合运行的监视保障基本设施。

此外,无人机机载空空监视雷达采用一次监视雷达技术,针对空中非合作目

---

① 1 海里 = 1.852km。

标达到空空监视能力,结合广播式自动相关监视、交通警戒与防撞系统(TCAS)和新一代机载防撞系统(ACAS X)等技术实现合作目标空空监视,共同建立空空态势感知,是支撑无人机间隔管理中空中感知与避撞的主要技术手段。

2)二次雷达

二次监视雷达(SSR)也称为空中交通管制雷达信标系统(ATCRBS),是现代空管系统必配的设备之一。二次雷达技术最早在第二次世界大战后应用在民航的空中交通管制。英国科索公司在敌我识别器 MK-X 基础上研制成专供 ATC 系统用的二次监视雷达,目前绝大多数空中交通监视由布置在地面上的二次监视雷达和机上的机载应答机来实现,二次监视雷达合作目标监视距离可达到370km。二次监视雷达可获得飞机的二次雷达应答机代码、飞行高度、飞行速度、航向等参数,使雷达由监视的工具变为空中管制的手段,二次雷达的出现是空中交通管制最重大的技术进展。

二次雷达监视技术是独立的、合作式监视技术(气压高度表除外)。二次雷达通过地面询问系统,根据询问和机载设备的应答计算目标的距离和方位角。S模式二次雷达增强了飞机寻址和双向数据链路功能。与一次雷达相比,二次雷达能够提供更详细的信息,但二次雷达无法监视没有安装应答机或应答机失效的飞机。实际应用中,二次雷达经常与一次雷达合装,以便充分发挥两种探测设备的优势,进而探测得到同一目标的点迹或航迹。

二次雷达在识别、高度、危机告警等方面具有许多一次雷达不具备的优点:

(1)二次雷达的询问距离仅与发射功率的平方根成正比,在达到指定的作用距离时,二次雷达发射功率对比一次雷达的发射功率小,体积、重量也相应小很多。

(2)二次雷达接收机只接收射频为1090MHz的应答信号,从而可消除由询问信号射频1030MHz产生的地物杂波、气象杂波和仙波的干扰。

(3)二次雷达的高度信息由飞机上的气压高度表测量,管制员与驾驶员掌握的高度数据一致,便于空中交通管制及飞机间飞行高度安全。

(4)二次雷达能够提供目标识别信息,当飞机发生故障、通信系统失灵或遇到干扰时,提供危急告警信息。

基于二次监视雷达技术完成无人机监视的典型技术特征如下:

(1)兼容现有空管二次雷达监视技术体系,支持大规模、超视距无人机飞行动态监视。

(2)需要无人机安装相应的机载应答机设备,适用于大中型无人机平台。

(3)工作频率:询问1030MHz,应答1090MHz。

(4)工作模式:A、C 和 S 模式。

3) ADS-B

广播式自动相关监视是国际民航组织确定的未来主要监视技术。ADS-B基于卫星定位和地/空数据链通信,提供了更加安全、高效的空中交通监视手段,能有效提高管制员和驾驶员的运行态势感知能力,扩大监视覆盖范围,提高空中交通安全水平、空域容量与运行效率。

ADS-B是以卫星技术、数据通信技术和计算机技术为基础,由信息源、信息传输通道和信息处理与显示三部分组成。信息源通过导航设备和其他机载设备产生;信息传输以ADS-B报文形式,通过地-空/空-空数据链进行广播式传播;信息处理与显示实现对周边空域交通态势的感知及呈现。

ADS-B可以应用于以下三种场景:

(1) 空-空监视:飞机装备ADS-B接收(ADS-B IN)设备,驾驶员可以通过座舱交通信息显示器(CDTI)直观地"看见"周围空域飞机的飞行航迹以及速度、呼号等状态信息,增强了驾驶员的情景意识。借助ADS-B,驾驶员可以不依赖于地面雷达直接获取空中交通态势,主动进行飞行避让等操作,保障飞行安全。

(2) 地-空监视:ADS-B地面站可以为地面空中交通管制中心提供空域内的飞机信息,包含经纬度、高度、速度、呼号、S模式地址、飞机类型等信息。ADS-B地面站既可以单独应用于非雷达区,也可以应用于雷达区补盲或者双重覆盖。

(3) 场面监视:ADS-B地面站可以将机场场面具有ADS-B发射(ADS-B OUT)功能设备的飞机和车辆等同监视,从而使ATC中心可以获得整个场面的交通状况,合理进行场面交通调度,防止跑道冲突。

基于ADS-B技术完成无人机监视的典型技术特征如下:

(1) 兼容现有空管ADS-B监视技术体系,可以实现对无人机大范围、超视距的飞行动态实时监视。

(2) 需要无人机安装相应的机载ADS-B或应答机设备。

(3) 导航位置信息(经纬度)依赖于导航卫星。

(4) 利用机载ADS-B IN的接收,可以实现无人机平台自身对周边具有ADS-B OUT功能飞机飞行态势的感知以及威胁避让,防止碰撞事故发生。

(5) 单一机载ADS-B设备成本相对不高,适用于大中型或部分小型无人机平台。

星基ADS-B监视技术将ADS-B接收机部署在低轨道卫星上,通过卫星采集飞机发送的广播信息,接收S模式、1090MHz数据链,实时传输到地面站并补充到空管系统,是对地基ADS-B系统的升级和增强。星基ADS-B系统通过卫星组网,搭载 ADS-B 接收设备,接收飞机广播的 ADS-B 信号,下传到地面,可以实现全球空域连续无缝监视。

星基 ADS-B 主要由星基 ADS-B 载荷、卫星星座、星间/星地通信链路、地面数据中心与分发网络等部分组成,具体功能如下:

(1) 星基 ADS-B 载荷用于实现信息采集和接收,执行监视任务。

(2) 卫星星座能够对地球上任何地点在任何时刻进行覆盖,用于携带载荷完成各种全球通信、全球导航、全球环境监测等任务。

(3) 星间/星地通信链路用来进行卫星之间、卫星与地面站之间的信息传输。

(4) 地面数据中心与分发网络用于 ADS-B 数据分离与解析、航空器航迹过滤与融合、用户接入控制与数据分发等,可将数据输送至航空管制单位的应用终端,实现星基载荷监控与管理、数据分析、定位导航等应用。

星基 ADS-B 全天候、全空域的监视特点,对保障飞行安全、提升飞行效率、提高空域容量具有十分重要的意义。星基 ADS-B 系统可用于包括无人机和商用飞机的全球广域监视系统。星基 ADS-B 系统的典型技术特征如下:

(1) 兼容当前 1090MHz 扩展电文(1090ES)数据链 ADS-B 技术体制,与现有地面 ADS-B 设备接口。

(2) 全球连续覆盖监视能力。

(3) 低轨道卫星搭载。

4) 多点定位

多点定位系统是一种常见的独立协同监视技术,按照使用区域分为机场场面多点定位系统(ASM)和广域多点定位系统(WAM)。在系统工作时,多个基站同时接收待定位目标的发射信号,每个地面站接收信号并且测量信号到达时间,然后将时间信号送至中心处理单元,中心处理单元比较来自多个地面站的报告,根据信号到达地面站间的时间差来计算目标所在位置。

多点定位监视技术特点如下:

(1) 目标识别简单,多点定位系统接收的是目标应答机信号,应答信号中包含飞机的高度、速度等识别信息,通过解码这些信息便可对目标进行识别。

(2) 兼容性强,可以支持多种机载应答机,兼容 A/C 模式、S 模式,并与 ADS-B 技术相兼容。

(3) 高刷新率,每秒数据更新一次。

(4) 监视精度高、覆盖范围广,可以实现广域空中定位精度 20m 以内,地面精度 7m 以内。

(5) 抗干扰性强,可以全天候工作。

5）机载防撞

交通警戒与防撞系统通过对空域内航空器进行询问监视,跟踪接近航空器并形成其运动轨迹,在专用显示器或综合显示器上显示目标的距离、高度、方位及飞行轨迹,评估接近航空器对本机的碰撞威胁,采用图形和语音方式为操作员提供简洁合理的避撞建议。

机载防撞系统具有监视、跟踪、潜在威胁评估、交通咨询(TA)、防撞计算、决断咨询(RA)、音响告警、空对空协调等功能,能够有效保障飞行安全,缩减飞行间隔标准,减少飞行冲突。

TCAS 分为 TCAS Ⅰ、TCAS Ⅱ、TCAS Ⅲ 及 TCAS Ⅳ 4 类。

(1) TCAS Ⅰ:向飞行员提供 TA,不提供冲突时的 RA。

(2) TCAS Ⅱ:向飞行员提供 TA 和 RA,具备防撞计算能力,可提供垂直方向两机间的避让信息,目前民航飞机仍以安装 TCAS Ⅱ 的机载防撞系统为主。

(3) TCAS Ⅲ:向飞行员提供 TA 和 RA,具备防撞计算能力,能提供垂直和水平方向上的两机间的避让信息。

(4) TCAS Ⅳ:向飞行员提供 TA 和 RA,具备防撞计算能力,可以解决两机甚至多机间的协调避让问题。

目前,为适应航空迅速发展的需求,ACAS X 已经成为新的机载防撞发展方向,旨在降低虚警率和提高决断建议有效性,并适应新的程序(如支持基于四维航迹运行程序)和无人机等新型航空器的机载防撞。

6）数据链

无人机数据链技术是无人机重要的数据链路,用于无人机地面控制站(GCS)和无人驾驶飞机的信息交换。上行数据链实现对无人机遥控以及对无人机飞行姿态控制;下行数据链执行遥测、数据传输等功能,实现对无人机飞行态势及位置测量。

无人机数据链使地面控制站将无人机纳入全球航空、通信、导航和监视作业环境中,实现连接和互通。根据数据链路的连接方法,可把数据链路分为以下两种:

(1) 点对点连接通信链路

这时的链路只连接两个节点。

(2) 多点连接链路,指用一条链路连接多个(节点数大于 2 个)节点。

按照通信方式,链路可分为单向通信链路和双向通信链路。民用无人机系统一般使用点对点的双向通信链路,也有部分无人机系统使用单向下传链路。无人机通信链路,主要是指用于无人机系统传输控制、无载荷通信、载荷通信三部分信息的无线电链路。

基于通信指控链路和地面蜂窝网络无人机监视的典型技术特征如下：

（1）监视范围与通信指控链路能力密切相关，可以对无人机进行视距、超视距监视。

（2）可以实现对无人机飞行姿态的快速控制。

（3）监视数据传输的延时、速率与通信指控链路及地面通信网络密切相关。

（4）通信频率为常用的 C、L 或甚高频/超高频频段。

此外，还可以利用地面蜂窝网络，把通信指控链路获取的无人机飞行态势或位置信息接入相应的管理系统内，实现对该无人机飞行信息的有效监视，当出现飞行冲突等特殊情况时，可以告知操作员进行必要的操作控制。

5G/卫通移动通信监视技术，采用 5G 移动通信、北斗无线电导航卫星系统（RNSS）、北斗卫星无线电测定业务（RDSS）、卫星通信等多模式组合方式，针对低空无人机，采用北斗/GPS 定位 +5G 通信的方式，将无人机位置和状态等信息发送至地面通信设备，实现无人机目标定位和监视；针对中高空无人机，采用北斗/GPS 定位 + 卫星通信的方式，实现无人机目标定位和监视。

5G/卫通等移动通信监视典型技术特征如下：

（1）具备协同定位功能，可通过全球卫星定位系统定位，完成目标的实时位置解算。

（2）具备空地双向数字通信链路无缝切换功能，在地面移动蜂窝网覆盖地区优先使用 4G/5G，在地面蜂窝网覆盖弱的地区自动切换为北斗 RDSS 或卫通等通信链路。

（3）定位方式为中国北斗/美国 GPS/俄罗斯格洛纳斯（GLONASS）多模卫星无源定位。

飞行监视相关技术详见第 3 章。

2. 通信

无人机空管通信可分为短距离通信、移动通信和卫星通信三种类型。按视距范围运行场景配置需求，对通信距离、通信延时要求相对较低的，通信距离一般小于 150m，通常选择短距离通信/移动通信；按超视距范围运行场景配置需求，对通信距离要求较高的，通常选择移动通信/卫星通信。在无人机通信中，要根据无人机担负的不同任务和飞行环境选择合适的通信技术，从而满足不同空域运行条件所需的导航性能要求。

3. 导航

无人机导航技术是按照要求的精度，沿着预定的航线在指定的时间内正确地引导无人机至目的地。要使无人机成功完成预定的航行任务，除了起始点和目标的位置，还必须知道无人机的实时位置、航行速度、航向等导航参数。

目前,在无人机上采用的导航技术主要包括惯性导航、卫星导航、多普勒导航、地形辅助导航以及地磁导航等。这些导航技术都有各自的优缺点,因此,在无人机导航中,要根据无人机担负的不同任务和飞行环境选择合适的导航技术,从而满足不同空域运行条件所需的导航性能要求。

2.3.2　空域安全技术

1. 间隔管理

无人机间隔管理技术是指无人机能够探测在其安全邻域或空域监视范围内是否存在障碍物(包括静止地物或运动的其他飞行器),通过自身和障碍物的相对运动状态进行分析决策,从而解除潜在的碰撞危险。

无人机间隔管理技术主要包括探测与规避、新一代防撞、机载交通监视雷达等技术,通过无人机融入空域运行间隔管理的影响因素、功能需求的不同,选用不同的技术。无人机间隔管理工作过程一般是:首先,通过感知来探测是否存在障碍物,若存在,则检测出障碍物的距离、角度、速度等信息;其次,根据感知获取的信息,判断障碍物是否影响飞行安全,并决定是否需要对航路进行重新规划,若需要重新规划,则通过综合本机以及外部信息,调整航路以规避碰撞。

1) 探测与规避

探测与规避(DAA)技术是目前无人机探测与规避技术的主要研究技术,适用于 B、C、D、E 和 G 空域。根据 DO-365 规范规定的 DAA 要求,能达到空中交通检测、航迹处理、航路空域 DAA 的间隔保持(RWC)告警、航路空域 DAA 的 RWC 制导、航站区 DAA 的 RWC 警报等功能。

DAA 保障无人机的安全性能,避免与其他航空器发生碰撞。此类系统有合作传感器和非合作传感器两种类型的监视设备。合作传感器(如 S 模式主动监视和 ADS-B),依赖于入侵者飞机中的兼容设备;非合作传感器,检测入侵者而无须任何设备假设。

DAA 与飞机的感知能力有关,当飞机探测到自己即将接近另外一个物体并会产生危险时,就会采取适当的措施来避免危险的发生。

2) 新一代防撞

ACAS X 是国际民航组织规划推广的新一代防撞系统,是一种最终将取代现有空中交通警戒与防撞系统的新型机载防撞技术,兼容单一欧洲天空空中交通管理研究(SESAR)和下一代航空运输系统(NextGen)的运行概念。ACAS X 技术使用飞机行为的概率动态模型,并针对由众多设计参数定义的离线成本函数优化告警行为,其目的之一是平衡安全与运营目标,可有效降低碰撞风险、降低滋扰警报,使得飞机之间的间隔可以更小。

ACAS X 接收机载信息，包括无线电高度、大气高度等信息，并与飞机的显示和控制系统相交联。通过即插即用式监视，ACAS X 系统可与机载雷达、光电、红外等传感器进行交联，接收其探测到的目标飞机信息作为监视信源，当这些信息满足要求时也可用于交通告警和决断告警。

除了标准的 ACAS X，还有几种不同级别的类型：

（1）ACAS Xa：用于大型飞机，最通用的手段是进行主动询问以检测入侵者。ACAS Xa 是基准系统，是 TCAS Ⅱ 的继任者。ACAS Xa/Xo 的标准 2018 年 9 月由 RTCA DO - 385 和欧洲民用航空设备组织（EUROCAE）的 ED - 256 发布。

（2）ACAS Xo：ACAS Xa 的扩展，专为特殊运行的用户而设计（如近距平行运行、编队飞行、间隔保持运行等）。ACAS Xa 不太适合紧密间隔的平行进近，因为它可能会产生大量滋扰警报。ACAS Xa/Xo 的标准由 RTCA DO - 385 和 EUROCAE ED - 256 于 2018 年 9 月发布。

（3）ACAS Xu：专为中大型固定翼无人驾驶飞机设计，包含水平分辨率机动。ACAS Xu 与定义明确的 ACAS Xa 标准建立在相同的基础之上。2020 年 9 月由 RTCA 发布 DO - 386 和 EUROCAE 发布的 ED - 275，设立 ACAS Xu 的标准。

（4）ACAS sXu：ACAS Xu 的扩展，用于翼展小于 50 英尺（约 15m）的小型遥控飞机系统工作。ACAS sXu 的标准已经启动，预计在 2022 年完成。

（5）ACAS Xr：旨在为多旋翼飞行器和城市空中交通场景下飞行器提供防撞能力。相关标准预计将于 2024 年制定出来。

3）机载交通监视雷达

机载交通监视雷达（ATAR）也称为空对空雷达，是作为 DAA 和 ACAS Xu 的雷达探测传感器，通过空 - 空雷达监视为 DAA 和 ACAS Xu 提供邻近空域的监视信息。机载交通监视雷达能够全天时、全天候工作，并且能够在方位、俯仰两个方向上对入侵飞行目标进行探测，实现对非合作目标的距离、方位角、俯仰角、速度等信息的提取并形成入侵目标点航迹信息。

按照 DO - 366 标准要求的 ATAR 主要技术特征如下：

（1）雷达状态包括平台、雷达电源状态等设置。

（2）雷达视场的水平方向应至少与无人机纵轴成 ±110°；垂直方向应至少为垂直参考飞行轨迹的 ±15°（无人机机身框架由飞机攻角修正），但仅限于 1000 英尺地面高度以上的入侵者。雷达校正无人机攻角最大 ±5°。

（3）雷达航迹需要规定优先级，按照一定算法对入侵者航迹进行优先级排序（越近，速度朝向本机，优先级越高）。雷达至少同时支持 5 条高优先级航迹。

（4）雷达对假航迹的要求是概率小于 1 个/h。

2. 探测与反制

低空无人机探测利用雷达、光电、频谱探测及目标反制等手段对低空无人机实施探测、跟踪、识别和监视。探测与反制技术的应用，可以单个传感器独立使用实现小区域探测覆盖，可以进行多传感器融合使用提升无人机探测及识别概率，也可以采用多站分布式组网方式实现广域范围内无人机目标探测与监视。

1）雷达探测

利用雷达对空域进行监视和侦察是应用非常广泛且传统的手段。探测雷达向空中发射电磁波，当探测到无人机目标时，就会反射回部分电磁波，若对这些回波加以处理则可获取无人机目标的信息。获取的信息包括距离、外形、角方向、径向速度、微多普勒特征等。探测雷达经过多年的发展，种类繁多，技术成熟度高，具有探测距离远、定位较精确、反应速度快等优势，可实现对目标无人机的高效精准探测。在无人机的可探测性符合雷达的分辨率时，利用探测雷达可取得非常好的侦察探测效果。

雷达探测具有探测距离远、空间定位准、反应速度快等优点，但对近距目标雷达探测存在一定盲区，在城市高楼、森林等遮挡情况下，也会影响对无人机这种"低、慢、小"目标的探测效果。同时，雷达天线需要有较好的架设条件，一般设于高楼顶端，由于功率相对较大，对于周围环境有一定的电磁污染，而且会由于城市繁华环境内的空间不明干扰物的出现，产生虚报或误报的情况。

针对"低、慢、小"无人机的雷达探测，其典型技术特征如下：

（1）工作频段：L、S、Ku、Ka、X 频段。

（2）工作模式：探测、跟踪、预警。

（3）雷达类型：连续波、脉冲多普勒等二坐标、三坐标雷达。

（4）作用距离：3～8km。

（5）方位覆盖：0°～360°。

（6）俯仰覆盖：30°（可调）。

（7）目标容量：40～200 批。

（8）数据更新率：3～10s。

2）光电探测

对于"低、慢、小"无人机，光电探测是一种常用的技术手段。光电探测是利用光学或红外相机拍摄无人机，对特定方向进行图像拍摄与比对。当发现存在无人机时，可以对该无人机进行锁定跟踪，形成无人机探测图像信息。光电探测经常与雷达探测相结合使用，当雷达扫描发现无人机时，可以快速转动摄像头的拍摄方向对发现的目标进行锁定跟踪。

光电探测技术的典型技术特征如下：

（1）抗电磁干扰能力强，低空探测性能好。

（2）图像分辨率高、目标识别能力强，可进行连续跟踪。

（3）探测视场角小，受天气条件及地形条件影响较大。

（4）目标跟踪与识别性能，可跟踪与识别目标包括旋翼无人机、固定翼无人机等。

（5）光电类型：红外、可见光。

（6）覆盖范围：方位360°，俯仰 $-20°\sim+60°$。

（7）距离：$\leqslant$3km。

（8）高度：$\leqslant$1km。

（9）目标识别准确率：$\geqslant$97%。

3）频谱探测

频谱探测系统由全向监测天线、定向测向天线、信号处理机及显控终端等部分组成。频谱探测系统利用宽带无线电接收机持续接收无人机遥控遥测信号频段的电磁波信号，根据无人机遥控遥测信号的时间、频谱特征进行分选，提取无人机信号特征，建立无人机信号特征库，通过无人机信号特征匹配，实现对无人机的发现；通过无线电测向技术，利用阵列测向天线对发现的无人机信号进行测向，实现对无人机的定位；最后综合输出无人机目标探测信息。

无线电频谱探测的主要技术特征如下：

（1）不受无人机尺寸、材料等限制，探测装备的造价和成本相对低廉，可在较大的范围内定点布设，常用于长时间无人值守的场景中。

（2）与雷达探测技术相比，无线电频谱探测对周边电磁环境无影响，能满足机场等重点区域的无人机管控需求。

（3）能够进行精准识别，可以通过频谱特征辨别真实目标。

（4）能够满足快速响应的监视需求，一旦无人机启动飞行即可进行探测识别。

4）目标反制

无人机反制技术主要利用捕捉网、激光、声波、火力压制、无线电干扰等手段，对目标无人机进行捕捉、摧毁和控制等处置活动，实现目标反制功能。当前的目标反制技术分为目标失控技术、目标失效技术、诱骗技术、控制接管技术、地面溯源技术等。

（1）目标失控技术：主要利用无区别射频干扰、低能量微波/激光定向能手段、频谱欺骗等方式对目标进行部分组件损毁或永久性功能丧失目标无人机失去控制能力或控制功能。

(2) 目标失效技术：主要利用低强度光电对抗、控制信息干扰、数据链干扰等技术，通过对无人机实施选择性干扰，使其自动驾驶与控制系统、通信系统、动力系统部分功能暂时性失效，从而削弱其飞行能力或触发本身。

(3) 诱骗技术：主要通过频谱、通信、网络、识别伪装等技术，通过分析目标现有特征及历史数据库对目标的导航、通信、控制等功能进行虚假信息诱骗，降低目标无人机，进而降低其作战效能。

(4) 控制接管技术：通过频谱、通信、网络、无线电破译等技术完全接管目标无人机控制能力，使目标无人机驾驶员的控制权被反制方监管，目标无人机按照反制方完成一般飞行功能。

(5) 地面溯源技术：通过无线电检测、底层链路接入等技术手段完成对目标无人机驾驶员的定位，通过其他手段直接控制驾驶员达到控制无人机系统的能力。

5）指挥与信息处理

指挥与信息处理技术基于网络、云计算、分布式处理、大数据等技术，集成指挥控制、数据融合处理、目标导航和定位、航拍图片测绘等功能，完成空情态势显示与人机交互，支持快速响应、可视化指挥，实现低空合作和非合作无人机的管理，为重点防护空域提供有力的安全防护和保障。

指挥与信息处理功能特点如下：

(1) 部署方式灵活：可部署单机系统、分布式系统和云服务系统等多种不同形式。

(2) 功能易扩展：通过模块化设计，支持根据使用场景按需配置功能模块。

(3) 数据通信高效：支持接入多架无人机图传信号，飞行数据实时回传。

(4) 可视化交互：内置嵌入式管理人机，基于地理信息系统（GIS）的可视化管理。

(5) 全流程管理支持：实现无人机飞行任务规划和管理，以及安全态势监视和动态调控。

探测与反制相关技术详见第 5 章。

3. 安全管理

无人机空域管理评估技术，主要包括地理围栏、网格化空域管理、空域运行仿真等技术，达到促进飞行安全的需要，保证空域的最大利用，妥善解决各种无人机用户不同的合理需要之间的矛盾。

1）地理围栏

地理围栏是指为阻挡即将侵入特定区域的航空器，在相应电子地理范围中规划特定区域，并配合飞行控制系统、保障区域安全的软硬件系统，具备几何范围、使用条件等要素,因此其实质上是一种特殊空域,是一种限制性空域。

地理围栏通过无线电通信网络(如全球移动通信系统)或外部定位方式(如GPS)获取无人机的位置信息(地理坐标或大地坐标),在 GIS 平台的支持下,依照空域划分及身份识别技术建立一个虚拟地理边界。当无人机进入、离开某个特定地理区域,或在该区域内活动时,无人机会根据具体区域内运行规则的变化接收自动通知、告警信息及相应协议。无人机围栏所使用的经度和纬度坐标点,均为 1984 世界大地坐标系(WGS-84)。

地理围栏类型需要从时效性、固定/临时类别、保密性等几个方向进行分类,并综合考虑电子围栏的需求方、更新周期及效力周期等方面因素进行综合划分。

(1) 固定地理围栏。固定电子围栏依据固定设备及标准规范进行管理,主要用于基础需求长期固定且由政府及职能部门发布的航路航线、机场净空区,以政府重要部门、电力铁塔、能源管线、监狱等固定建筑及事务为主。

固定地理围栏的特点是更新及废止周期长,一般不低于 1 年,且有实际管理部门及责任部门,对于无人机准入及飞行规则有直接需求。

(2) 临时地理围栏。临时地理围栏是以临时性事务、体育赛事、重大节日、安保活动及火灾、人员集中、自然灾害等突发性事件依据划设的临时性电子围栏。

对于体育赛事、临时性事务、重大节日一般会提前 3 个月以上向公安局、体育局、民航局等相关部门报备,有明确公开性文件并注明时间及空间范围的临时性事务需求,受限于无人机机载端、地面端及其他相关系统更新速率及信息公开性原因无法满足设备端更新要求。

对于突发性事件,如火灾、人员集中、自然灾害等场景,由于发生时间及地点不明确、起止时间无明确要求且对无人机应进行阻拦的场景,现场人员无有效发布电子围栏能力或审核无法满足时间要求的,应采用临时电子围栏及其他类空域隔离保护技术多手段并用的方式进行临时性隔离。

(3) 飞行计划申报类电子围栏。由无人机所有者或使用者通过飞行管理平台申报管理的飞行计划及空域,包括但不限于实验类、试飞、区域内作业、固定区域等飞行场景,该数据由用户向飞行管理平台申请经由后台审批后发布,一般时效性较短。

(4) 其他类型电子围栏。由其他职能部门根据实际要求及个人飞行训练用的地理围栏。

2) 网格化空域管理

无人机网格化空域管理技术主要利用三维空间网格化和时空地理数据信息

管理等方法,对无人机空域进行空域剖分、路径规划和运行管理。无人机网格化空域管理以空域格网为单元进行剖分,根据空中交通管理结构、空中交通流量结构、空域配置结构、空中交通运行数据集等时间属性特征和空间属性特征,包括空中交通的空间尺度、时间范围、运动特性、飞行冲突、空域容量、安全等级、航空效率、管制负荷、空域复杂度等,确定网格单元的空间和时间精度,分析网格单元对应的索引性能和空中交通演化态势计算等。基于三维空间网格,实现精细化空域管理,促进空域资源的有效配置和利用,有助于提高无人机空域管理能力和空域运行效率。

3）空域运行仿真

无人机空域运行仿真通过建立多样的空域运行模型,运用场景仿真进行结果分析和指标评估,为空中交通管理规划及组织提供建议,以提高无人机空域管理的效率和安全性,从而降低无人机使用成本、提高空域共享能力,实现有人机、无人机共享空域。空域运行仿真评估也是无人机进入非隔离空域、与有人机共享空域飞行提供运行决策的重要手段和依据。

空域运行仿真评估是通过分析工作负荷、延误、机场容量、空域系统等各方面因素及其之间的关系,分析机场程序设计或优化方案的合理性,评估空域运行的安全与效益等。其过程大致可分为数据库构建、建模仿真评估和结果分析三个步骤。

（1）采集当前运行数据构建基础数据库,建立一个能够准确反映当前空域运行状况的基准模型,并通过仿真手段分析得出当前空域运行的各项指标。

（2）根据空域规划目标(如增加空域容量、提高运行效率)建立多个基于空域设计方案的评估模型,通过仿真手段评估出该设计方案实施后的各项指标数据。

（3）通过对比分析各项指标数据以及相互间的关系,分析出该设计方案能够实现预期目标的程度。

安全管理相关技术详见第6章。

2.3.3 运行管理技术

1. 空域规划

无人机空域规划是在确定空域及各组成要素的建设目标后,设计达到这些目标的策略、过程与方案,为无人机提供最大限度的灵活性、机动性以及最大安全间隔。空域规划主要根据地理环境、区域气候特征、各类飞行空域需求特性等因素,对无人机空域进行规划和调整,以有人/无人融合空域、无人机特殊使用空域(无人机作业使用的隔离空域)、无人机飞行航线和穿越/过渡走廊、无人机起降/发射回收地带、进/出围栏空域等,设置轻小型无人机地理围栏,根据重大活动进行临时性的作业区、起降点、隔离空域等的规划。

无人机空域规划遵循通用空域规划技术,主要包括战略规划、网络规划和航路设计。这些技术既适用大型无人机融入公共空域时的要求,也适用于中小型无人机低空空域的规划过程,无人机在城市、郊区等地域的低空空域规划是目前研究的重点。

1) 战略规划

战略规划是宏观层面的空域规划,主要是制定飞行间隔标准,制定空域分类标准,作为空域运行管理和评估的顶层约束。对于无人机空域战略规划,同样是制定无人机飞行间的飞行间隔标准、无人机与有人机间的飞行间隔以及无人机飞行所需空域类型或子类型。

目前,飞行间隔和空域分类标准都是遵循类似有人机的一般规定,在隔离空域内飞行时无人机之间飞行间隔应当不低于现行飞行间隔规定;在隔离空域外飞行,无人机之间、无人机与有人驾驶航空器之间应当保持一定间隔;执行特殊任务的国家无人机或者经充分安全认证的中型、大型无人机,可与有人驾驶航空器混合飞行;无人机之间、无人机与有人驾驶航空器之间的飞行间隔,均不低于现行飞行间隔规定。

随着无人机应用需求的增长,制定与低空城市复杂空域、有人无人混合运行空域有关的飞行间隔标准是当前需要迫切解决的首要问题之一。

2) 网络规划

网络规划包括航线网络规划、终端区网络规划和空域扇区规划。

(1) 航线网络规划:某一地域内的航线按一定方式连接而成的构造系统。航线网络由机场/起降点/无人机试验区、航线和飞机等要素构成,其中机场/起降点/无人机试验区和航线构成了航空运输的空间分布,决定了航空运输地面和空中保障能力。

(2) 终端区网络规划:对等待区、进出走廊口(分为入口和出口)、进场航线、起始进近航线、中间进近航线、最后进近航线、复飞航线、标准离场航线、塔台管制区以及机场内跑道等部分进行整体规划。按照给出的导航台、定位点、机场等离散点和跑道使用方向,根据预测飞机流的流向,规划出各离散点之间的网络拓扑关系。然后根据网络拓扑关系以及各走廊口、交叉点、跑道的理论计算容量,对预测的流量进行试分配,为合理划分扇区提供前提条件。

(3) 空域扇区规划:根据一定的飞行需要,将空域划分成若干扇区,每个扇区设立一个管制席位,分别为扇区提供空中交通管制服务,以保障航空器的飞行安全和顺畅。目前,世界范围的空域扇区划设主要参照国际民航组织的相关文件 8168 – OPS/6111 和 9426 – AN/924 等进行规划。合理的空域扇区划设,一方面可以提高空域容量,降低空域复杂度,确保航空器的安全和顺畅飞行;另一方面可以均衡各个扇区的管制工作量,提高空中交通服务能力。

3）航路设计

无人机需要地面人员制订飞行计划、航路设计规划等工作。无人机航路是基于飞行需求或天气等情况动态运行的,其开放和关闭时间取决于飞行需求的变化。无人机航路设计的目的是在满足燃料消耗、威胁以及飞行区域等约束条件下,为无人机规划出一条从初始点到目标点航路评价达到最优的飞行路线,以保证圆满完成飞行任务。无人机航路设计一方面建立空域结构,另一方面当飞行需求有临时增加或者空域容量减少时,可从总体上优化航路结构,合理开放临时航线,充分使用临时航线增加空域容量,缓解固定航路上的空中交通流量拥挤状况,从而提高航路网络对飞行需求的适应能力。

2. 空域管理

空域管理依据既定空域结构条件,实现对空域的充分利用,尽量满足空域使用各方的需求。通过战略管理、预战术管理、战术管理等手段制定无人机空域飞行的规范,并按规范要求进行空域运行控制。

1）战略管理

战略空域管理层主要负责根据政治、经济、环境、国防等因素建立合理的国家空域管理总体政策,主要是结合现行空域使用需求和空域分类,考虑不同场景下空域需求的变化,以及地理、气象等因素对不同类型无人机用空的影响,对空域使用的需求进行分析,划分空域的类型,明确各类空域的用途、用法、限制条件等,以及确定空域结构。

2）预战术管理

预战术空域管理层主要负责在战略层制定的空域使用政策的框架下,通过建立空域资源的划设与分配管理,包括划设所需空域,调整空域使用需求冲突,提供适合无人机安全飞行的空域等。无人机飞行管理存在着有别于其他航空器飞行管理的特点,必须有针对性地采取措施进行科学规划和有效的分配管理,以保证无人机飞行任务的顺利实施,减少对有人驾驶航空器飞行任务的干扰,安全合理融入公共空域飞行,消除对有人驾驶航空器飞行安全和地面人员财产安全的威胁。

3）战术管理

战术空域管理是利用系统设施设备和协调程序,用来实时激活、释放和重新分配预战术层分配的空域。根据飞行动态进行飞行冲突探测,同时按照飞行间隔标准以及感知与规避系统,指挥和调配空域状态,指挥和管控飞行活动,保障飞行活动的安全间隔,充分利用战略空域管理和预战术空域管理制定的规划目标,发挥空域资源运行效率。

3. 空域评估

空域评估是对空域规划与使用方案的价值或状态进行定性、定量的分析说明和评价的过程。通过对无人机空域实际运行的各类数据进行统计分析,建立度量空域使用整体状况的指标体系,为无人机空域使用监督提供量化描述,贯穿空域管理的全过程。其内容涉及安全评估、容量评估和效能评估等。

1) 安全评估

空域运行安全评估是确保空域方案安全合理、运行顺畅的有效手段。建立空域运行安全评估指标体系,设计科学、合理、可操作性的方法和程序,通过全面、有效的安全评估发现空域方案存在的问题和风险,以便进行决策(接受风险、消除风险、降低风险发生概率、减少可能的损失等)并采取措施将风险发生的概率和产生的结果控制在可接受范围内,提高空域方案安全性,提升战略/预战术层面的空域安全管控能力。

空域运行安全评估技术通过对空域的运行状态进行模拟,并分析其中可能影响空域安全运行的因素,评估出空域的安全系数。安全评估技术根据安全评估给出的定量结果,按类别分为概率风险评估、伤害范围评估和危险指数评估;根据安全评估要达到的目的,其可分为事故因素安全评估、危险性分级安全评估和事故后果安全评估等。针对空域运行实际,目前业界公认的空域安全评估方法主要有因果模型、碰撞风险、人因可靠性分析和雷达模拟机验证法。

2) 容量评估

在空域运行管理技术中,容量评估通用采用"管理与评估"中"空域容量评估"的技术,主要侧重空域管理过程中空域容量的动态变化。以此作为空域运行中预战术、战术管理的主要参考依据,指挥和控制飞行活动总量保持在空域允许的容量门限内,保证空域内飞行活动安全有序开展。

3) 效能评估

空域运行效能评估提取空域方案基本数值,采用空域运行管理评估指标体系进行数值评估,生成评估数据,帮助管理人员了解辖区内空域运行状况。效能评估主要基于积累的空域运行数据进行统计分析和预测,如空域使用率评估是指在一段时间内平均每单位时间正在使用的空域的体积和有效空域体积总体积的比例;空域占用率评估是指一段时间内非空闲空域(包括已激活的限制区、禁飞区、危险区、协调区等)的体积与有效空域体积总体积的比例,此外还包括持续时间、空域冲突率等指标。

2.4 无人机空域管理系统架构

本节根据当前无人机管理系统在无人机行业应用、航空运输安全和公共安全防控等领域的应用场景,无人机空域管理系统架构可分为区域集中式、广域分布式和有人/无人机协同空域管理三种典型应用系统架构。随着无人机在军事和国民经济各行业的深入应用,将会持续催生出新的应用系统架构。

2.4.1 区域集中式无人机空域管理系统

区域集中式无人机空域管理是指对进入指定空域范围内的无人机进行集中管制的方法。区域集中式无人机管理利用监视、探测与反制等主要技术,对进入指定空域范围内的无人机进行集中管理和防控。区域集中式无人机管理主要面向机场、港口、要地等重点地区、重要设施以及重大活动保障等场景下的无人机空域管理与防控,是目前需求最迫切、发展建设最迅速的无人机空域管理的运行模式。无人机指挥控制是无人机操作人员通过管制平台终端以及通信/监视网络对无人机平台或者无人机机群飞行进行直接控制的一种方式,系统架构如图2-5所示。

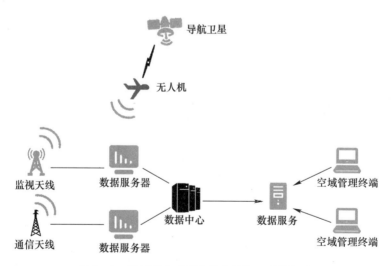

图2-5 区域集中式无人机空域管理系统架构

监视天线、通信基站等地面设备获取空域监视数据、无人机位置等,数据处理服务器收到相应数据并进行相关处理后,将数据进行汇总并送到数据中心,管制平台通过工作站调用空域态势数据以及无人机飞行数据并进行本地显示,管制平台对无人机发出的指挥控制命令由工作站接收并由基站发出。监视天线主要获取的是无人机所在空域的飞行态势数据,数据来源包括一次雷达、二次雷达、机载防撞系统、ADS-B等。通信基站主要作用是接收无人机数据以及向无人机发送指挥控制命令。管制平台是管制员与指挥控制系统的交互界面,不仅要向管制员提供实时的空情监视信息、飞行数据,而且能够为管制员提供管制移交、飞行管理途径,完成对所辖管制区域的流量动态监控。在一些特殊应用中,无人机与有人驾驶飞机共用起降平台,管制平台应能显示管制区域内与飞行相关的大量信息,包括区域飞机的飞行航迹、场面监视、飞行计划管理、航空器信息以及数据监视等,还为管制员提供地图控制、操作控制等接口界面和操控手段,用以进行显示控制和监视控制。当遇到险情时,通过网络将应急处理信息发送给无人机管制平台,管制平台发出指令对无人机进行飞行调控,从而实现区域内无人机的管制指挥。

常见的区域集中式管理为要地无人机管控。要地无人机管控用于防止无人机进入指定的空域,如民航机场、发电厂、运动会场等,这种管控通常只针对"低、慢、小"无人机,而且只具备对入侵无人机进行探测与驱逐能力。常用的管控技术有地理围栏、侦察定位等方法。地理围栏是在无人机平台上加装定位装置,并设置禁飞区域和限飞区域,由无人机平台自行拒绝进入要地空域,这种方式的缺点有:①无人机平台往往无法获取临时性要地空域数据,如运动会场、赛场位置等;②民用定位协议是公开的,很容易通过修改无人机平台定位参数导致地理围栏失效。侦察定位管控系统比较复杂,综合光学、探测雷达、激光测距等精密侦察设备,对入侵无人机进行探测、识别、定位、驱逐或者捕获,通常还配置激光、电磁、捕捉网等打击手段。

2.4.2 广域分布式无人机空域管理系统

广域分布式无人机空域管理系统是为较大地域内的无人机进行管理与服务的管理系统,主要为无人机低空飞行提供保障,促进无人机融入公共空域,为无人机交通、物流、救援等应用提供便利。广域分布式无人机空域管理系统架构如图2-6所示,导航卫星为无人机提供精确定位,并为系统提供授时服务;地面站是一种具备ADS-B报文、(气象、地理)情报共享、动态组网等能力的高速无线通信站;一次雷达、二次雷达为系统提供询问和监视服务;ATC中心集成了民航监视通信与无人机监视通信服务,负责各种数据的汇聚与分发。

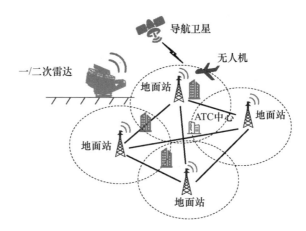

图2-6 广域分布式无人机空域管理系统架构

2.4.3 有人/无人机协同空域管理系统

有人/无人协同空域管理是未来联合统一高效的一体化空域管理的主要运行模式。有人/无人机协同空域管理系统是综合应用空域监视技术、空域间隔管理、空域规划与评估以及智能无人机空域管理等多种技术于一体,基于空-地协同、有人/无人协同运行概念,主要以无人机基于红外/光电、机载防撞系统、ADS-B等多源异构传感器进行信息融合和空情态势感知,实现多层级的地面控制和空中自主等方式,实现冲突探测和规避,从而提升空域综合运行效率。有人/无人机协同空域管理系统架构如图2-7所示。

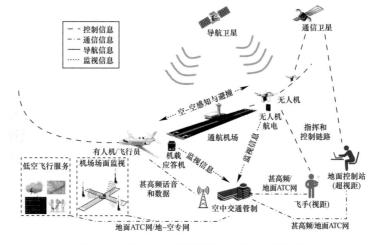

图2-7 有人/无人机协同空域管理系统架构

2.5 小　　结

本章梳理了无人机空域管理涉及的运行概念、参与相关方的说明,并按照分层模型的思想设计了无人机空域管理技术体系架构,依照运行支撑技术、空域安全技术和运行管理技术三个层级,归纳了无人机空域管理技术框架的主要组成部分,分析了每种技术的典型特征,并根据当前在用系统的运行模式分别描述了区域集中式、广域分布式和有人/无人机协同空域管理三种无人机空域管理系统架构,为无人机空域管理技术体系发展提供了参考。

第3章
无人机飞行监视技术

3.1 概 述

按照监视技术的工作原理,无人机飞行监视技术可分为独立非协同监视、独立协同监视和非独立协同监视。

(1)独立非协同监视:无须监视目标协作,直接通过地面设备独立辐射电磁波测量并获取监视目标定位信息的监视技术。最典型的独立非协同监视手段是一次监视雷达(PSR),通过辐射并接收目标反射的无线电磁波,获得目标的距离和方位,经过对信号和信息的进一步处理,获取目标的位置、速度等信息,实现对目标的监视和跟踪。一次监视雷达对监视空域无人机没有任何机载设备要求,但是无法提供被监视目标的身份信息,且易受干扰,运行维护成本较高。

(2)独立协同监视:由地面设备向监视目标发出询问,并接收监视目标的应答信息,通过计算获取监视目标定位信息的监视技术。最典型的独立协同监视手段是二次监视雷达,从监视功能上讲,机载防撞系统也是二次雷达的一种应用形式。二次监视雷达向监视空域发射询问信号,通过检测空中目标的应答信号,确定目标相对雷达的方位、距离和高度,完成对目标的测量定位和识别。相比一次雷达,二次雷达可获取目标身份信息,具有更好的抗干扰能力和较低的运行维护成本,但需要被监视目标协同或配合,被监视目标需要装备空管应答机。

多点定位系统(MLAT)是另一种常见的独立协同监视技术,按照使用区域分为机场场面多点定位系统和广域多点定位系统,采用到达时间差定位技术,测量空管应答机发射的应答或广播信号到达多个基站的时间差,通过双曲线定位计算得到目标的三维位置和身份信息。多点定位系统具有定位精度高、数据更新率快、运行维护成本低等优点,但定位精度依赖于地面站位置精度、站点布局和时间同步精度。

(3) 非独立协同监视：需要被监视者与监视者协同工作，且需要其他相关设备提供支撑，才能完成监视者对被监视者测量定位及识别的监视方式，一般也称为相关监视。非独立协同监视包括广播式自动相关监视、合约式自动相关监视（ADS-C）以及各种基于数据链的监视，其中以 ADS-B 最为典型。广播式自动相关监视，接收无人机机载卫星导航或惯导信息、气压高度、飞行计划等信息，形成 ADS-B 报告，并周期性地自动对外广播，其他目标通过接收该广播信息实现对其监视。ADS-B 具有监视精度高、数据更新率快、信息丰富和运行维护成本低等优势，但需要依赖卫星导航设备。

根据无人机种类的多样性和无人机的飞行特点，结合军民航基础设施以及技术发展及应用趋势，一次雷达、二次雷达、广播式自动相关监视可作为主要的无人机飞行监视技术手段纳入无人机飞行监视技术体系。数据链通信作为无人机的一种基本能力，基于数据链实现对无人机的监视，可作为无人机飞行监视的辅助手段。

综上所述，无人机空域监视技术体系如图 3-1 所示，包括一次雷达、二次雷达、广播式自动相关监视等。多种监视手段在不同无人机平台的适配应用和协同工作共同构成了无人机空域飞行监视技术体系，为无人机空域管理提供了数

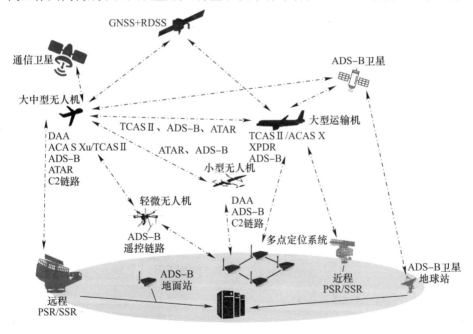

图 3-1 无人机空域监视技术体系

据基础。本章仅对各种飞行监视技术做简要介绍,希望起到入门引导作用,需要进一步了解的读者可参考航空监视或空管监视类专业技术书籍或相关标准。

3.2 一次监视雷达

在一次监视雷达的三种组成中,空管一次雷达主要用于对大中型无人机进行监视(如高空长航时无人机);机载交通监视雷达主要用于大中型无人机对本机周围大中型空中目标的监视;低空探测雷达用于对要地、城市重点区域及特殊现场进行监视,常用于低空探测与反制系统。本章主要介绍空管一次雷达,机载交通监视雷达相关内容将在本书第4章进行介绍,低空探测雷达相关内容将在本书第5章进行介绍。

3.2.1 空管一次监视雷达

无人机监视的空管一次雷达主要有两种:远程空管一次监视雷达和近程空管一次监视雷达,可用于大中型无人机的监视与探测。

国际上从事空管一次监视雷达研制的企业主要有法国 Thales 公司、西班牙 Indra 公司和美国 Raytheon 公司等。国内从事空管一次监视雷达研制的企业主要有中国电子科技集团有限公司第十四研究所和第三十八研究所。

注:典型的空管监视雷达还有场面监视雷达,主要用于民航运输机场的场面活动监视,本书不做介绍。

1. 系统组成

空管一次雷达包括天线、转台(含铰链、驱动电机及码盘等)、切换开关、发射机、接收机、信号/数据处理器及监控终端等,在电路和结构设计上具备与二次雷达合装的能力。典型的空管一次雷达组成和连接关系如图3-2所示。

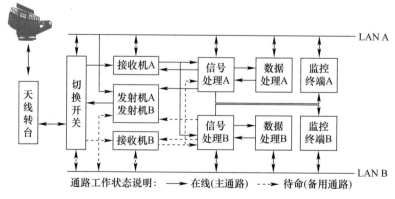

图3-2 空管一次雷达组成与连接关系

组成空管一次雷达的各设备(除天/馈系统外)采用冗余配置,能自动或手动切换;采用全固态器件和电路;设备中各插件或独立功能单元在其面板设置相应的正常/故障监视指示;设备能连续工作,在冗余配置情况下,室内设备平均故障间隔时间(MTBF)应大于10000h,平均修复时间(MTTR)应小于0.5h。设备环境条件:室内设备工作温度为0~40℃,相对湿度为10%~90%。

2. 特点

空管一次监视雷达选用的频率已经被国际广泛采用,并作为规范制定,远程空管一次监视雷达的频率为1250~1350MHz(L波段),近程空管一次监视雷达的频率为2700~2900MHz(S波段)。在L波段,电磁波传播对气象条件的影响弱敏感、衰减小,可以传播得比较远,雷达最大作用距离较大,适合用于航路监视,然而为提高天线增益、测量精度和分辨力,需要采用较大尺寸天线;在S波段,电磁波传播对气象条件的影响较敏感、衰减增大,雷达作用距离适中,适合用于机场和终端区监视,天线增益、测量精度和分辨力较高,受地面反射的影响小,波束分裂不明显,低空目标的探测较连续。

空管一次监视雷达的信号处理普遍采用自适应动目标检测(AMTD)方式,为了达到最佳性能,需要足够数量的相参脉冲参加积累。在天线扫过目标的驻留时间内,发射/接收的脉冲串数量和重复周期的大小,取决于选定的天线转速时天线波束半功率点宽度。所以,为了获取较多的积累数,应使重复周期尽量小,近程雷达的脉冲重复周期通常在1ms附近(作用距离指标为150km);远程雷达的脉冲重复周期工作在3ms附近(作用距离指标为430km)。远程雷达天线转速典型值为6r/min,波束扫描目标时驻留时间较长,允许重复周期较大;近程雷达需要监视机场附近空域的飞机,天线转速典型值为12r/min,以跟踪飞机在短时间内快速转变方向,波束扫描目标时驻留时间较短,重复周期较短。

目前,空管一次雷达普遍采用固态发射机以获得高可靠性,为了达到指标规定的最大作用距离,需要有足够的脉冲能量,低压工作条件下对应要求发射信号为长宽度脉冲,在接收回波后进行压缩处理,脉冲宽度大则压缩获得的脉压比就大。但是,太长的脉冲宽度会超过发射管的平均功率极限要求,以及占据较长时间。由于在发射脉冲期间,雷达接收机不能接收回波,对近距离目标探测有遮挡。所以,在遮挡时间范围内,增加短脉冲补盲的方式探测近距离目标。

空管一次雷达为两坐标雷达,无法提供目标的高度信息。通常,两坐标雷达的天线波束在垂直面较宽,以便覆盖较宽的仰角范围。但是,垂直面相同斜距上的回波是所有不同仰角射频回波信号叠加后同时接收和处理的,接收到的信号中仰角上差别或高度上差别已经不可分辨,这就使空中目标与地面杂波叠加在一起导致信杂比较低。因此,在垂直面天线波束普遍采用高/低双波束拼接形式,雷达在近距离段接收并处理高波束回波信号,在远距离段接收并处理低波束回波信号,两者相接完成整个距离上的回波探测。

3. 主要指标

依据中国民航行业标准 MH/T 4038—2013《空中交通管制 L 波段一次监视雷达技术要求》和 MH/T 4017—2004《空中交通管制 S 波段一次监视雷达设备技术规范》,民航远程空管一次雷达和近程空管一次雷达主要性能指标见表 3-1。

表 3-1 远程/近程空管一次雷达设备主要性能指标

参数名称	空管 L 波段一次监视雷达	空管制 S 波段一次监视雷达
最大作用距离(Pd(探测概率)=0.8,Pfa(虚警概率)=10^{-6},反射截面积=$2m^2$)	≥250 海里	≥60 海里
最小作用距离/km	≤1 海里	≤0.5 海里
方位分辨力/(°)	≤2.6(80% 分辨概率) ≤2.25(80% 分辨概率)	≤1.45
方位精度均方根值/(°)	≤0.25(RMS);≤0.5	≤0.25
距离分辨力	≤600m(80% 分辨概率); ≤0.25 海里	≤200m(约 1/8 海里)
距离精度均方根值	≤90m(RMS);≤0.25 海里	≤120m(约 1/16 海里)
天线转速/(r/min)	5,6	12,15
天线极化方式	线极化和圆极化	线极化和圆极化
天线波束组成	高、低波束及自动转换合成	高、低波束及自动转换合成
3dB 水平波束宽度/(°)	1.2 ± 0.15	1.45 ± 0.05
工作频率范围/MHz	1250 ~ 1350	2700 ~ 2900
平均脉冲重复频率/Hz	250	800 ~ 1200
接收机噪声系数/dB	≤3.8;≤3.3	≤2
视频输出信号的距离副瓣/dB	≤ -45	≤ -40
信号处理通道	独立目标通道和气象通道;目标通道采用 AMTD 技术;气象通道应有六级回波强度选择	独立目标通道和气象通道;目标通道应采用 AMTD 技术,应能检测切线飞行的运动目标;气象通道应有六级回波强度选择

续表

参数名称	空管 L 波段一次监视雷达	空管制 S 波段一次监视雷达
改善因子/dB	260(可见度 42)	≥50
目标处理能力(批/帧)	2800(360°扇区均匀分布)	≥400(360°扇区均匀分布) >32(11.25°扇区均匀分布)

4. 典型产品

作为典型远程空管一次监视雷达,Raytheon 公司的 L 波段 ASR-23SS/16 全相参、全固态、双通道的两坐标雷达如图 3-3 所示。系统采用双频分集、数字脉冲压缩、捷变频、圆极化/线极化可选、独立的气象通道及变系数动目标检测等技术,结合高分辨率杂波图实现目标自动检测和跟踪。同时,一次雷达天线顶部可加装二次雷达天线进行协同探测,实现一二次雷达探测目标属性的关联及数据融合。

图 3-3 ASR-23SS/16 远程空管一次监视雷达

作为典型近程空管一次监视雷达,Raytheon 公司的 S 波段 ASR-10SS 全固态一次监视雷达如图 3-4 所示。该雷达采用双重备份的接收机/激励器和信号/数据处理器架构,对接收到的信号利用独立的目标和气象通道处理,工作于 S 波段(2.7~2.9GHz)的 4 个频点上,长短脉冲重复频率不同,根据不同气象条件可选择圆极化和线性极化,具有良好的数据有效性、高度的系统可靠性和扩展的目标容量。

图 3-4　ASR-10SS 型近程空管一次监视雷达

3.2.2　机载交通监视雷达

　　机载交通监视雷达主要用于大中型无人机对周围大中型空中飞行目标的监视,基本原理、设备组成与地面一次雷达基本相同,其安装和使用平台要求有自身特点,且一般采用相控阵体制。首先,为了保证动平台下发射和接收的稳定性,机载交通监视雷达一般使用天线稳定系统或者稳相技术;其次,受限于安装平台,不同安装需求都会使机载雷达的体积、结构、重量、功耗以及防振动性受到限制;再次,针对不同应用,雷达数据处理或者信号处理会有不同要求,如针对防撞需求,雷达航迹优先级排序需要使用特定算法;最后,机载交通监视雷达相对空管一次监视雷达往往采用更高的频率,如 X 波段和 K 波段。

3.2.3　低空探测雷达

　　低空探测雷达主要用于要地、城市重点区域及特殊现场的保障,是低空探测与反制系统的重要组成部分。与空管一次监视雷达不同之处在于,低空探测对雷达工作频段没有特殊的规定,一般选用 X 波段、Ku 波段和 K 波段。与 L 波段相比,天线体积和重量大幅减小,成本也较低。另外,低空探测雷达主要用于对低空空域(高度在 300m 以下)的非合作式无人机的监视,作用距离通常在 5km 以内。

3.3 二次监视雷达

二次监视雷达是当前空管监视的主用手段之一,广泛应用在军民航空管系统中。它利用机载应答机应答地面询问机发射的询问信号实现对目标(飞机)的探测定位。二次监视雷达系统包括二次监视雷达(询问机)和应答机。询问机发射一定模式的询问信号,机载应答机收到该模式询问信号后,经过信号处理、译码,然后由应答机发回应答编码信号。询问机收到应答信号后,经过信号处理、数据提取,获得装有应答机的飞机的代码、高度、方位、距离等信息,并显示在终端显示器上。

二次监视雷达具有两种典型的测角方式:一种是传统的滑窗模式,另一种是单脉冲模式。单脉冲模式包括幅度单脉冲和相位单脉冲两种实现方式,本书的相关描述是指幅度单脉冲模式。滑窗模式因为精度较低,现在已经不再使用,本书所介绍的二次监视雷达均指单脉冲二次监视雷达。

二次监视雷达的工作模式包括 A 模式(代码,与军用模式 3 相同)、C 模式(高度)和 S 模式(选择模式)。一般支持 A 模式和 C 模式的二次监视雷达称为空中交通管制雷达信标系统,也称为常规模式二次监视雷达。S 模式是 A/C 模式的升级版并完全兼容,使得询问应答时携带有唯一的飞机地址码,从而可以把通信限定在指定的飞行器上,减少了询问应答次数,改善了电磁干扰环境。同时,S 模式具备数据链功能。

询问机通过定向天线以频率为 1030MHz 的定向波束发射询问脉冲,应答机对接收到的询问信号进行应答,应答信号频率为 1090MHz。询问机接收到此应答信号后便交给视频录取器进行处理,对飞机的应答信号进行解码以确定飞机的身份、高度、距离方位等信息,随后将数据传送到 ATC 中心的雷达显示器上,如图 3-5 所示。

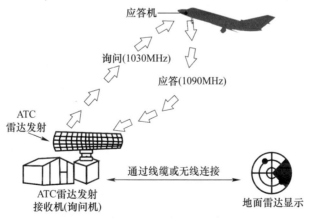

图 3-5　二次监视雷达工作原理示意图

3.3.1 常规模式二次监视雷达

1. 雷达波束

二次监视雷达天线询问波束有询问波束和控制波束两种,如图3-6所示。控制波束的特点是除了在较窄的主瓣内,其他位置的增益必须大于询问波束的增益。控制波束的作用就是抑制由询问波束旁瓣引起的应答信号。

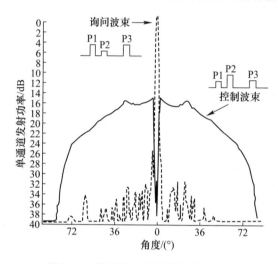

图3-6 询问波束与控制波束方向图

2. 询问信号

图3-7给出了询问信号的波形。天线询问波束发射P1和P3两个脉冲,两个脉冲的时间间隔由应答机应答信号的数据容量决定。P2脉冲通过控制波束发射。

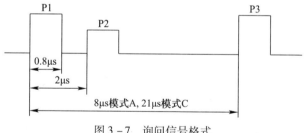

图3-7 询问信号格式

脉冲的相对幅度随着天线方向的不同而变化,除了在询问波束的主瓣范围内,脉冲P2的强度都比脉冲P1大。通过比较P1和P2脉冲的相对强度大小,机载设备可以判断出询问信号来自主瓣还是旁瓣,从而决定是否需要应答。通过这个过程,应答机对旁瓣信号的响应被抑制,这种功能称为询问旁瓣抑制(ISLS)。

脉冲 P1 和 P3 都是通过询问通道传输,它们之间允许不同的时间间隔。表 3-2 给出了 P1 与 P3 所用的间隔。所有脉冲的宽度都是 0.8μs。最初,由于在 3μs 处的脉宽 0.8μs 的 P3 脉冲与 2μs 处脉宽 0.8μs 的 P2 脉冲之间的时间间隔不够充足,模式 1 不允许使用 ISLS。过近的间隔对于地面询问器和机载应答机都有精细的设计要求。

表 3-2 不同询问模式的脉冲间隔

模式	P1～P3 脉冲间隔/μs	用处	使用对象
1	3	识别	军用
2	5	识别	军用
3/A	8	身份	民用/军用
B	17	未使用	民用
C	21	高度	民用
D	25	未使用	民用

3. 应答信号

图 3-8 给出了飞机响应询问信号后所发射的应答信号的波形。

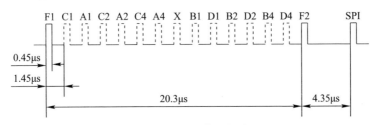

图 3-8 应答信号格式

F1 和 F2 脉冲称为框架脉冲,这两个脉冲通常都会出现。数据脉冲设计为 A、B、C 和 D,其后紧跟数字 1、2 或者 4,共有 12 种数据脉冲。12 种数据脉冲利用 4096 种排列进行应答数据通信,但并非所有的模式都会完全使用 4096 种应答编码,其编码规则见表 3-3。

表 3-3 不同模式编码规则

询问模式	编码规则
1	32 编码(B4,所有的 C 和 D 脉冲被弃用)(一些国家在模式 1 也采用 4096 编码)
2	4096 编码
3/A	4096 编码
C	2048 编码(D1 脉冲被弃用)

有三种特别 3/A 代码,具有特殊含义,见表 3-4。

表 3-4　特别 3/A 代码及其含义

特殊编码	意义
7700	紧急事件
7600	无线电通信失败
7500	劫机

当飞行员不能使用普通的声音信道进行通信时,特殊编码对保持与地面管制单位的联系至关重要。

在模式 3/A 中,可以在应答脉冲序列中增加一个脉冲。这个脉冲位于 F2 脉冲后面 4.35μs 的位置,即特殊位置识别(SPI)脉冲。SPI 脉冲通常在地面管制人员的要求下才会发送,其目的是进一步实现身份识别。

C 模式利用气压高度表提供的数据获取飞机的高度信息。模式 C 中应答信号只用了 11 个脉冲(D1 脉冲被弃用),2048 种排列能够表示从 -1000~126700 英尺的高度范围,其范围以 100 英尺的增量变化。

4. 干扰及多径

二次监视雷达系统主要存在飞机探测错误和应答数据解码错误等问题,引起这类问题的原因主要有系统内的相互干扰和多径效应两类。具体机理主要体现在以下几个方面:

(1) 相互干扰是由于 SSR 上行系统必须使用 1030MHz 频率作询问、下行系统采用 1090MHz 频率做出应答所带来的系统运行干扰问题。应答机一次只能应答一个地面询问信号,每次应答后应答机都需要一个恢复过程,恢复过程中应答机不能进行二次应答,上述过程称为归零。归零过程必然导致丢失对部分询问信号的应答。通常应答机的应答概率在 90%~95% 的范围,有时为了设计的需要甚至要求 80% 或更低的应答概率。当脉冲 P2 的强度大于 P1 时,应答机可能接收到来自发射天线旁瓣的询问信号,应答也会被抑制 25~35μs,这也会产生类似归零的过程。

(2) 通常应答应保持在 1200~2000 次/s,应答机包含一个灵敏电路,当应答速率超过一定限值,应答机的灵敏度就会下降,从而实现对应答速率的限制,这样设计可以避免由于过度询问而导致系统性能的下降。

(3) 在旁瓣范围内,脉冲 P2 比 P1 的幅度要大,这样将会导致在该空域必定会探测到大量的 P2 脉冲,而 P1 脉冲由于能量太低而不能被探测。

(4) 询问器不能获得所期望的应答信号,或者获得了不期望的应答信号。一方面如上所述,系统不能响应过高的询问应答频次;另一方面也可能出现时间不同步的错误应答,这些应答信号称为"异步应答"。

(5) 当来自两架或多架飞机产生两个或多个应答信号在询问机处重叠在一起时,可能会出现多个符合 F1 和 F2 脉冲间隔的脉冲对,这样会误判出并不存在的飞机从而引起混淆。

(6) 其他形式的相互干扰还包含由多样路径应答引起的自身"恶化",在二次雷达询问机的接收端会出现信号交织而难以正确译码,导致目标点迹偶尔丢失。"多样路径"是指发射机和接收机之间的多种信号路径,飞机与地面间的信号直达连接是多种路径中的一种。邻近地面、高大建筑、围墙和天线杆等引起的反射会产生多径效应。

5. 单脉冲二次监视雷达

单脉冲二次监视雷达(MSSR),其名字源于它能够从一个应答的单个脉冲判断出目标的方位。由于 MSSR 具有和、差两路接收通道,通过组合利用应答信号的幅度和相位信息,能够准确地测量到达信号的方向,解决了上面提到的信号重叠问题。

在幅度单脉冲系统中,通过测量应答信号的和差幅度比来确定到达信号的角度,图 3-9 给出了运用了单脉冲技术 SSR 天线的辐射方向图。可以发现,除了增益较高的询问波束和较宽的控制波束,还增加了第三个波束,第三个波束称为差波束,而询问波束称为和波束。

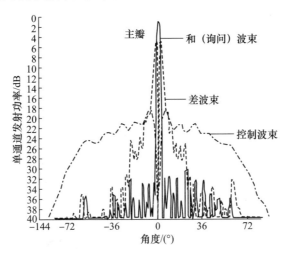

图 3-9 天线和、差波束和控制波束方向图

图 3-10 所示为靠近波束中心的和、差波束方向图。注意在中心有一个很深的窄零值区域。例如,当应答信号在偏离中心波束被接收时,天线的和差通道

都能探测到这个应答信号。通过对和差通道内信号的强度进行测量,从而可以确定应答信号在波束内的位置。由于天线的波束是中心对称的,所以有两个位置具有相同的和差信号比值,它们分别位于中心点的两边。接收信号位于中心点的左边还是右边可以通过测量和差信号之间的相对相位差来判断,两边存在180°的相位差。从天线差通道获取的数据信息还可以帮助确认应答信号的数目及各个脉冲分别属于哪个应答信号。该技术不但可以用于常规模式二次监视雷达,也可以用于S模式二次监视雷达。

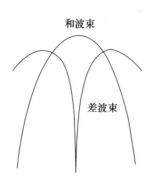

图3-10 和、差波束方向图

3.3.2 S模式二次监视雷达

S模式二次监视雷达系统最早起源于英国和美国,英国称为地址选择二次监视雷达系统(ADSEL),美国称为离散地址信标系统(DABS)。1981年,英美达成协议将两者合二为一,称为"S模式",S的意思是"选择"。之所以要发展S模式,是由于飞机的增加,时间不同步和混淆信号等问题已经成为空中交通管制中的限制因素,于是提出了单独询问的方案,这样应答信号也可以相互隔离。询问应答过程中,应答机的一次应答就包含飞机身份和飞行高度等信息,这样就可以避免不同模式应答相关问题以及大幅降低雷达询问率,减少异步干扰造成的影响。同时,S模式扩展了二次监视雷达的数据链通信能力,使得机载设备和地面设备之间能够传输更多信息,进行更加灵活的自动控制。S模式兼容常规模式,与常规模式使用相同的频率,即地面询问机采用1030MHz询问,机载应答机采用1090MHz应答。

1. 询问信号

图3-11所示为S模式典型询问信号格式。前两个脉冲P1和P2,其脉宽为$0.8\mu s$,间隔为$2.0\mu s$,与A/C模式相同。非S模式应答机接收这两个脉冲后将进入抑制应答期,从而抑制对后续脉冲的解码。在P2脉冲后是一个长脉冲

P6,其脉宽为16.25μs或者30.25μs。在P6脉冲之内,存在很多相位反转脉冲,用其携带发射数据。第一个反相位于脉冲前沿后1.25μs,应答机利用它同步其自身脉冲以方便对后续数据进行解码。同步反相也用作应答信号发射的时间基准,这与脉冲P3在A/C模式中是一样的工作方式。询问器对目标距离的测量是通过发射同步反相位信号与接收到应答信号的第一个脉冲的时间延迟来进行计算的。

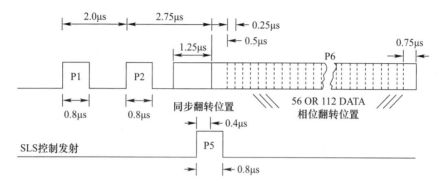

图3-11 S模式询问信号格式

数据通过差分相移键控(DPSK)调制方式来发射,其中二进制1代表相位变化180°,0代表相位没有变化。反相位置的间隔为0.25μs,从而产生4Mb/s的数据比特率,单次询问整个发射数据的数据为56比特位或者112比特位。

旁瓣抑制通过与A/C模式不同的方式来完成。在S模式中,ISLS脉冲P5通过天线控制波束发送,它在时间上与同步反相脉冲P6重叠。如果天线旁瓣的发射信号被接收,那么P5脉冲比P6强,这样应答机不会探测到同步反相,从而不会解码或者对询问信号进行应答。P5在天线主波束内信号强度低于P6,同步相位反相可以被探测。

询问数据末尾24比特位用于标示飞机的地址。当应答机发现询问信号中有其地址时才会应答。

天线覆盖范围内所有飞机的地址通过全呼询问获得。单次询问中,如果询问信号中有飞机地址,那么表明该飞机的地址已为询问器所知。图3-12中的全呼询问信号与标准A/C模式询问信号相类似,主要差别是在P3后增加了P4。A/C模式应答机会在接收到P3脉冲后开始其应答序列,第一个应答脉冲F1在3μs后发送,P4脉冲的出现对于该过程没有影响。S模式应答机可以对A/C模式的询问进行应答,但是探测到P4就会停止对A/C模式的询问应答,且根据P4脉冲宽度决定进行何种应答。

表3-5给出了询问脉冲的规定。全呼叫脉冲P4有0.8μs和1.6μs两个宽

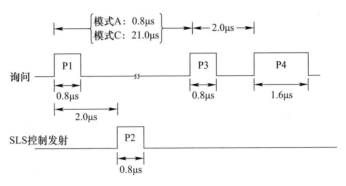

图 3-12 A/C/S 模式全呼询问信号格式

度。如果脉宽为 1.6μs,S 模式应答机会发送一个应答信号以报告其地址。如果脉宽为 0.8μs,S 模式应答器不会产生应答,此种情况主要用于机载防撞系统。

表 3-5 询问脉冲规定

脉冲名称	脉宽/μs	脉宽误差/μs	上升沿		延迟	
			最小/μs	最大/μs	最小/μs	最大/μs
P1,P2,P3,P5	0.8	±0.1	0.05	0.1	0.05	0.1
P4	1.6	±0.1	0.05	0.1	0.05	0.1
P6(短)	16.25	±0.25	0.05	0.1	0.05	0.1
P6(长)	30.25	±0.25	0.05	0.1	0.05	0.1
同步相位反转	P6 脉冲上升沿后(1.25±0.05)μs					
后续相位反转	在同步相位反相后 $N \times (0.25 \pm 0.02)$ μs,其中 $N=2,3,4,\cdots,57$(短 P6)或者 $N=2,3,4,\cdots,113$(长 P6)					
相位反转持续时间	<0.08μs(在相位转换的 10°~170° 间测量以及在任何相关幅度暂态变化 80% 点之间测量)					
相位精度	0° 或者 180° 的 ±5° 内					

2. S 模式数据链

S 模式数据链共有 24 种不同类型的询问,包括监视询问、通信 A 询问、通信 C 询问、广播询问等,如图 3-13 所示。

UF=04 或者 UF=05 是基本询问类型,飞机的应答中包含其飞行高度和 3/A 代码。

通信 A 询问(UF=20 和 UF=21)与监视询问具有相同的功能,增加 56 比特位来向飞机发送数据。4 个通信 A 询问的连接可以将数据容量扩展到 224 比特位。SD 字段可以用来标示初始部分,也就是第一、第二和第三(如果使用)部

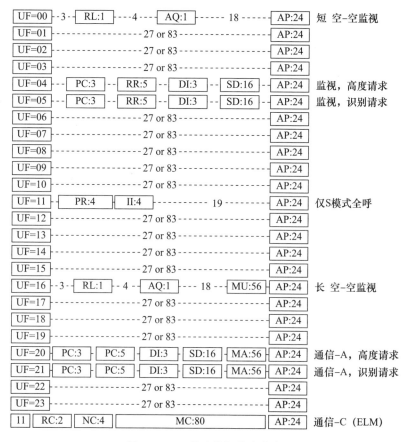

图3-13 S模式询问信息内容

分,而且第一部分必须在最后。每个通信A询问必须得到飞机的应答,否则会重复询问。

通信C询问,也称为扩展长度报文(ELM)上行连接,信息的最前两个比特位为11。MC字段包含了80比特位数据,2~16个通信C询问可以连接起来从而提供长度达到1280比特位的报文长度。NC字段标示了发送段的编号(0,1,2,…,n-1)。

与通信A询问对于特定飞机的指向不同,广播询问向天线波束内所有飞机广播信息。这样的广播询问地址采用24位二进制1,而不是单个飞机的地址。接收到这样询问信息的飞机不要求做出应答,因为这样做会引起相邻飞机的应答窜扰。由于不能确定是否所有飞机已经接收到广播信息,所以不可能为那些没有接收到询问的飞机重新询问。因此,广播询问的使用限制在数据不重要或者数据在一定频率间隔重复的情形。

图 3-14 给出了应答信息内容。

图 3-14　S 模式应答信息内容

S 模式应答与询问模式对应。DF4 和 DF5 为监视应答,DF4 为高度应答,DF5 为识别应答。

通信 B 应答,即 DF20 和 DF21,与监视应答有相同的功能,增加了 56 比特位来传送飞机对询问机的数据。所有数据的传送通过传感器来控制,这样对于询问器的特殊要求,飞机只能发送下行数据。下行数据的传送可能是在询问机的触发下,但是有时询问机需要被飞机告知下行数据正在等待发送。通信 D 应答,也称为下行链的 ELM,报文的前两个比特为 11,MD 字段包含了 80 比特的数据,2~16 个通信 D 应答可以连接起来以提供总长度到达 1280 比特的报文。

3. 应答信号

图 3-15 所示为 S 模式应答信号的格式。译码设备通过探测应答信号的前 4 个脉冲识别 S 模式应答信号,这些脉冲的间隔大小使得 A/C 模式的应答信号

不会出现偶然的重叠。如果其他应答信号与这 4 个脉冲中的某些脉冲重叠,那么 4 个脉冲的任何一个脉冲前沿可以用来进行目标距离测量。

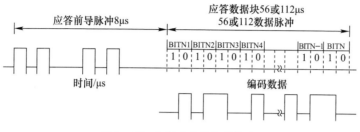

图 3-15 S 模式应答信号格式

应答数据在 4 个开始脉冲之后,包含在数据单元中,数据通过脉冲位置调制进行编码。每个比特位的位置持续 $1\mu s$,其中存在脉冲和非脉冲周期,分别为 $0.5\mu s$,二进制 1 表示脉冲后跟随非脉冲,二进制 0 表示非脉冲后跟一个脉冲。与询问信号一样,应答数据可以是 56 比特位的短格式或者是 112 比特位的长格式,最后 24 位形成一个合并的奇偶位和地址字段。

4. 特点

S 模式数据传输具有灵活性和可扩展性,这样适合世界范围内的不同 ATC 情况。基于 S 模式的数据链应用可以不断地发展和扩展,有着更广的应用前景。与 A/C 模式相比,S 模式具有以下特点和优势:

(1) 选择性地询问和应答,防止视线内所有飞机应答引起系统饱和、显示混叠等问题。

(2) 一机一码,确保在问答过程中只有和地址一致的飞机应答,降低空间电磁干扰。

(3) 在原有 A/C 模式应答基础上提供上下行数据链通信功能,能够互传更多的信息,也为甚高频话音通信提供了备份。

(4) 可以实现对飞机状态的监控。

(5) 可与机载防撞系统配合工作,为飞机提供避撞手段,机载防撞系统利用来自 S 模式应答的信号确定邻近飞机的方位和距离,并利用 S 模式数据传输能力正确选择飞机避撞措施。

(6) 可与机载导航系统配合工作,将本机的位置、高度、速度等信息广播出去,实现 ADS-B 功能,提高监视精度。

5. 主要指标

依据中国民航行业标准 MH/T 4010—2016《空中交通管制二次监视雷达系统技术规范》,民航空管二次监视雷达主要性能指标见表 3-6。

表3-6 空管二次监视雷达主要性能指标

性能项	指标要求
最大作用距离	200海里（常规模式二次监视雷达）
	250海里（单脉冲二次监视雷达）
	250海里（S模式二次监视雷达）
最小作用距离	≤0.5海里
距离分辨力	≤75m
测距精度	≤29m
距离鉴别力	≤18m
方位分辨力	≤0.6°
方位精度	≤0.05°
方位角鉴别力	≤0.022°
系统应答解码有效性	>98%（模式A代码）
	>97%（模式C代码）
	>99%（模式S代码）
系统容量	不低于900批（转速不低于10r/min）

6. 典型产品

典型的二次监视雷达现场布置如图3-16所示。国产化二次监视雷达需满足《国际民用航空公约》附件10相关要求和中国民航行业标准 MH/T 4010—

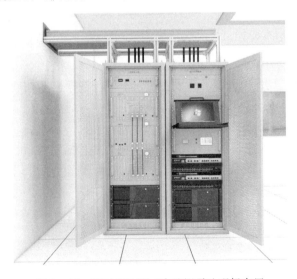

图3-16 JZDAB01型二次监视雷达现场布置

2016 要求,均采用全固态、单脉冲体制,常应用双机热备,支持通道自动和手动切换,手动切换具备硬件和软件切换两种模式。二次监视雷达软件平台具备高效、安全、开放特征,核心软件采用基于网络互联的开放式架构,系统可重构、可灵活配置资源;硬件系统电气接口规范,模块化程度高,通用性强,具有较高的可靠性、适应性、开放性,对外具有 8 路网络和 16 路高级数据链路控制(HDLC)标准数据接口。

以国产某型已通过中国民航适航证书的机载 S 模式应答机为例,设备适用于通航飞机和中小型无人机,产品如图 3 – 17 所示。该型应答机为单通道 S 模式应答机,S 模式数据链等级为 2 级,具备 ADS – B OUT 功能,具有体积小、重量轻、功耗低和电磁兼容性良好等特点。

图 3 – 17　TRS100 型 S 模式应答机

3.4　ADS – B 系统

在非雷达环境条件下,如海洋、沙漠、高原等地区 ADS – B 将向空中交通管制提供有效的、近似雷达监视的手段,从而显著地增加此地区的流量。由于自动相关监视通过卫星来传递通信、导航信息,因此设立管制中心将不受地点和数目的限制,相比一次监视雷达和二次监视雷达而言,ADS – B 系统具备成本方面的优势,成为国际民航组织主推的空管监视手段。可借助已有的基础设施开展中空、高空和超高空无人机的飞行监视。

3.4.1　系统介绍

ADS – B 以先进的导航设备及其他机载设备产生的信息为数据源,以地空/空空数据链为通信手段,周期性对外自动广播本机的状态参数,地面通过接收广播信号实现对飞机的实时监视;同时本机也可接收其他飞机的广播信息,实现对周边空域交通状况的感知。ADS – B 系统以网状、多点对多点方式完成数据双向通信，实现空空监视和地空监视功能。此外，星基 ADS-B 监视技术因其覆盖范围广，且能与当前 ADS-B 地面与机载设施兼容，可实现全球空管监视，引起了国内外研究机构及学者的广泛关注与深入探索。

国外从事 ADS-B 系统研制的企业主要有法国 Thales 公司、捷克 ERA 公司和美国 Garmin 公司等，国内从事 ADS-B 系统研制的企业主要有四川九洲空管科技有限责任公司和中国民航局第二研究所等。

1. 系统组成

ADS-B 系统包括 ADS-B 机载系统和 ADS-B 地面站。其中，机载 ADS-B 系统包括全球导航卫星系统（GNSS）卫星导航接收设备、机载 ADS-B 收发信机和机载 CDTI。

2. 机载 ADS-B 系统

由相对于航空器的信息传递方向，机载 ADS-B 应用从功能上分为发送和接收两类，即 ADS-B OUT 和 ADS-B IN，发送和接收功能可由不同的设备完成，也可由一个设备完成。当具有 ADS-B OUT 功能时，可以将本机的经度、纬度、速度及高度等信息广播出去；当具有 ADS-B IN 功能时，可以接收其他飞机的经度、纬度、速度及高度等信息，并在机载驾驶舱显示器上显示周边空域的交通状况，实现飞机间的空空监视。机载 ADS-B 系统总体框图如图 3-18 所示。

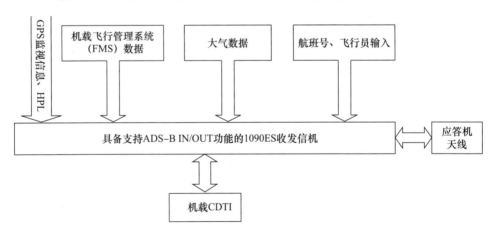

图 3-18 机载 ADS-B 系统总体框图

机载 ADS-B 收发信机主要功能是对机载飞行管理系统（FMS）、导航、气压高度表及飞行员输入等信息源得到的信息进行编码，生成 ADS-B 报文并发射，实现 ADS-B OUT 功能；接收由其他飞机和地面站发射的报文，进行解码形成报告，并发送给机载 CDTI，实现 ADS-B IN 功能。

机载 ADS-B 收发信机在不同类型平台的具体实现形式可以是一个独立的

具备 ADS-B OUT 和 ADS-B IN 功能的收发设备,可以是一个独立的具备 ADS-B OUT 和 ADS-B IN 功能的 S 模式应答机,可以由一个具备 ADS-B OUT 功能的 S 模式应答机加上一个 ADS-B 接收机构成,也可以由使用机载防撞系统实现。

典型的具备 ADS-B OUT 和 ADS-B IN 功能的 S 模式应答机的实现形式如图 3-19 所示。S 模式应答机用于接收由其他飞机、地面站发射的 ADS-B 报文,经过循环冗余校验,验证正确无误后将除地址信息之外的所有信息发送给 ADS-B 处理器,经 ADS-B 处理器处理后再转发给相应的机载设备。此外,S 模式应答机还接收从 ADS-B 处理器传入的编码信息,以可变的速率广播 ADS-B 报文。

ADS-B 处理器将从机载 FMS、导航、气压高度计及飞行员输入等信息源所得到的信息进行编码,得到需要发送的 ADS-B 报文,并送 S 模式应答机对外广播。此外,ADS-B 处理器还处理从 S 模式应答机收到的信息,并转发给相应的机载设备。

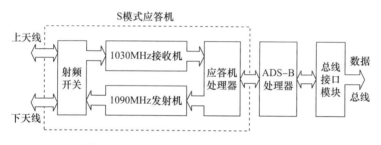

图 3-19　机载 ADS-B 收发信机系统框图

机载 CDTI 采用综合模块化航空电子系统技术,机载 CDTI 设备的软硬件可以采用嵌入式计算机、操作系统及液晶显示器等通用货架产品来构造,基本功能模块划分如图 3-20 所示,包括 I/O 接口模块、ADS-B 数据处理、机载监视和飞行管理处理模块、机载冲突和告警处理模块、CDTI 显示画面生成处理模块及液晶显示屏(LCD)显示模块。

基于 ADS-B 的机载 CDTI 可为飞行员提供精确、实时、连续的态势显示能力,包括集成化的交通信息、气象信息,以及其他提高机间交通势态感知灵敏度的信息,也可提供先进的 ATM 服务。

3. ADS-B 地面站

ADS-B 地面站由 ADS-B 地面站主机、天线放大器(可选)、全向天线和 GNSS 天线等组成,其组成及交联关系如图 3-21 所示。ADS-B 地面站接收来自空中的 1090ES 数据链报文,经过译码组报处理后,得到标准的 CAT021 格式

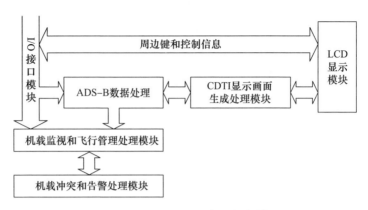

图3-20　机载CDTI系统硬件和软件模块框图

报文,通过以太网送到管制中心显示。同时,地面站将本机相关状态信息组合成CAT023报文,也通过以太网送到管制中心。通过本地和远程维护端口可以获取系统详细的状态信息,以便于对系统进行远程/本地维护操作。而天线放大器主要用于对天线接收的射频信号进行低噪声放大,弥补射频线缆过长带来的前端信号衰减。

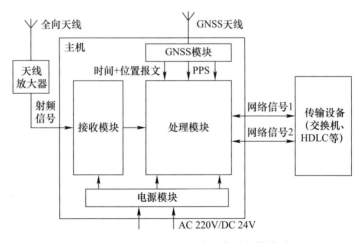

图3-21　ADS-B地面站组成及交联关系

在主机内部,接收模块主要完成1090MHz信号的解调处理,并将解调后的信号送到处理模块。处理模块完成数字采样、脉冲提取、解码、组报的过程,输出航迹数据。GNSS模块完成GNSS信号接收,输出位置、时间和秒脉冲,用于系统时间同步。电源模块将外部输入的交直流电源转换为内部模块所需的各组直流电压。

4. 工作原理

ADS-B 系统工作示意图如图 3-22 所示。在 ADS-B 发射系统有效作用距离内的其他飞机收到广播后,解析并显示出该机的飞行信息,计算与该机是否存在潜在的冲突。在 ADS-B 发射系统有效作用距离内的地面站接收到该广播后,形成 ADS-B 航迹,将该机的航迹信息与地面监视雷达的航迹进行融合或筛选,并提供给管制员。

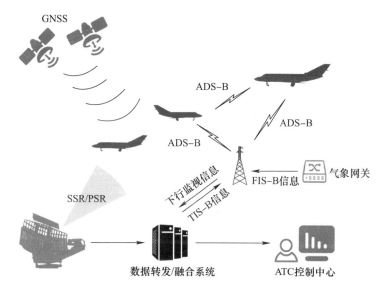

图 3-22 ADS-B 系统工作示意图

5. 特点

ADS-B 是国际民航组织确定的未来主用监视技术,具有运营成本低、监视精度高、数据更新快及信息丰富等优点。随着硬件技术的发展,ADS-B 终端小型化和低功耗设计等关键技术的突破,ADS-B 在无人机空域监视中的应用也将越来越广泛。

3.4.2 ADS-B 数据链

目前,支持 ADS-B 的数据链主要有 S 模式 1090ES 数据链、通用访问收发机(UAT)数据链和甚高频数字链模式 4(VDL-4)三种。各国对 ADS-B 数据链的选择如下:

(1)美国:商用航空使用 1090ES 数据链,通用航空使用 UAT 数据链。
(2)澳大利亚:使用 1090ES 数据链。
(3)欧洲:主用 1090ES 数据链,考虑 VDL-4 数据链。

(4) 国际民航组织:目前使用1090ES数据链,将来可能需要第二数据链。
(5) 中国:使用1090ES数据链。

不同数据链间的数据交互如图3-23所示。

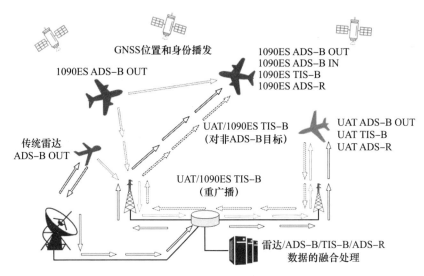

图3-23 不同数据链间的数据交互

三种ADS-B数据链的主要特点见表3-7。

表3-7 三种ADS-B数据链的主要特点

数据链	1090ES	VDL-4	UAT
通道数	单通道	多通道	单通道
工作频率/MHz	1090	108~137	978
信道访问方式	随机访问	时隙访问	时隙/随机访问
更新率	ADS-B报告率固定	ADS-B报告率可变	ADS-B报告率固定
标准化	S模式扩展,国际民航推荐标准	国际民航推荐标准	国际民航推荐标准

由于1090ES在实施过程中仅需升级现有的S模式应答机软件和加装GNSS模块或接入机载已有GNSS导航定位数据,而其他两种都需要加装新的机载设备,因此1090ES数据链更加经济可行。同时,1090ES与现有二次监视雷达在工作体制和频率上兼容,在民航商用航空方面更有优势。国际上已经确定使用1090ES数据链用于商用航空ADS-B功能的实现。

1090ES数据链的性能表现虽然并不优于其他两种,但它具有以下优势:
(1) 是对现有S模式的升级扩展,无须新增机载设备。
(2) 目前只有该技术获得了全球无线电频谱的批准。

(3) 可供使用并且技术成熟。

UAT 数据链是国际民航组织推荐的用于新航行系统建设的数据链之一,它是专门为新航行系统应用而开发的,目前主要是美国用于通用航空监视。相比于其他数据链,UAT 数据链除了体制上的优势,还具备以下优点:

(1) 超强的纠检错能力。

(2) 非常低的冲突概率。

(3) 更高的系统容量和上行传输能力,可支持 ADS-B 的长期使用,同时能够提供包括交通信息服务广播和飞行信息服务广播的地面上行服务。

(4) 更高的带宽效率。VDL-4 数据链能够提供点对点及广播式通信服务,接入方式为自组织时分多址(STDMA),采用两个独立的 25kHz 信道,在高密度区域还可以提供附加信道。目前 VDL-4 数据链的研究主要集中在欧洲少数地区。

1. 1090ES 数据链

1090ES 数据链是 S 模式数据链的一个子集,主要应用 S 模式下行数据链格式中的 DF17、DF18 和 DF19 三种格式。1090ES 数据链每一信息元包含 120 比特位数据,其中前 8 位为报头,具有标示信息和同步的作用;而后 112 位为主要数据块,用于传输监视信息。信道由 ADS-B 和空管应答共享,数据传输率为 1Mb/s。1090ES 数据链报文格式如图 3-24 所示。DF17 是具有应答功能的 ADS-B OUT 设备的广播报文格式,DF18 是 TIS-B 和不具有应答功能的 ADS-B OUT 设备的广播报文格式,DF19 是军用的保密格式。ADS-B 和交通信息服务广播(TIS-B)报文格式结构见表 3-8。

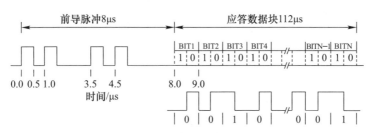

图 3-24 1090ES 数据链报文格式

表 3-8 ADS-B 和 TIS-B 报文格式结构

ADS-B 和 TIS-B 报文格式结构					
BIT#→	1…5	6…8	9…32	33…88	89…112
DF=17 Field Names→	DF=17 [5]	CA [3]	AA ICAO Address [24]	ADS-B Message ME Field [56]	PI [24]

续表

ADS-B 和 TIS-B 报文格式结构					
DF=18 Field Names→	DF=18 [5]	CF=0 [3]	AA ICAO Address [24]	ADS-B Message ME Field [56]	PI [24]
		CF=1 [3]	AA non-ICAO Address [24]		PI [24]
		CF=2 to 3 [3]	AA [24]	TIS-B Message ME Field [56]	
		CF=4 [3]	Reserved for TIS-B Management Message		PI [24]
		CF=5 [3]	AA non-ICAO Address [24]	TIS-B Message ME Field [56]	PI [24]
		CF=6 to 7 [3]	Reserved		PI [24]
DF=19 Field Names→	DF=19 [5]	AF=0 [3]	AA ICAO Address [24]	ADS-B Message ME Field [56]	PI [24]
		AF=1 to 7 [3]	Reserved for Military Applications		

2. UAT 数据链

UAT 数据链由 FAA 在 SF21 试验中提出,是国际民航组织推荐使用的新航行系统数据链之一。2002 年 7 月,UAT 数据链被美国联邦航空局选定为在大多数专用航空飞机上实现 ADS-B,美国在阿拉斯加和俄亥俄河谷地区分别对 UAT 数据链的 ADS-B 进行了试验和验证,并且在阿拉斯加的 Capstone 计划中进行试验性运营。

UAT 数据链的 ADS-B 是一个工作于单一信道上的宽带多功能数据链监视系统,工作在 L 波段(射频中心频率 978MHz),面向数据帧结构,调制方式为连续相位移频键控(CPFSK),符号率为 1.041667Mb/s,作用距离与设备的类别有关。

UAT 数据链的 ADS-B 采用时分多址(TDMA)信道访问方式,除了保护时间,前面176ms为地面站上行报文时间,后面800ms为机载端ADS-B和地面端TIS-B传输时间,其中ADS-B的传输采用随机时隙。地面时段划分为32个时隙,每个地面站固定分配一个或多个地面时隙用于发送地面上行信息,距离足够远的地面站可复用相同的时隙。地面时段起始至ADS-B时段末端,以250μs为间隔划分为3952个报文发送起始时间点(MSO)。ADS-B报文和TIS-B报文广播时需在ADS-B时段中随机选择一个MSO作为发射起始时间点。地面飞行信息服务广播(FIS-B)报文的发射必须以0,22,44,66,…,682等编号的MSO为起点。UAT数据链的国际协调时间(UTC)秒帧时隙分配如图3-25所示。

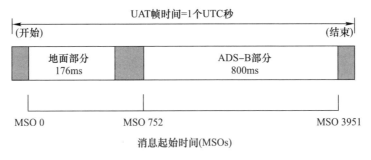

图3-25 UAT数据链的UTC秒帧时隙分配

加装有UAT机载设备的飞机之间通过该数据链能够共享经纬度、高度、速度等状态信息,有效实现空空监视。UAT地面站及其配套的地面服务器接收飞机状态信息,有效实现地空监视,同时UAT地面站可广播TIS-B报文和包含有气象等信息的FIS-B报文。

3. VDL-4数据链

目前,VDL-4是ICAO和欧洲电信标准化协会推荐的规范化甚高频(VHF)数据链技术。它基于开放系统互联参考模型,要求严格的时间同步,工作在VHF航空频段117.975~136.975MHz,采用两个独立的25kHz全域标示信道,在高密度区域可使用一个附加信道。

TDMA将VHF通信信道分为若干帧,再将帧分为多个时隙。TDMA在每个时隙的起始都会给予任何一个平台一次利用整个信道发射数据的机会,所以各平台按此方法竞争时隙,必须实现全系统的精密时间同步。VDL-4用户在选择合适的时隙后传输一个超时帧,超时帧通常由4500个时隙组成,跨度1min,每个时隙13.33ms,每秒75个时隙。每个时隙都可以由任何飞机或地面电台作为接收和发送来占用,每个用户可以同时占多个时隙。VDL-4数据链时隙的大小可容纳一个ADS-B报告,每个时隙的传输可以分为发送功率建立、同步、数据突发帧和保护时间间隔4个阶段,如图3-26所示。

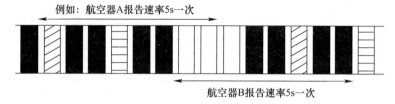

图3-26 VDL-4时隙分配示意

多时隙传输包含4个阶段,只是数据突发帧跨越时间更长,其余三个阶段和单时隙长度相同。因此,传输占用时隙越多传输效率越高,但是传输数据越长,受到的干扰越大。在实际应用中,应该根据具体情况选择合适的数据长度。

3.4.3 星基ADS-B系统

2014年发生的MH370失联事件,暴露了当前地基航空监视系统时空覆盖的局限性,航空器全球跨区域的连续监视问题已引起了世界各个航空大国和国际民航组织的高度重视。从未来发展趋势看,虽然ADS-B大有取代PSR/SSR对空监视应用的趋势,但该系统目前仍属典型的地基监视系统,受地形环境约束较多,监视空域覆盖范围不足。

面向未来的航空运输系统,必须立足于全球化视野,而非以某个局部地区或国家为基准。航空器常常在一次航行中要飞越数个区域分界线(如飞行情报区、管制区域或国境线等),需要进行连续一致的跟踪监视覆盖,采取相应的监视手段并加以实施,以确保航空器从载人/载物起飞直到降落都能被全程监视跟踪。

星基ADS-B系统是将ADS-B接收机搭载在太空中的卫星上,接收机载1090ES或UAT数据链上的ADS-B信息,经过处理后通过卫星链路传输到地面监视数据中心。因此,星基ADS-B能够有效地解决地面ADS-B监视系统存在的盲区问题,可实现全球监视。

1. 工作原理

星基ADS-B系统有效结合了现代网络技术和航天技术,利用卫星网络的全球覆盖特性和网络的信息共享能力,实现大面积航空用户的ADS-B信息服务,包括无人机ADS-B系统信息服务。星基ADS-B系统架构如图3-27所示。

卫星上加装的星基ADS-B载荷收到该ADS-B广播后,经过解调、解码和数据融合处理,即可通过卫星通信星间链路、星地链路转发至卫星地面站,卫星

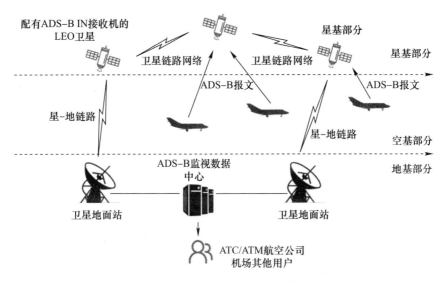

图 3-27 星基 ADS-B 系统架构

地面站将提取 ADS-B 数据,通过地面通信网将该 ADS-B 报文信息传输至地面 ADS-B 监视数据中心,由数据中心统一处理后,根据需要转发至 ATC/ATM 中心或其他相关用户。

2. 现状

近年来,欧美等航空发达国家已就星基 ADS-B 系统开展了相关研究、验证和试验等工作。典型的星际 ADS-B 系统有加拿大 Aireon 公司的星基 ADS-B 系统、美国 ADS-B 技术公司和全球星 GSAT 公司合作开发的 ADS-B 链路增强系统(ALAS)。另外,欧洲航天局、德国和荷兰也启动了各自的天基 ADS-B 计划,俄罗斯也开展了相关概念论证。在 2014 年 MH370 失联事件以后,国内开始加大星基 ADS-B 系统的关注与研究力度,并发射了验证卫星。四川九洲空管科技有限责任公司、国防科技大学和上海微小卫星中心等研究机构均已成功开展搭载验证试验。下面主要对国内上述机构开展的星基 ADS-B 的搭载和验证情况进行简要介绍。

1) 国防科技大学"吕梁"一号 ADS-B 搭载试验

2015 年 9 月 20 日,国防科技大学设计与研制的"天拓"三号微纳卫星搭载"长征"六号运载火箭发射升空。"天拓"三号由 6 颗卫星集群组成,其中主星"吕梁"一号主要开展新型星载船舶自动识别系统信号接收、星基 ADS-B 系统信号接收、火灾监测及 20kg 级通用化卫星平台技术等系列科学试验和新技术验证。

2) 上海微小卫星中心"上科大二号"ADS-B搭载试验

2015年9月25日,"长征"十一号运载火箭成功地将4颗卫星送入预定轨道,其中3颗立方体试验卫星("上科大二号",即STU-2)由中国科学院上海微小卫星工程中心研制,如图3-28所示。试验卫星的主要载荷包括用于极地观测的小型光学相机、用于船舶信息采集的星基船舶自动识别系统(AIS)接收机和用于飞机信息采集的星基ADS-B系统接收机。

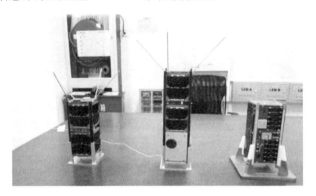

图3-28 "上科大二号"

3) 四川九洲星基ADS-B载荷搭载空事卫星试验

2020年11月6日11时19分,四川九洲空管科技有限责任公司与北京航空航天大学联合研制的星基ADS-B载荷,作为空事卫星的核心设备,在太原卫星发射中心由长征六号运载火箭成功发射升空,如图3-29所示。该星基ADS-B载荷是国内首个面向空管管制运行需求研制的载荷,具备ADS-B空间信号的

图3-29 四川九洲星基ADS-B载荷

超高灵敏度接收及数字多波束合成技术能力,技术水平达到国内领先、国际先进。星基 ADS-B 载荷的成功发射,对空管监视由陆基向星基的转变具有划时代的里程碑意义。

星基 ADS-B 系统最大的优点是可以实现全球覆盖,然而实现这一技术优势还需要解决一系列的关键技术问题,包括远距离弱信号接收技术、多目标解交织技术、大容量信号处理技术、空间组网、星间传输及星地通信技术和地基信息综合处理技术。

3.4.4　1090ES 数据链 ADS-B 地面站主要指标

依据中国民航行业标准 MH/T 4036—2012《1090MHz 扩展电文广播式自动相关监视地面站(接收)设备技术要求》,民航 ADS-B 地面站主要性能指标见表 3-9。

表 3-9　民航 ADS-B 地面站主要性能指标

指标名称	指标
系统容量	600 批/s(均匀分布)
最大作用距离	不小于 200 海里
处理延迟	不大于 50ms
抗干扰能力	具备抗多径干扰和同频干扰的能力,具备分辨二重交织的能力
工作频率	(1090 ± 1)MHz
接收动态范围	不小于 75dB
正确探测概率	在 4000 次/s 应答串扰条件下,正确应答概率不小于 90%
GNSS 接收及时钟同步能力	具备接收 GNSS 及其扩展心血号和进行本机时钟同步的能力
目标处理错误概率	不大于每小时 5×10^{-6} 个

3.4.5　1090ES 数据链 ADS-B 地面站

四川九洲空管科技有限责任公司和中航无线电电子研究所是国内较早开展 1090ES 数据链研究的单位。JZDAK01RM 型 ADS-B 地面站是国内广泛应用的典型国产化 ADS-B 地面站设备,接收和处理的报文格式包括 DF17、DF18 以及其他 S 模式 DF 格式报文,支持多用户、多版本 Asterix CAT021 报文输出,具备 GPS、北斗双模定位授时能力,支持双机备份,具备良好的抗干扰和解交织能力,满足 ED-129B、DO-260/DO-260A/DO-260B 等系列标准的要求。ADS-B 地面站产品如图 3-30 所示。

图 3-30 JZDAK01RM 型 ADS-B 地面站

3.5 多点定位监视

1999 年,Carl A. Evers 提出了一种在雷达监视系统中用于提高监视覆盖范围和目标识别能力的方法与装置。系统使用位置线技术来确定航空器的位置,可作为非协同监视系统的增强。2005 年,G. GALATI 等讨论了 ICAO 标准 S 模式信号的应用,对 1090MHz 下行数据链信道进行了深入研究,在使用 MLAT 系统的终端区或航路中,用于定位和识别协同目标。

多点定位监视是依靠先进的计算机处理方法,通过利用各接收站所收到的飞机应答信号或 ADS-B 信号的到达时间差(TDOA)确定飞机在空间的精确位置。理论上只需要 4 个远端站即可以通过双曲定位方式确定飞机的空间位置。与雷达需要高功率发射机发射信号不同,多点定位远端接收站只需接收飞机发射的无线电信号,借助 TDOA 定位技术,就能对飞机的位置进行精确定位。

多点定位监视是未来空管监视的主要手段之一,包括机场场面多点定位系统和广域多点定位系统。机场场面多点定位系统用于监视机场区域内安装有二次雷达应答机或 1090ES ADS-B OUT 设备的航空器和车辆;广域多点定位系统用于监视航路、终端区等空域内安装有二次雷达应答机或 1090ES ADS-B OUT 设备的航空器。中国民航标准 MH/T 4037.1—2017《多点定位系统通用技术要求 第 1 部分:机场场面多点定位系统》和 MH/T 4037.2—2017《多点定位系统通用技术要求 第 2 部分:广域多点定位系统》分别给出了机场场面多点定位系统和广域多点定位系统的通用技术要求。

MLAT 已经在世界范围内得到广泛应用,如欧洲的瑞典、法国、美国以及捷克等国家的主要国际机场都已投入运行。国外多点定位系统设备生产商主要有 ERA 公司、Thales 公司和 Sensis 公司等。国内从事多点定位系统研制的单位主要有中国民用航空局第二研究所、中国电子科技集团公司第二十八研究所及四川九洲空管科技有限责任公司等,相关设备已在国内民航多个机场安装应用。

3.5.1 系统组成

多点定位系统通常由接收站、测试应答机、询问站、中心处理站及通信传输设备(试验验证用)等组成,工程应用时,接收站、询问站及测试应答机的数量可根据覆盖要求进行配置。

典型 MLAT 系统组成及交联关系如图 3-31 所示。

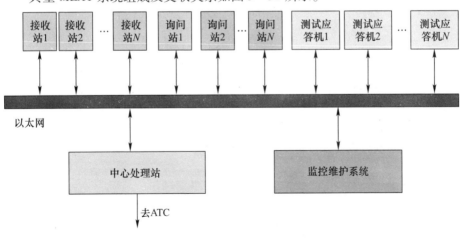

图 3-31 MLAT 系统组成及交联关系

MLAT 系统详细设备组成及最低数量要求见表 3-10。

表 3-10 典型 MLAT 系统详细设备组成及最低数量要求

系统	整机	单机	数量
多点定位系统	接收站	GNSS 接收天线	根据现场需求确定,≥4
		ADS-B 接收天线	
		ADS-B 接收站主机	
		网络交换机	
		机柜	
	中心处理站	时间同步服务器	2
		处理服务器	2
		显示终端	1
		网络交换机	2
		HDLC 协议转换器	2
		机柜	1
	测试应答机	应答天线	根据现场需求确定,≥1
		主机	
		GNSS 天线	
	询问站	主机	根据现场需求确定,≥1
		询问天线	
	监控维护终端	—	1
	通信传输设备	—	根据工程选配

系统通信传输设备要求具备支持双网配置和双网运行的能力。接收站、询问站和测试应答机应支持主备双机冗余配置,具备手动/自动切换功能。中心处理站采用双网双机冗余配置,具备手动/自动切换功能。中心处理站主机、交换机、路由器等硬件设备要求采用商业货架产品。

3.5.2　工作原理

多点定位系统利用 TDOA 的方式进行目标定位。多个接收站通过 GNSS 同步/校准信号校准的方式进行高精度时间同步,接收站接收空中飞机应答机的广播信号和应答信号,对信号进行解码处理,对信号标记时间精确的接收时间,并将其发送至中心处理站。中心处理站接收不同站点标记的同一个信号,计算其时间差,利用双曲线定位的方式,实现对目标的位置计算,TDOA 定位原理如图 3-32 所示。询问站接收中心处理站的询问控制指令,对空中的目标进行询问,触发应答信号,提高航迹质量;测试应答机可在 GNSS 失效后对各站点进行同步,同时可作为接收站的参考信标,提供固定的信号,用于系统完好性检测。多点定位系统工作示意图如图 3-33 所示。接收站对该信号进行接收、解码、到达时间测量后通过以太网将数据发送到中心处理站。对于空管监视,MLAT 系统可以利用的主要信号为应答机应答信号及广播信号,具体格式见表 3-11。

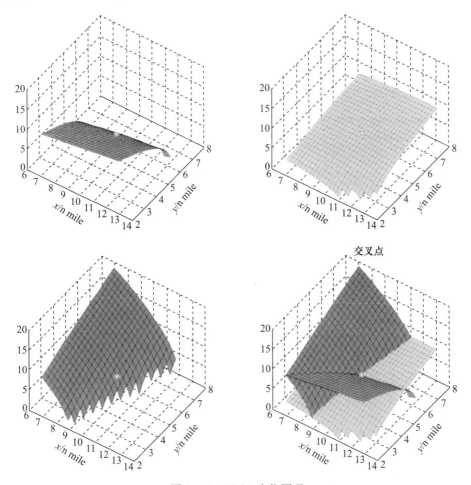

图 3-32 TDOA 定位原理

图 3-33 多点定位系统工作示意图

表 3-11 机载应答机信息类型

序号	形式	字段	信息
1	A 模式	—	常规3/A 代码
2	C 模式	—	常规高度
3	S 模式广播电文	DF11	地址、能力
4	S 模式扩展广播电文	DF17	ADS-B 信息
5	S 模式空空监视	DF00	地址、高度
6	S 模式空空通信	DF16	地址、高度、通信
7	S 模式空地监视	DF04、DF05	地址、身份、高度
8	S 模式空地通信	DF20、DF21	地址、身份、高度、通信

中心处理站接收接收站发出的标记了时间戳的应答报文数据,根据飞机发送的应答信号到达各地面接收站的时间差,通过双曲面交叉定位(三维)算法确定目标的位置和高度,形成 TDOA 点迹信息,随后中心处理站对 TDOA 点迹信息进行平滑处理形成稳定的航迹。双曲面定位算法数学模型如下:

$$\begin{cases} r_0 = \sqrt{(x_0-x)^2 + (y_0-y)^2 + (z_0-z)^2} \\ r_i = \sqrt{(x_i-x)^2 + (y_i-y)^2 + (z_i-z)^2} \quad (i=1,2,\cdots) \\ \Delta r_i = r_i - r_0 = c\Delta T_i \end{cases}$$

测试应答机相对于各个接收站的位置是固定的,可以预先标校并精确测量。

因此,信号从测试应答机到接收站之间的空间传输时延是确定的。中心处理站可以根据各接收站对测试应答机信号的测量到达时间(TOA)和理论 TOA 进行对比,以消除布站过程中站点位置测量误差、工程实施过程中线缆长度误差、接收站 GNSS 秒脉冲误差和模拟器件温漂引起的信号延迟误差等累计导致的 TOA 测量系统误差。此外,测试应答机的广播信号的强度和内容都是固定的,可以对接收站整体功能进行检测完成信标功能。

询问站接收中心处理站询问控制指令,完成 A/C 模式询问或者 S 模式点名询问功能以保证广域多点定位系统对所用航迹目标更新率的要求。

监控维护单元通过网络使用简单网络管理协议(SNMP)完成对接收站、询问站、测试应答机和中心处理站的状态监控与参数设置。

如果有 4 个远端站均接收到同一架飞机的信号,就可以在三维空间定位一个点,该点就是飞机的实际位置。如果只有 3 个远端站接收到该信号,那么通过其他方式获得 C 模式高度或已知该飞机正处于场面运行状态,也可以确定飞机在三维空间中的位置,这成为多点定位系统的二维解决方案。在使用 C 模式高度时,定位精度有所下降,主要原因是气压高度与地理几何高度存在差异。当超过 4 个远端站接收到该信号时,还可以通过计算平均位置的方式发现其中错误数据或纠正偏差。

3.5.3 主要指标

依据 MH/T 4037.1—2017《多点定位系统通用技术要求 第 1 部分:机场场面多定点定位系统》和 MH/T 4037.2—2017《多点定位系统通用技术要求 第 2 部分:广域多点定位系统》标准,民航机场场面多点定位系统和广域多点定位系统主要性能指标见表 3-12。

表 3-12 多点定位监视性能指标要求

指标名称	机场场面多点定位系统	广域多点定位系统
系统容量	≥400 个	≥400 个
系统处理延迟	≤0.5s	数据驱动模式:≤1s 周期性延迟模式:≤1s 周期性预测模式:≤0.5s
目标报告平均更新间隔	≤1s	航路目标报:≤8s(8s 内可调) 终端目标报:≤5s(5s 内可调)
周期性服务报更新间隔	≤1s	≤5s

续表

指标名称	机场场面多点定位系统	广域多点定位系统
系统错误探测概率	$<10^{-4}$	$<10^{-3}$
S模式目标识别率	$>99.9\%$	—
系统错误识别目标概率	$<10^{-6}$	—
系统位置探测概率	—	$\geqslant 97\%$
水平位置精度	跑道、滑行道和停机坪中心线： $\leqslant 7.5m$（置信度95%） $\leqslant 12m$（置信度99%） 停机位：$\leqslant 20m$（5s内）	航路目标：$\leqslant 350m$（RMS） 终端目标：$\leqslant 150m$（RMS）
航迹起始时间	$\leqslant 5s$	—

3.5.4 典型产品

JZMLAT100型多点定位系统是国产化研制的多点定位系统，通过了应用测试和验证，可支持广域监视应用和机场监视应用，目标处理类型包含A/C模式目标、S模式目标和ADS-B目标，支持GPS、北斗双模导航信息，支持双机备份，具备较强的抗干扰和解交织能力，满足ED-117、ED-142、ED-129、DO-260B和ED102A等标准要求。JZMLAT100型多点定位系统如图3-34所示。

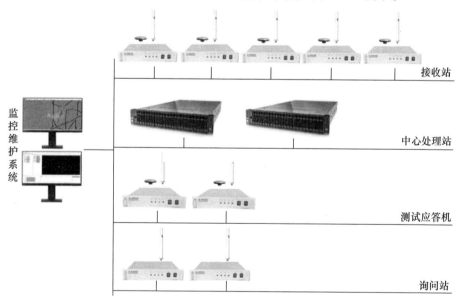

图3-34 JZMLAT100型多点定位系统

3.6 机载防撞系统

TCAS 最先由美国联邦航空局定义,机载防撞系统(ACAS)是由欧洲航行安全组织定义,两种名称的系统含义、组成和功能是一致的。目前,国际民航组织统一定义的名称为 ACAS,但在不同范围和产品中仍然在沿用 TCAS 或 ACAS 的名称。

TCAS 是防止空中飞机危险接近和相撞事故发生的必不可少的设备,通过询问、接收、处理其他飞机应答机的应答信号,对周围其他飞机进行监视,并计算监视范围内其他飞机相对本机的飞行趋势,给出交通告警和决断告警建议,为飞机提供空中安全间隔保证,达到防碰撞的目的。

TCAS 分为 TCAS Ⅰ、TCAS Ⅱ、TCAS Ⅲ 及 TCAS Ⅳ 4 类。TCAS Ⅰ 可以确定入侵的相对高度、方位和接近率,向飞行员提供交通咨询(TA)。TCAS Ⅱ 是一种比 TCAS Ⅰ 更全面的系统,不但向飞行员提供 TA,而且将发出决断咨询(RA)。TCAS Ⅲ 除了提供 TCAS Ⅱ 的功能,还提供水平方向上的避撞信息。随着 ADS-B 技术的成熟及应用,TCAS Ⅳ 也得到了快速发展,可以解决两机甚至多机间的协调避让问题。目前,在民航飞机仍以安装 TCAS Ⅱ 的机载防撞系统为主,TCAS Ⅲ 和 TCAS Ⅳ 已经不再发展,最新发展方向是 ACAS X。

考虑无人机的监视与防撞需求,2020 年 12 月,RTCA 针对无人机监视与防撞发布了 DO-386 标准,即 ACAS Xu 最低运行性能标准。针对 ACAS Xu 的技术标准的验证和试验还在开展过程中,暂无成熟产品使用。

目前,一些大型无人机现阶段可加装 TCAS 防撞系统完成空对空监视,后期可考虑加装集成 ACAS Xu 功能的无人机探测与规避系统。本章集中介绍传统机载防撞系统,ACAS Xu 将在本书第 4 章介绍。

从结构形式上分,TCAS 防撞系统分为分立式机载防撞系统和综合监视系统,按照航空无线电组织(ARINC)的 ARINC 768-2 标准,综合监视系统又分为 A、B、C、D 4 种构型,其中 B 构型又称为交通监视系统,本书主要介绍分立式机载防撞系统和交通监视系统。

国际上从事机载防撞系统研制的企业主要有法国 Thales 公司、美国 Honeywell 公司和 Collins 公司等。国内从事机载防撞系统研制的企业主要有四川九洲空管科技有限责任公司和中国航空工业集团公司第六一五研究所。

3.6.1 系统功能

机载防撞系统主要功能如下:

(1)监视功能:探测在系统监视范围内出现的装有 S 模式或 A/C 模式应答

机的飞机,建立航迹,比较并更新现存航迹。

(2) 跟踪功能:对接近飞机进行跟踪,建立包括距离、相对方位和相对高度的跟踪信息,并计算接近飞机的相对位置、距离和高度变化率。

(3) 潜在威胁评估功能:利用跟踪数据的计算值对接近飞机的潜在威胁进行评估,接近飞机的类型分为决断告警、交通告警、接近告警或无威胁。

(4) TA 显示功能:提供监视范围空域内接近飞机的交通告警显示。

(5) 防撞计算和 RA 显示功能:对可能出现碰撞危险的接近飞机,确定本机合适的垂直机动飞行建议,并给出决断告警显示,以便本机与接近飞机之间达到或保持安全间隔距离。

(6) 音响告警功能:通过座舱音频系统提供音响信息告警。

(7) 空对空协调功能:对存在碰撞危险并装有 TCAS Ⅱ 系统的飞机,本机将会与接近飞机建立一个机动协调数据联系,确保两机间的决断告警是协调和兼容的。

3.6.2　工作原理

本节以 TCAS Ⅱ 为例介绍机载防撞系统的基本原理。TCAS Ⅱ 收发主机通过控制天线波束指向,对飞机前、后、左、右 4 个区域进行扫描询问,根据收到的应答信号,获得目标机的高度、高度变化率、相对距离、相对距离变化率、方位等目标信息;综合本机信息,评估出目标机的威胁级别,包括无威胁、接近威胁、TA 和 RA,并将目标机信息以图形的方式显示。

当目标机的威胁级别为 TA 时,系统显示目标机信息的同时伴有语音告警。如果目标机的威胁级别为 RA,系统显示目标机信息的同时伴有语音咨询提示。在产生 RA 的过程中,如果目标机也装有 TCAS Ⅱ 系统,会利用 S 模式数据链,进行决断意图的沟通,实现飞机间的协调避让。否则,机载防撞系统将引导本机实现主动避让。

若系统检测到入侵飞机不具有高度报告的能力,则只提供交通咨询。如果入侵飞机没有装备任何类型的航管应答机,则 TCAS Ⅱ 系统无法获得这类飞机的信息,将产生不了咨询建议。

TCAS Ⅱ 系统可以对监视范围内的目标飞机的航迹进行监视、跟踪和预测,最大可同时跟踪多达 45 架飞机。并根据本机的运动方向、飞行速度、飞行高度、飞行姿态等信息综合评估目标飞机的威胁程度,一旦预测到任何飞机的飞行路径即将进入装备机载防撞系统的飞机周围的警告区域,系统都将提出决断咨询,以增加或保持飞机间的间隔。

具体来说,系统在自身飞机周围形成两个空间保护区域,称为警示区域和告警区域。系统产生的交通咨询和决断咨询是基于接近时间的，根据自身飞机与目标飞机之间的接近速度和相对方位，系统自动调节警示区域和告警区域。警示区域的周界为入侵者穿透碰撞区域之前的 20～48s。告警区域的周界为入侵者穿过碰撞区域之前的 15～35s。

如果飞机进入了警示区域，系统认定其是入侵飞机，并发布一个交通咨询。该咨询由声音警告和图形显示警告组成，指示出不明飞机的距离和相对方位，帮助机组人员进行搜索并识别目标飞机。如果飞机进入告警区域，系统则发布一个决断咨询，该决断咨询可以是修正性的，也可以是预防性的。决断显示器输出的决断咨询为：指示爬升或下降咨询，并推荐垂直速度。TCAS Ⅱ 工作示意图如图 3-35 所示。

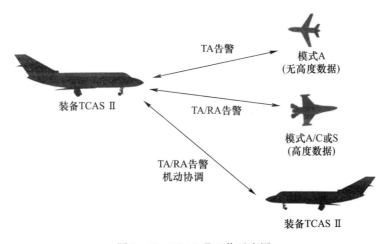

图 3-35　TCAS Ⅱ 工作示意图

3.6.3　系统组成

1. 分立式机载防撞系统

分立式机载防撞系统在结构上采用分离式架构，设备由 ACAS 收发主机、S 模式应答机(2 个)、S 模式应答天线切换开关、定向天线(2 个)、全向天线(2 个)、交通/决断显示器(2 个)、控制盒、S 模式地址编码盒、电源驱动盒、信号交联盒、显示器背光电源控制器及接口适配器等分机组成，如图 3-36 所示。

（1）ACAS 收发主机：具备监视子功能和防撞子功能。通过发射仅 C 模式全呼叫询问、S 模式点名询问，接收断续振荡信号和应答信号，对目标飞机进行测距、测向和高度解码，形成目标航迹；通过综合本机和目标飞机运动态势，进行威胁评估，生成 TA 告警和 RA 告警。

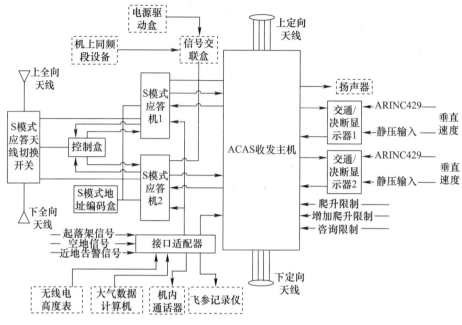

图 3-36　分立式机载防撞系统交联框

（2）S 模式应答机：具有应答 A 模式、C 模式和 S 模式功能。通过接收询问信号，判断询问模式，做出相应模式的应答，应答信息包括载机的 A 代码、气压高度、S 模式地址等。

（3）S 模式应答天线切换开关：具有射频通路受控切换功能，用于实现两个应答机分时共享上全向天线和下全向天线。

（4）定向天线：用于接收 1030MHz 信号和发送 1090MHz 信号，具有 4 个射频端口，能够形成定向波束。

（5）全向天线：用于接收 1030MHz 信号和发送 1090MHz 信号，具有 1 个射频端口，能够形成全向波束。

（6）交通/决断显示器：具有交通目标态势显示、交通和决断告警显示、垂直速度建议显示功能。

（7）控制盒：具有系统工作模式控制、参数设置和指示、状态指示功能。

（8）S 模式地址编码盒：通过离散拨码开关，配置载机的 24 比特位 b S 模式地址码。

（9）电源驱动盒：用于为信号交联盒分机二次供电。

（10）信号交联盒：用于同频段设备之间的闭锁交联信号转换。

（11）显示器背光电源控制器：用于调节显示器背光亮度，受控于调光旋钮。

（12）接口适配器：用于载机各种接口与系统设备ARINC429接口之间的适配。

2. 交通监视系统

相比分立式机载防撞系统，交通监视系统具有TCAS、S模式应答、ADS-B IN和ADS-B OUT功能，支持混合监视功能，具有准备、高度关、应答、TA以及TA/RA的工作模式，同时，还具有ADS-B OUT开关，可根据使用要求对ADS-B OUT进行开关操作。通常，交通监视系统由防撞处理机、定向天线、全向天线、S模式地址编码盒组成，如图3-37所示。

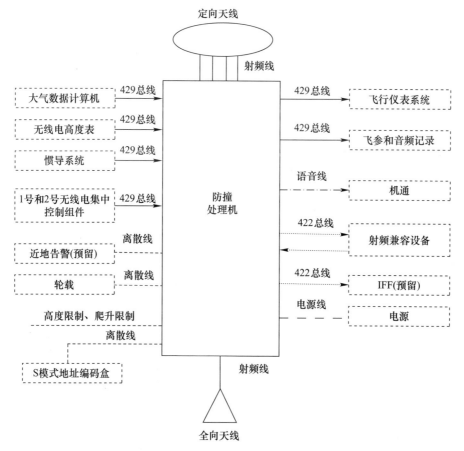

图3-37 综合监视系统组成

交通监视系统可根据不同的平台需要，选择不同的天线配置，工程应用中有两张典型配置。配置一：两个定向天线；配置二：一个定向天线和一个全向天线，其中全向天线为下天线。

（1）防撞处理机：具有机载防撞、航管应答机（XPDR）、ADS-B OUT、ADS-B IN功能。通过发射仅C模式全呼叫询问、S模式点名询问，接收断续振荡信号和应答信号，对目标飞机进行测距、测向和高度解码，形成目标航迹；通过综合本机和目标飞机运动态势，进行威胁评估，生成TA告警和RA告警；具有应答A模式、C模式和S模式功能，通过接收询问信号，判断询问模式，做出相应模式的应答，应答信息包括载机的A代码、气压高度、S模式地址等；通过共享TCAS接收通道，接收目标飞机位置（经度、纬度）信息，实现混合监视功能；通过共享XPDR发射通道，实现ADS-B OUT周期广播载机的位置（经度、纬度）、速度（地速、东向速度、北向速度、升降速度）、身份信息（任务码/航班号）。

（2）定向天线：用于接收1030MHz信号和发送1090MHz信号，具有4个射频端口，能够形成定向波束和全向波束。

（3）全向天线：用于接收1030MHz信号和发送1090MHz信号，具有1个射频端口，能够形成全向波束。

（4）S模式地址编码盒：通过离散拨码开关，配置载机的24比特位b S模式地址码。

3.6.4 主要指标

TCASⅡ系统的最低运行性能标准在RTCA DO-185B中进行了规定，交通监视系统的最低运行性能标准则由RTCA DO-185B、RTCA DO-181F、RTCA DO-260C、RTCA DO-300A给出。TCASⅡ系统主要性能指标见表3-13。

表3-13 TCASⅡ系统主要性能指标

指标项	指标名称	技术指标
测角精度	测向精度	≤5°（RMS）
监视容量	最大跟踪目标数量	不低于45架
	最大显示目标数量	不低于30架
监视范围	作用距离	≥80km
	S模式应答作用距离	1.85~370km
	方位范围	0°~360°
	俯仰范围	-15°~+20°
防撞功能	发射频率	（1030±0.01）MHz
	发射峰值功率	53.9~57dBm
	接收频率	1087~1093MHz
	最低触发电平	（-77±2）dBm

续表

指标项	指标名称	技术指标
应答功能	发射频率	（1090±1）MHz
	上天线发射峰值功率	51.4~55.4dBm
	下天线发射峰值功率	54~57dBm
	接收频率	1089~1091MHz
	最低触发电平	（-86±2）dBm
	动态范围	在最低触发电平+3dB 和-24dBm 之间，译码概率不小于99%
	寂静功率	≤-66.60dBm（960~1215MHz）

3.6.5 典型产品

以某型国产化 TCAS Ⅱ 机载防撞系统为例，作为国内典型的防撞设备，满足并优于 RTCA DO-185B、ARINC735A 和 ARINC718A 等标准要求，具备 TCAS Ⅱ 功能、XPDR 功能，产品如图3-38所示。某型国产化交通监视系统满足 RTCA DO-185B、RTCA DO-181E、RTCA DO-260B、RTCA DO-300A、ARINC768-2 等标准要求，具备 TCAS Ⅱ 功能、XPDR 功能、ADS-B IN/OUT 功能和混合监视功能，产品如图3-39所示。

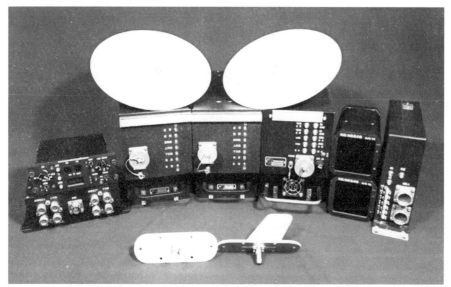

图3-38 某型 TCAS Ⅱ 机载防撞系统

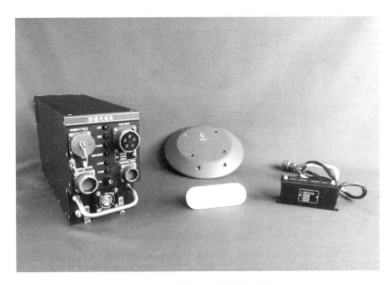

图 3-39　某型交通监视系统

3.6.6　新一代机载防撞系统

新一代的机载防撞系统 ACAS X 包含 Xa、Xo、Xu、Xp 等模式,其中 Xu 是针对大中型无人机的专用标准,相关描述见本书第 4 章,是国际民航组织规划推广的新一代防撞系统,采用基于概率的避撞模型,可有效提高航空安全和效率,提升飞机执行各种飞行任务的安全保障能力,可以将不必要的警报减少 1/3,并将碰撞风险降低一半。

因此,国际民航组织规划发展 ACAS X,用于取代现有的 TCAS Ⅱ 型机载防撞系统,兼容 SESAR 和 NextGen 的运行概念。

1. 优势

ACAS X 相比 TCAS Ⅱ,具有以下区别/优势:

(1) ACAS X 减少了不必要的告警,减少了 RA 发布数量,防撞间隔更小,允许的空域流量更高。

(2) ACAS X 算法更容易调整和优化,通过更新参数数据项文件,以匹配系统的监视跟踪性能和飞机性能。

(3) ACAS X 具有使用决策理论方法解决冲突的能力,特别是马尔可夫决策过程,而不是 TCAS Ⅱ 基于规则/几何的方法。

(4) ACAS X 能够接受和处理新的监视源,支持"即插即用",包括 SSR、ADS-B、ATAR、光电、红外线等。

(5) ACAS X 对于 ADS-B 数据的应用程度更高,支持通过确认的 ADS-B 目标产生 RA 告警,支持纯 ADS-B 目标产生 TA 告警。

(6) ACAS X 对于本机和目标机的位置表征不再是确定位置,而是通过附加一组不同权值的样本值,代表位置的不确定性。

2. 核心模块

ACAS X 是用概率模型对飞机的运动行为进行建模,然后根据系统的性能指标用动态规划的方法进行优化,包括监视跟踪模块(STM)和威胁决断模块(TRM)。根据 DO-385A 标准公布的算法统计:已定义共计 347 个函数,其中 STM 有 139 个,占 40%;TRM 有 208 个,占 60%。ACAS X 的两个核心模块如下:

1) 监视跟踪模块

STM 处理本机和目标机监视数据,并按 TRM 需要的格式进行输出。STM 使用的数据源包括主动监视数据、ADS-B 数据等,针对每个数据源,STM 进行独立跟踪处理,维护目标航迹。通过评估各类目标航迹质量,最终为 TRM 选择一条质量最优的目标航迹。

STM 通过一组表示入侵者和本机位置数据不确定性的加权样本提供入侵者和所有权信息。这组样本称为"置信度状态"。

每个目标机被描述为一个水平和垂直置信度状态的加权集。

本机用一组垂直的置信度状态进行定义。

垂直置信度状态:包含 5 个加权样本,表征高度、高度率。样本包括:

(1) 概率 $P=1/3$ 的样本:$[z, dz]$。

(2) 概率 $P=1/6$ 的样本:$[z, dz+\sigma dz]$、$[z, dz-\sigma dz]$、$[z+\sigma z, dz]$、$[z-\sigma z, dz]$。

水平置信度状态:包含 9 个加权样本,表征位置(x,y)、速度(dx,dy)。样本包括:

(1) 概率 $P=1/3$ 的样本:$[x, y, dx, dy]$。

(2) 概率 $P=1/12$ 的样本:$[x, y, dx+\sigma dx, dy]$、$[x, y, dx-\sigma dx, dy]$、$[x+\sigma x, y, dx, dy]$、$[x-\sigma x, y, dx, dy]$、$[x, y, dx, dy+\sigma dy]$、$[x, y, dx, dy-\sigma dy]$、$[x, y+\sigma y, dx, dy]$、$[x, y-\sigma y, dx, dy]$。

STM 生成以下输出:

(1) 本机和目标机数据,包括 RA 协调数据(垂直分辨率补充数据)。

(2) 显示所需的目标机信息(但不包括本机是否对目标机发出 RA、TA)。

(3) 模式信息,用于传达系统的灵敏度级别、RA 能力以及填充数据链路能力报告所需的其他字段。

2）威胁决断模块

TRM 接收到 STM 数据后,进行状态与成本估计、航迹威胁等级评估、行动选择、决断协同选择、显示逻辑确定等处理,实现 TA、RA、RA 协同以及对目标机的威胁评估,最后确定显示告警的逻辑参数。TRM 模块处理过程如图 3 - 40 所示,包括:STM 报告→状态和成本估计→行动选择→协调选择→航迹威胁评估→确定显示逻辑→产生 TRM 输出。

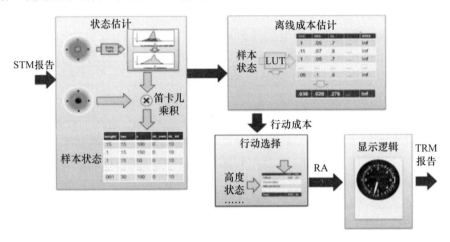

图 3 - 40　TRM 模块处理过程

用于 TRM 的本机相关输入包括无线电高度、航向、ICAO 地址、设备状态。本机垂直状态估计通过一个本机垂直置信度状态。

用于 TRM 的目标机相关输入包括 ICAO 地址、高度量化、TCAS 装备情况、接收到的 VRC - 垂直决断咨询。

用于 TRM 指定信息输入包括指定模式、保护模式、指定不告警标志、Xo 有效标志、指定状态。

TRM 生成的输出包括提供给机组的 TA 和 RA 信息、提供给目标飞机上其他防撞系统的 RA 协调数据、传输到地面或其他飞机的 RA(通过应答器或系统直接广播)等。

3.7　基于数据链的监视

无人机数据链是无人机与其他信息系统、指挥控制系统、武器系统(如无人机、导弹、有人机)等联系的信息桥梁,是实现信息互通与互操作等联合作战的手段,可构建跨系统、跨平台的信息化系统。目前,无人机数据链主要用于无人机遥控、遥测、跟踪定位、信息传输、态势共享、网络互联。未来，基于数据链无人机飞行监视技术将成为无人机自主飞行、无人机集群飞行与机间协同的技术基础。

典型的军用无人机数据链包括通用数据链（CDL）、战术通用数据链（TCDL）及高集成数据链（HIDL），不在本书讨论的范畴。本章主要介绍C2数据链（C2L）、卫星通信数据链及5G通信数据链等民用场景下的无人机数据链。其中，卫星通信数据链已在实际场景中使用，关于5G通信数据链在无人机空域中的应用也激起了学术界和工业界的极大兴趣。

3.7.1　C2数据链

RTCA DO-362A《指挥与控制（C2）数据链最低运行性能标准（陆基）》中规定了指挥和控制数据链路的最低运行性能标准（MOPS），C2数据链是逻辑链路，提供C2服务，用于无人机地面控制站和无人机之间的信息交换，使地面控制站能够将无人机安全地集成到全球航空、通信、导航和监视操作环境中，实现无人机系统与地面点对点通信以及视距内操纵以支持无人机在国家空域系统内运行。

中国民用航空技术标准CTSO-C213规定了控制和非载荷通信链路（CNPCL）无线电设备（运行在C波段，5040~5050MHz）获得批准和使用所必须满足的最低性能标准。

作为一种第一阶段重点关注的C2数据链，CNPCL系统由机载无线电系统（ARS）和地面无线电系统（GRS）组成，如图3-41所示。CNPCL系统的无线电设备分类由航电系统划分，划分依据是C波段ARS天线、C波段GRS天线和其他航电系统等，其分类必须满足RTCA DO-362的要求。

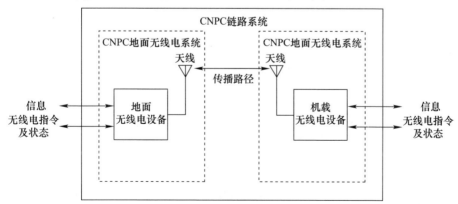

图3-41　CNPCL系统组成

CNPCL 的主要功能包括：

（1）为地面站和无人机之间提供信息交互链路，使无人机驾驶员安全地控制、监视和管理无人机。

（2）支持空中交通管制语音和数据中继、感知与避让、气象雷达、视频、CNPCL 系统管理、频率分配、链路系统监视和告警等功能。

3.7.2 卫星通信数据链

当前，具有通信功能的卫星主要有北斗卫星、天通卫星和中星 10 号等通信卫星。对于无人机监视通信选用的卫星类型，需要综合考虑无人机平台的搭载能力、飞行高度及数据更新率等因素。

北斗短报文通信方式数据更新率较低，但其具备应用范围广和基础设施相对完整的优势，可作为宽带通信卫星数据传输的应急备份，应用于中大型无人机，或其他传输带宽与数据更新率较低的应用场合。天通卫星移动通信方式具备终端体积小且质量轻的优点，可以满足遥控/遥测数据的传输要求，建议用于载荷能力较小的中小型无人机。而宽带通信卫星传输具有带宽大与通信能力强的特点，但是其终端质量大且功耗高，只有中大型无人机具备相应的搭载能力，这也限制了宽带通信卫星在普通民用无人机数据链中的推广与应用。

1. 北斗短报文通信

北斗卫星导航定位系统集成了 RNSS 和 RDSS 双模业务体制，在实现导航定位和精准授时的同时还提供 RDSS 双向短报文消息服务，即卫星通信功能，RDSS 双向短报文消息服务是全球首个在定位与授时外集报文通信于一体的卫星导航系统。

北斗短报文通信系统可实现机载终端到机载终端、机载终端到地面指控站间指令数据和状态数据双向传输功能，通常机载终端可 1min 通信 1 次，1 次可传输数据量约为 70B。短报文不仅可用于无人机与地面控制站之间的点对点通信，而且通过地面指挥终端可实现点对多点的中心组网传输。

北斗卫星具有通信能力，但传输速率非常低，可以满足基本的监视需求，但在需要大带宽的载荷链路时难以满足实际需要。

2. 天通卫星移动通信

天通一号卫星移动通信系统是我国自主研制建设的高轨卫星移动通信系统。系统由空间段、地面段和用户段组成，空间段规划由多颗地球同步轨道移动通信卫星构成。

天通一号卫星移动通信系统与地面移动通信系统共同构成移动通信网络，能够提供全天候、全天时和稳定可靠的移动通信服务。用户链路工作于 S 波段，馈电链路工作于 C 波段,用户链路和馈电链路的上行传输与下行传输均采用频分双工(FDD)/TDMA/频分多址(FDMA)方式,支持数据传输、互联网接入和视频回传等业务。

天通卫星通信系统由无人机机载终端、信关站和地面测控站终端三部分组成,其中机载终端具有质量轻和功耗低的优势,具有较强的数据传输能力,能较好地满足无人机飞行监视需求。

3. 通信卫星通信

本节介绍的通信卫星特指地球静止轨道通信卫星。中星 10 号与中星 16 号是常用的民用通信卫星。以中星 10 号卫星作为中继节点的无人机数据链,带宽为 5~10MHz,点对点单跳转发模式传输延时约 400ms,满足无人机飞行监视需要。但是由于机载天线等效口径约 0.6m,终端质量约 40kg,功耗约 600W,考虑重量和功耗因素,以中星 10 号卫星作为中继节点的无人机数据链只能搭载于大型无人机。

中星 16 号为高通量卫星,工作于 Ka 频段,具有带宽高、容量大、成本低且易与地面移动通信网络、地面无线电力专网融合的特点。基于中星 16 号卫星的无人机数据链可采用星形结构,由信关站、机载终端和地面终端构成。信关站的容量通常较大,并且配置了大口径天线,与地面电信网络和卫星馈电波束相连。而机载终端通过卫星与信关站实现双向通信,信关站与地面测控站之间则可通过地面网络联通,也可通过卫星中继联通。

与中星 10 号 Ku 频段相比,中星 16 号采用的 Ka 频段较高,入网条件限制较低。但是其机载卫星通信天线等效口径约为 0.45m,相比较而言,机载终端质量减小约 25kg,功耗降低约 300W,可搭载应用于具备一定载荷能力的无人机。

3.7.3　5G 通信数据链

传统无人机数据链采用点对点数据传输模式,其地面控制端与无人机机载端采用一对一的模式传输数据,远程化能力、智能化能力及协同化能力受到约束。使用移动通信网络进行无人机数据链的研究,开展更丰富的超视距网联无人机应用成为技术发展的趋势。尤其在当前 5G 网络的建设、推广和部署阶段,5G 移动通信不仅改变了无人机的数据传输和控制方式,而且直接改变了无人机的业务应用技术和模式。受限于当前移动通信的覆盖范围和高度,5G 通信数据链路主要应用于 300m 以下飞行无人机的监视。

基于 5G 网络的通信数据链不仅可以提供通信网络服务,如果通过配置网络平台级服务串联无人机产业上下游企业,可以形成最终产品和服务(如基础通信服务、应用平台服务及产品运营服务等)提供给用户。

通过5G联网,无人机的运行有望从视距应用扩展到超视距,提升无人机在安防、应急、环保、物流、能源、交通、农业及文旅等多个行业领域的服务能力。

3.7.4 无人机数据链的未来

未来无人机数据链技术的潜在重点发展方向包括激光通信、集群机间通信、信道综合、智能化等功能,均可在一定程度上提升无人机飞行监视能力。具体体现在以下几个方面:

(1) 研发激光通信传输系统。激光通信具备实时性高、通信容量大、保密性强的特点,潜在提高了无人机数据链路的带宽和数据的保密性。

(2) 发展集群机间通信技术。随着无人机集群控制理论的成熟并应用于实际,集群飞行可能是未来无人机飞行的一种重要形式,集群内无人机为了执行复杂的任务势必需要进行机间通信。随着无人机集群飞行应用场景的落地,对于集群机间通信技术的要求日渐迫切。

(3) 发展信道综合技术。信道综合技术将无人机监视、遥控、遥测及信息传输等统一载波体制,将宽带与窄带信道分开,可以简化设备结构,有效地节省频谱带宽。

(4) 实现无人机数据链智能化。智能化是无人机数据链发展的重要方向。无人机智能数据链是一个多模式的智能通信系统,通过感知和识别无人机周边的电磁环境特征,依据环境特征和通信目的,自适应地调整工作参数,达到抗干扰和节约带宽的目的。

3.8 小 结

空域飞行监视是空域管理的基础。本章对无人机涉及的常用监视技术如一次雷达、二次雷达、ADS-B系统、多点定位系统及基于数据链的监视等系统的功能、组成、工作原理及特点进行了描述。同时,对现阶段受国内外广泛关注的星基ADS-B系统进行了介绍,并阐述了国内当前的研究进展及取得的阶段性成果。

第4章
无人机系统空域间隔管理

4.1 概述

随着无人机在军事和民用领域的日益发展,现有无人机非隔离空域运行已制约无人机的发展及应用,无人机的应用对空域资源需求越来越大,无人机将逐步由隔离空域进入非隔离空域运行。无人机进入非隔离空域运行将对已显拥堵的空中交通带来新的安全隐患。由于无人机上无飞行人员承担空域态势的检测以及规避的职责,无人机只能依靠机载传感器来完成相应飞行态势冲突探测与规避,这一过程称为无人机"探测与规避",承担这一职能的系统称为"探测与规避系统"。提高无人机DAA能力,使无人机达到与有人机同样具备对空域态势进行监视并对潜在飞行冲突及时避让的能力,避免无人机与无人机、无人机与有人机之间的碰撞危险,是无人机进入非隔离空域运行的一个核心能力。探测与规避系统对无人机系统的融入空域自主飞行安全至关重要,世界各国都已认识到无人机探测与规避技术是推动无人机应用发展的关键因素。

4.2 无人机融入空域运行间隔管理

无人机融入空域运行间隔管理受不同的技术体制、因素等影响,需要针对其面临的潜在碰撞威胁,分析并制定无人机所需的防撞能力。

4.2.1 间隔保持与防撞技术体制

飞机在空域运行的间隔保持和防撞包含若干尺度层次,使用不同的系统、程序、空域结构和行为,整体上可分为三个层次:

第一层:规划层,从空域管理、运行程序、飞行程序上,尽最大可能地避免间隔丢失和飞行冲突。

第二层:间隔层,包括 ATC 间隔、ATC 地面监视和基于 ADS-B 的自主间隔,管制员或操作员借助地面和机载设备,防止违规飞行和违反安全间隔标准。

第三层:防撞层,通过机载设备实时掌握周围环境态势,确保飞机不会与其他飞机碰撞,不会进入危及飞行安全的恶劣气象区域和特殊限制空域。

间隔保持和防撞层次,如图 4-1 所示。

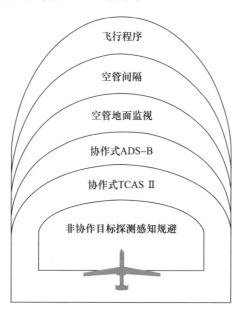

图 4-1　间隔保持和防撞层次

协作式防撞包括可避免即将发生碰撞的两架协作式飞机的所有系统和程序,常见的如 TCAS 系统进行防撞或 ADS-B 系统进行协同监视。TCAS 系统是当前有人机特别是运输航空飞机中最常用的一种协作式防撞系统,基于二次监视雷达询问机应答机制,它可以不依赖于地面设备工作,向配有机载防撞系统且可能存在冲突的飞机的飞行员提供建议,当探测到碰撞威胁时,机载防撞系统可以给飞行员提供交通咨询或决断咨询,建议飞行员采取规避机动避免碰撞发生。飞行员可以根据获取到周围飞机的 ADS-B 信息判断是否有潜在飞行冲突威胁,存在潜在冲突或安全间隔丢失时,可提醒飞行员即使采取必要措施确保与其他飞机之间的安全间隔。TACS 系统和 ADS-B 系统可以集成应用,实现更大范围的协作式目标飞机的探测与规避能力。

非协作式探测感知和规避是最底层手段。在有人航空中,这完全依赖于机组成员目视;相反,在无人机系统中这项功能必须由相应的探测与规避系统来承担。

对于无人机来说,在上述的阶段或者层级中非合作的探测与规避最具有挑战性,对于其余的层级或者阶段,当前的技术和程序下无人机可以逐步融入,因此无人机要融入非隔离空域运行必须具备探测与规避能力,这也是本章描述的重点。

4.2.2 影响因素分析

根据上节所述内容,每一层技术特征取决于几个因素,如飞行规则、空域类别、飞机种类、人为因素和环境感知因素等,不同因素对无人机探测与规避能力都有不同的影响。

1. 飞行规则因素

ICAO 在《国际民用航空公约》中详细说明了空中程序和飞行规则,每个国家都有责任接受并最终采纳为本国程序。对于有人航空器建立了 VFR 和 IFR 两类飞行程序。

VFR 飞行程序运行是基于飞行员获取的来自驾驶舱外的视觉提示进行的,不仅包括驾驶飞机的提示,还包括导航以及规避与其他飞机、障碍物和地物碰撞的提示;在某些类别空域,ATC 可能提供间隔操作指导,操作指导可能是简单的航向、高度的变化或位置报告,该位置报告要求能够识别可能的参考地标,或机场起落航线内相关的可见位置。对于 VFR 运行,能见度和云高是最为关键的要素,这些气象条件随飞机所在的空域类型而变化,允许 VFR 飞行的气象条件称为目视气象条件(VMC)。

IFR 飞行程序运行是基于飞行员使用一些机载仪表来驾驶和导航飞机。在几乎所有类别的空域中,ATC 服务保证了与其他飞机的间隔。在仪表飞行时,驾驶员仅靠仪表观测和管制员指示飞行即可,不需要看到其他飞机或地面情况,因此仪表飞行的气象条件要宽于目视飞行。当处于仪表气象条件(IMC)时,必须按照 IFR 飞行程序。

2. 空域类别因素

为了满足空域用户对不同空域需求,国际民航组织在《国际民用航空公约》附件 11 中按照飞行规则、飞机和空中交通服务之间的相互作用,把空域分为 7 个不同的类别(A、B、C、D、E、F 和 G),根据空域管制类型、飞行规则的不同,对间隔隔离提出不同的服务要求。表 4-1 概括了对这 7 个类型空域的基本特征及隔离要求。

表 4-1 ICAO 空域类别下基本特征及隔离要求

空域类别	管制类空域					非管制类空域	
	A	B	C	D	E	F	G
允许 IFR	是	是	是	是	是	是	是
允许 VFR	否	是	是	是	是	是	是
管制间隔	所有飞机	所有飞机	IFR/IFR IFR/VFR	IFR/IFR	IFR/IFR	如果可能, IFR/IFR	无
交通信息	—	—	VFR/VFR	IFR/VFR VFR/VFR	如果可能, 所有飞机	如果可能和有 要求,所有飞机	如果可能和有 要求,所有飞机
净空要求	是	是	是	是	仅 IFR	是	是

在国家层面,每个国家都应根据自身的需要,制定相应的规则要求。

3. 无人机因素

无人机空域间隔保持能力与无人机自身因素直接关联,基于无人机的不同方面,可能因无人机的重量、飞行高度、飞行范围、通信链路、执行任务等不同,无人机对空域运行的安全间隔要求而不同。例如,"全球鹰""捕食者"B 这种大型无人机,具有载重量大、飞行高度高、飞行范围远等特点,对其空域间隔保持能力要求就需要达到类似有人机的防撞能力。

4. 人为因素和环境感知因素

在有人航空中,机载防撞系统可以直接向机组人员提供空域冲突告警信息,如 TCAS 系统可以根据对空域不同的目标探测信息向机组提供交通咨询和决断咨询信息,机组飞行员收到相应的告警信息,保持原有飞行路线或机动规避。

对于无人机来说,由于其上面不存在"驾驶室",是由地面飞行机组人员通过相应的通信链路实施飞行控制。需要从技术上为无人机地面机组人员提供所必需的空域环境态势信息,有助于地面机组人员在必要时实现与无人机之间相互作用的需要,主要包括:

(1)如果无人机飞机自主运行变得危险时提供干预能力。
(2)完成那些还不能自动完成的任务。
(3)为系统提供"基本智能"。
(4)在人和无人机间的合作关系中充当必要的伙伴角色。

4.2.3 规避空中对象属性

无人机系统具备的防撞需独立于 ATC 系统或为无人机系统间隔保障提供

任何其他手段;同时空域防撞对象必须包含探测合作或非合作目标能力,并使无人机系统适应不同的飞行模式和空域运行类别。

为了实现整体防撞,首先有必要明确无人机系统在空中可能遇到的各种目标对象,对于每个目标对象,其属性可以记录为如大小、质量、速度及高度等范围;同样重要的是具备把各种目标对象进行分类的能力,根据目标对象的分类来实现间隔分离和执行防撞。

美国 FAA 提出 17 种不同的类别空中目标对象,并说明了在什么条件下可能会遇到的飞行物,如特定的高度、气象条件或空域类别。这 17 种类别空中目标分别如下:

F——动物群。相当于鹅类大小或尺寸更大的鸟类,通常不会飞行在仪表飞行气象条件下且不超过 1000 英尺高度上飞行。

K——风筝和系留气球。对象本身通过绳索连接到地面,超过 400 英尺高度时需报给 ATC。

R——航模飞机。一般在视觉飞行气象条件下距离地面低于 400 英尺高度下视距(500m)范围运行,超过 400 英尺高度时需报给 ATC。

B——热气球,不在 IMC 下运行。

D——可驾驶飞船飞艇。

G——滑翔机,不在 IMC 下运行。

P——跳伞者,不在 IMC 下运行,其活动应报给 ATC。

S——动力航空体育运动:轻型飞机、超轻型航空器、马达滑翔机(滑翔伞)等,不在 IMC 下运行。

A——无动力航空体育运动:悬挂滑翔机、滑翔伞等,不在 IMC 下运行。

H——直升机(民用和军用)。

L——轻型飞机(无增压通用航空)。

Q——增压通用航空,重量不到 5700kg。

M——军用战斗飞机和高性能飞机。可能安装了碰撞预警系统帮助飞行员视觉获取碰撞威胁。

N——不要求装备 ACAS 设备的客机(少于 20 个座位或最大起飞质量不超过 5700kg)。

T——要求装备 ACAS 设备的客机(大于 19 个座位或最大起飞质量超过 5700kg)。

C——运输机或军用运输航空,通常最大起飞质量超过 5700kg,期望装备 ACAS 设备。

U——无人飞机,包含多种不同大小、机身设计和能力的无人机类型。

4.2.4 目标和准则

1. 目标

无人机探测与规避期望完成如下主要目标：

1）安全目标

（1）减少碰撞危险。

（2）有一定预留时间准确地检测到潜在的碰撞，并制定和执行的决议行动。

（3）与无人机使用环境中的最低机体性能兼容。

（4）如果无人机探测与规避没有自动避让能力，应与最低运行能力兼容。

（5）尽可能减少避让时对无人机机体的高度、速度及加速度等方面需求的压力。

（6）必须适应其他飞机不可预知的飞行机动。

2）操作适应性目标（满足安全目标前提下）

（1）当与其他飞机间的间隔丢失或 ATC 中断时，尽可能以最低程度地改变无人机自身的飞行路径。

（2）告警发生率降低到最低程度。

3）协调解决威胁（当其他任何飞机装备防撞系统时）

当无人机探测与规避预期满足上述目标，探测与规避还应遵从如下活动要求：

（1）防撞由相关的控制运动引起，在完成有效防撞最后期限前，保持可接受层面的不必要机动行为。

（2）若无人机不是自动完成，防撞控制操作允许无人机飞行操作员有一定的反应变化要求。

（3）规避机动的性质在防撞过程中可以进行改变。

2. 准则

1）独立性

潜在的碰撞威胁可能是由于间隔丢失引起的，无人机探测与规避需要及时地探测和解决潜在的碰撞冲突，相对于 ATM 系统或其他无人机间隔保障措施，其操作必须是独立自主的。因此，无人机的探测与规避的设计必须确保：

（1）对于潜在的碰撞威胁不受空中交通服务的影响。

（2）自身具备防撞能力（不论冲突目标是否具备）。

（3）不能依赖于 ATM 系统的任何一部分来完成防撞功能。

（4）解决碰撞冲突时不应受其他间隔保障措施（无人机交通服务或其他方式）干扰。

2）环境

无人机探测与规避的操作应在可靠地探测碰撞的危险和安全地解决这种危险的飞行阶段。因此,它不应在无人机无限接近或在地面上进行探测与规避操作。探测与规避的操作应适用于无人机飞行的所有空域类型,它必须对允许在无人机运行环境中运行的所有类型飞机和所有装备应答机功能的飞机提供防撞功能。探测与规避操作必须服从无人机当前所进行的活动及相应要求。无人机的探测与规避应需要不同级别的防撞功能来应对有人机入侵。

3）通用性

空中防相撞取决于无人机的飞行能力,在一定程度上,与入侵机的相对位置和运动有关。防撞效果还取决于如何使用这些信息来产生规避行动。合适的防撞机动决策源自适应于无人机和入侵机所有可能运动变化的处理机制,包括算法或认知。

无人机防撞功能依赖于无人机和入侵机(无人机或有人机)间防撞功能的兼容性,因此无人机探测与规避系统规范适应于来自全球任何地方的飞机。

4）兼容性

当一架有人入侵机与无人机存在飞行冲突时,无人机探测与规避不能影响防撞效果。这意味着无人机探测与规避应当兼容 ACAS 防撞行为。若无人机不能与入侵机直接兼容或协调,则相对于有人机的"看见与规避"能力和原则,无人机机动可能存在不可预知的行为。

5）部署性

无人机探测与规避符合每个国家无人机在非隔离空域运行的防撞能力要求,不管任何类型的无人机若不具备探测与规避能力,则一律不允许在非隔离空域运行。

4.2.5 服务能力

美国联邦航空局和国防部专家在"探测与规避专题讨论会"达成的协议上要求探测与规避需提供两类飞行安全间隔服务。

(1) 自主间隔(SS)服务,在防撞机动之前就必须生效,并且应能够支持初期轻微机动。自主间隔保持的目的是通过与期望的飞行计划小偏差来管理空域,使无人机保持与其他飞机的"适当间隙"。

(2) 防撞(CA)服务,当其他保障间隔措施失效后,通过一定机动避让措施,试图保护小范围的"碰撞区域",防止无人机与其他飞机发生碰撞。

无人机探测与规避服务能力如图 4-2 所示。

无人机探测与规避是保持其与空域存在冲突的目标有"足够安全距离"并

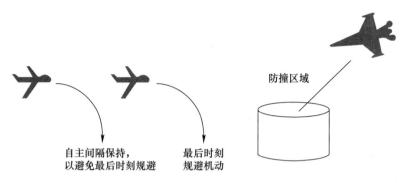

图4-2　无人机探测与规避服务能力

避免碰撞。图4-3定义了不同的无人机安全服务区域范围,第一个空间即ATC间隔服务空间,是一个不存在威胁的区域,但是在远方能够探测到其他空域目标;在管制类空域,ATC确保与其他空域目标保持安全距离,ATC负责发布重新配置路径和避免轨迹相交的命令。第二个空间称为自主间隔保持门限,进入此状况下的ATC可能失效,或出现另外未解决的预警,此时探测到的飞机就会构威胁,提醒无人机飞行员及早避让来满足安全等级要求,无人机自主间隔保持功能很少会与ATC间隔服务冲突,并且无人机一般会遵循ATC间隔服务。当所有形式的自主间隔保持均失效时,便处于第三空间防撞门限,并且产生冲突告警,会产生适当防撞动作,防止构成威胁的飞机进入第四空间即碰撞空间。

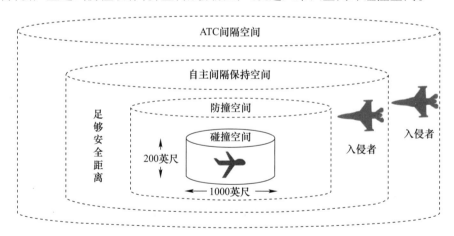

图4-3　无人机安全服务区域范围

需要说明的是,第一空间到第四空间可以是基于距离度量的,也可以是基于时间度量的,或者两者的结合,空间的绝对大小可以依据当时状态(飞机的相对速度、接近方向等)动态变化。

4.2.6 功能要求

为实现自主间隔保持和防撞服务,无人机探测与规避要求具备如下子功能:

(1) 探测:探测各种类型的危险目标,如交通、地形或天气。在该阶段,只是指出存在某种情况。

(2) 跟踪:跟踪探测对象的运动航迹。这要求对于探测是有效的,并确定其位置和轨迹具有足够的信任度。

(3) 评估:评估每个被跟踪对象,首先确定是否具有足够的置信度来预测跟踪轨迹,其次应依据标准测试跟踪轨迹,标准会指出探测与规避机动是必要的。置信度测试中应考虑位置和轨迹的不确定性。开始跟踪以及每次首次探测新机动时,不确定性可能最大。为降低新轨迹或变化轨迹的不确定性,有时需要进行一系列测量。同理,当感知转弯时,也存在航向变化有多大的不确定性问题。

(4) 排序:根据跟踪参数和评价阶段所作测试确定跟踪对象的优先顺序排序。在某些执行过程中,排序有助于处理有限探测与规避能力,而在其他一些执行过程中,优先顺序的确定可能需要综合考虑评价或公布阶段。确定优先顺序时,可以考虑公布决策的标准,不过公布决策会随危险类型或所遇环境变化而变化。

(5) 通告:通告飞机自身和跟踪对象的路径,可用规避时间表征是否已经达到确实需要开始机动的决策点;对于自主间隔保持和防撞机动,必须要求隔离声明。

(6) 决定:确定特定机动,应根据遭遇物的特殊几何结构,飞机自身的机动能力、参数选择以及所有相关约束限制(如空域规则或其他飞机的机动能力)。

(7) 命令:命令自身飞机完成所选的机动。根据探测与规避的执行情况,这也许会要求将根据命令要做的机动传输到飞机,或者若在飞机上执行了机动决定,则仅要求在飞机子系统之间完成内部通信。

(8) 执行:执行命令要求的机动。

探测与规避的 SS 和 CA 工作流程如图 4-4 所示。

SS 服务和 CA 服务两者之间相辅相成,但是自主间隔保持重点在远距离通过水平机动实现无人机与潜在危险目标安全保障,防撞是在自主间隔保持失败后,在临近碰撞区域时通过垂直或水平机动防止无人机与碰撞目标在碰撞区域相遇。

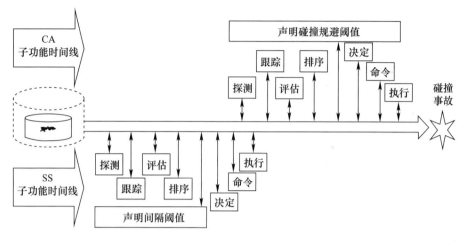

图 4-4 探测与规避的 SS 和 CA 工作流程

4.2.7 告警时间

防撞系统必须及时地产生告警,以便有足够的时间启动所需的策略和实现期望的安全距离。有人机防撞系统(如 ACAS)的告警时间设计包含飞行员响应延迟和操纵延迟两个因素。

(1)飞行员响应延迟:飞行员必须需要一定时间完成告警信息接收,并决定哪些机动是需要响应的并启动这些响应。

(2)操纵延迟:需要花费时间按照一定加速度实现期望的安全距离。

有人机防撞告警时间包含的两个因素也被认为必须在无人机防撞告警时间设计时考虑,无人机防撞因飞行员延迟提出了两种设计方法:无人机驾驶员响应和自动响应。

① 无人机驾驶员响应(无人机驾驶员):无人机防撞告警可以由无人机驾驶员响应;在这种情况下,飞行员延时包括无人机驾驶员响应时间、无人机和无人机驾驶员间信息传输及延迟时间。那么,无人机驾驶员响应所需的告警时间可能比有人机防撞系统告警时间还要长。

② 自动响应:防撞告警响应也可以由无人机自动完成;自动响应意味着无人机探测与规避的告警响应延迟时间趋近于零,因此,相对于无人机驾驶员响应同等水平保护下,自动响应可以减少告警时间。更短的告警时间可以减少一些不必要的警报。即使无人机具备告警自动响应能力,但是无人机驾驶员必须获取告警信息,并且必要时可重新获取无人机的操作权利(如无人机自动执行一个不恰当的机动时)。

4.3 无人机 DAA 技术

无人机 DAA 技术是无人机防撞技术发展的一个重要方向,根据不同空域类型、载荷能力等,DAA 技术可以为无人机提供不同类型防撞设备的发展,支持无人机航路、终端区 RWC 告警与引导。

4.3.1 技术标准

当前国际上无人机探测与规避的技术正处于快速发展阶段,美国的航空无线电技术委员会设立了 SC-228 和 SC-147 两个委员会小组分别负责 DAA 技术和 ACAS Xu 技术研究。

无人机 DAA 技术的相关标准正在不断完善,DAA 技术标准见表 4-2。

表 4-2 DAA 技术标准

序号	名称
1	DO-381,Minimum Operational Performance Standards(MOPS) for Ground Based Surveillance System for Traffic Surveillance
2	DO-377,Minimum Aviation System Performance Standards for C2 Link Systems Supporting Operations of Unmanned Aircraft Systems in U. S. Airspace
3	DO-366,Minimum Operational Performance Standards(MOPS) for Air-to-Air Radar for Surveillance
4	DO-365A,Minimum Operational Performance Standards (MOPS) for Detect and Avoid (DAA) Systems
5	DO-365B,Minimum Operational Performance Standards (MOPS) for Detect and Avoid (DAA) Systems
6	DO-362,Command and Control(C2) Data Link Minimum Operational Performance Standards (MOPS)(Terrestrial)
7	DO-344,Operational and Functional Requirements and Safety Objectives for Unmanned Volume 1 & 2 Aircraft Systems Standards
8	DO-344,Operational and Functional Requirements and Safety Objectives for Unmanned Volume 2 Aircraft Systems Standards Appendices F & G
9	DO-320,Operational Services and Environmental Definition (OSED) for Unmanned Aircraft Systems
10	DO-304,Guidance Material and Considerations for Unmanned Aircraft Systems

续表

序号	名称
11	WP-4,Command and Control(C2)Data Link White Paper Phase 2
12	WP-3,Detect and Avoid(DAA)White Paper Phase 2
13	WP-2,Command and Control(C2)Data Link White Paper
14	WP-1,Detect and Avoid(DAA)White Paper

与 DAA 技术相关的间接标准见表 4-3。

表 4-3 与 DAA 相关的间接标准

序号	名称
1	DO-317B,Minimum Operational Performance Standards(MOPS)for Aircraft Surveillance Applications(ASA)System
2	DO-300A,Minimum Operational Performance Standards(MOPS)for Traffic Alert and Collision Avoidance System Ⅱ(TCAS Ⅱ)Hybrid Surveillance
3	DO-160G,Environmental Conditions and Test Procedures
4	DO-185B,Minimum Operational Performance Standards for Traffic Alert and Collision Avoidance System Ⅱ(TCAS Ⅱ)

4.3.2 系统能力要求

在 RTCA DO-365B 标准中,给出了无人机 DAA 系统能力要求,为无人机 DAA 系统技术研究和产品开发提供了依据。

1. 适用空域类型

适用于以下情况:

(1)穿越 B、C、D、E 和 G 类空域。

(2)支持 D、E 类(直至飞行高度层(FL180))和 G 类空域(高于地面高度 400 英尺)运行。

(3)在 C、D、E 和 G 类空域机场或终端区仪表飞行规则的区域。

不适用于以下情况:

(1)低空环境(低于 400 英尺)或其他分段区域运行的小型无人机。

(2)机场目视飞行规则交通模式下的运行或地面运行。

2. 功能要求

根据标准要求,DAA 设备主要功能如下:

(1)空中交通探测。

(2)航迹处理。

(3) 航路空域 DAA RWC 告警,其中 Well Clear 的定义如图 4-5 所示。

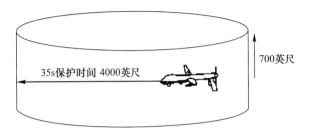

图 4-5 Well Clear 定义

(4) 航路空域 DAA RWC 引导。
(5) 显示航迹和空中交通。
(6) DAA RWC 告警和引导与 TCAS Ⅱ RAs 的集成(仅 2 类设备)。
(7) 终端区 DAA RWC 告警(仅 5 类设备)。
(8) 终端区域的 DAA RWC 告警(仅 5 类设备)。

3. 无人机和入侵机的性能假设

1) 无人机航空电子设备的性能假设

(1) 无人机高度表和报告系统的性能达到或优于 DO-386B 标准 §91.217 要求。

(2) 无人机应答机系统的性能达到或优于 DO-386B 标准 §91.215 要求。

(3) 无人机具有符合 TSO-C166b 或 TSO-C154c 的 ADS-B 系统。

(4) 无人机具有一个符合 RTCA DO-229D 变更 1 的 GPS 装置,满足用于 GPS/卫星增强系统机载设备的最低运行性能标准要求。

(5) 无人机的位置源可以从多个传感器(如惯性导航系统和 GPS)获得,位置信息包含位置、速度或垂直速率等。

(6) C2 链路的可用性、完整性和连续性足以支持传输 DAA 控制与命令功能。

2) 协同入侵者航空电子设备的性能假设

(1) 合作飞机的高度表和报告系统的性能达到或优于标准 DO-386B 的要求。

(2) 合作飞机的应答机系统的性能达到或优于标准 DO-386B 所要求的性能。

(3) 如果配备 A/C 模式应答机,应符合 RTCA DO-144A 的最低运行性能标准要求。

(4) 如果配备 S 模式应答机,应符合 RTCA DO-181E 的最低运行性能标准要求。

（5）如果配备 ADS-B 系统，应符合 RTCA DO-260B 最低运行性能标准要求。

（6）如果配备了 TCAS Ⅱ，应符合 RTCA DO-185B 最低运行性能标准要求。

注：装有 A/C 模式的应答机且仅有 A 模式应答的飞机不被视为合作飞机，可由 ATAR 或地基监视系统（GBSS）来探测。

4.3.3　系统架构

无人机 DAA 系统由机载端及地面端两部分组成，其系统典型架构如图 4-6 所示。

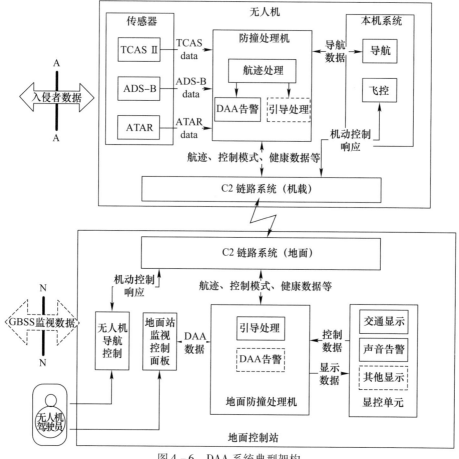

图 4-6　DAA 系统典型架构

1. 无人机机载端

DAA 系统的无人机机载端实现对空域飞行态势探测及飞行冲突告警,主要包含:

1)传感器

(1)TCAS Ⅱ:主动监视,获取周围空域配备 S 模式应答机或 A/C 模式应答机的飞机飞行态势信息。

(2)ADS – B:被动监视,通过 ADS – B IN 获取周围飞机广播的 ADS – B OUT 信息,获取装备 ADS – B OUT 飞机的飞行态势信息。

(3)ATAR:主动监视,通过机载交通监视雷达对周围空域合作和非合作目标的监视,获取其飞行态势信息。

2)防撞处理机

(1)接收各机载传感器的监视信息和本机飞行信息,对入侵目标机进行监视数据融合和航迹跟踪处理,进行飞行冲突告警解算,形成最优飞行防撞引导建议(引导处理也可在地面实现)。

(2)接收无人机自身导航系统和飞行管理系统的飞行状态数据。

(3)将飞行航迹、告警、引导和状态数据发送至机载 C2 链路系统,传输至无人机地面控制站,并接收地面控制站发送来的 DAA 系统相应工作模式的控制信息。

3)本机系统

本机系统提供本机的经纬度、飞行态势参数等信息,接受来自地面的机动控制命令。

4)C2 链路系统

C2 链路系统为机载端与地面控制站提供通信支持(与其他功能共享链路)。

2. 无人机地面控制站端

无人机地面控制站可根据系统配置需要集成无人机交通咨询信息显示、引导处理等功能,并可由无人机地面控制站的无人机驾驶员进行无人机机动规避,地面控制站主要功能如下:

1)防撞处理机

(1)通过 C2 链路系统接收从机载端的 DAA 处理器发送下来的飞行航迹、告警/引导和状态数据。

(2)在地面进行冲突告警和引导处理(如果机载端未执行)。

(3)通过 C2 链路系统向机载端 DAA 系统发送工作模式控制信息。

(4)接收 GBSS 相应监视信息。

2）显示交通数据

向无人机地面控制站无人机驾驶员显示交通态势、视觉/声觉告警、机动引导以及其他信息。

3）地面站监视控制面板

(1) 与地面DAA系统的相连,用于无人机驾驶员控制或更改DAA系统工作模式或状态。

(2) 无人机导航控制。

(3) 根据DAA系统生成防撞引导建议,由无人机地面站无人机驾驶员控制无人机进行机动规避操作。

4.3.4 设备功能类别

DAA系统的设备形态取决于主要功能类别和可选附加功能类别。

4种支持航路运行的DAA系统主要功能类别如下:

(1) 1类:DAA RWC告警和引导(无RA),包括用于合作飞机和非合作飞机的DAA RWC,属于机载应用。

(2) 2类:TCAS Ⅱ和DAA RWC,包括用于合作飞机和非合作飞机的DAA RWC,属于机载应用。

(3) 3类:ACAS Xu,包括用于合作飞机和非合作飞机的DAA RWC,属于机载应用。

(4) 8类:GBSS作为唯一的飞机探测手段,属于地面应用。

注:1类和2类系统可以在无人机DAA处理器或地面控制站DAA处理器中进行DAA告警和引导处理,但对于2类系统,TCAS Ⅱ的RA告警和引导必须在无人机系统上。对于3类,在DAA处理器中,实现DAA与ACAS Xu告警和引导集成设计。8类没有任何机载传感器,是一个独立系统。

此外,还可以添加如下附加功能类别到DAA系统架构中实现附加功能:

(1) 5类:支持终端区域告警和引导。

(2) 6类:在无人机DAA处理器中处理地面监视数据(地面控制站接收的GBSS监视数据,通过C2链路系统传输给无人机,由无人机DAA处理器处理)。

(3) 7类:在地面控制站DAA处理器中处理GBSS监视数据(地面控制站接收的GBSS数据和无人机通过C2链路系统传输的其他交通数据,由地面控制站DAA处理器处理)。

1类和2类DAA系统可以添加可选功能类,包括5类、6类和7类;3类可以添加5类和7类;8类可添加5类。

注:将 GBSS 监视与机载监视相结合的系统可以是 6 类或 7 类,但不能同时是 6 类和 7 类;6 类系统将使用 C2 链路系统将 GBSS 监视数据上行传输到无人机 DAA 处理器,7 类系统将使用 C2 链路系统将机载监视数据通过下行链路传输到地面控制站 DAA 处理器。

DAA 设备分类及条款标识见表 4-4。

表 4-4 DAA 设备分类及条款标识

DAA 系统功能和分类		设备标识					其他设备		
		主动监视	机载 DAA 处理	地面 DAA 处理	地面 DAA 控制	地面 DAA 交通显示	ADS-B IN	ATAR	地基监视设备
		DO-365B					DO-260B	DO-366	DO-381
		A	B	C	D	E			
空中									
1 类	DAA RWC 功能	1A	1B	1C	1D	1E	注释 1	注释 1	注释 5、6 和 7
2 类	TCAS Ⅱ 的 RA 和 DAA RWC 功能	2A	2B	2C	2D	2E	注释 2	注释 2	注释 5、6 和 7
3 类	ACAS Xu 功能	N/A	3B	3C	3D	3E	注释 3	注释 3	N/A
终端									
5 类	终端区 DAA RWC 功能	N/A	5B	5C	5D	5E	N/A	N/A	注释 5、6 和 7
地面									
6 类	DAA RWC 功能 机载处理 GBSS 交通数据	N/A	6B	6C	6D	6E	注释 9	N/A	注释 6
7 类	DAA RWC 功能 地面处理 GBSS 交通数据	N/A	N/A	7C	7D	7E	注释 9	N/A	注释 7
8 类	DAA RWC 功能 仅 GBSS 交通数据	N/A	N/A	8C	8D	8E	注释 10	N/A	注释 8

续表

注释：

(1) 1 类 DAA 包括符合 RTCA DO - 366 的 ATAR 和符合 RTCA DO - 260B A1 级或更高级别的 ADS - B IN 接收能力。

(2) 2 类 DAA 包括符合 RTCA DO - 366 的 ATAR 和符合 RTCA DO - 260B A1 级或更高级别的 ADS - B IN 接收能力。

(3) 3 类 DAA 包括符合 RTCA DO - 386 ACAS Xu 的防撞与 RWC 功能，以及符合 RTCA DO - 366 中相对应的 ATAR。

(4) 4 类保留。

(5) 5 类 DAA 用于终端区域告警和引导功能；它是 1 类、2 类和 8 类系统的附加功能；为了使用 1 类或 2 类设备对非合作目标执行终端区告警，系统还必须包括 6 类或 7 类 GBSS。

(6) 6 类 DAA（机载处理）包括使用 GBSS 监视系统数据的航路、终端区的告警和引导功能运行；GBSS 监视数据通过 C2 链路发送到机载 DAA 系统，它是 1 类、2 类和 4 类系统的可选附加功能。

(7) 7 类 DAA（地面处理）包括使用 GBSS 监视系统数据的航路、终端区的告警和引导功能运行；GBSS 监视数据被发送到控制站，与机载跟踪入侵者的数据进行融合；它是 1 类和 2 类 DAA 系统的可选附加功能。

(8) 8 类 DAA 是一种地基探测、告警和引导系统，用于航路运行；DO - 381 仅定义了非合作目标监视性能，但是 8 类 DAA 系统必须包括合作目标飞机信息；GBSS 监视数据被发送到控制站；它是一个独立的类别，但是可以添加 5 类的终端区域告警和引导功能。

(9) 6 类和 7 类设备可选择的包括地面上符合 RTCA DO - 260B 的 ADS - B 接收机，并集成在 GBSS 中。

(10) 8 类设备在无人机上没有 ADS - B 接收机，需要地面上 GBSS 中兼容符合 RTCA DO - 260B 的 ADS - B 接收机；二次监视雷达、被动多点定位或其他协同监视源可以提供一种替代方案

4.3.5　系统指标

1. TCAS 性能

1）监视范围

（1）作用距离：监视距离不小于 40km。

（2）方位：360°。

（3）俯仰：-15°~+20°。

2）测向精度

测向精度：5°（RMS）。

3）监视容量

（1）最大跟踪目标数量：不低于 45 架。

（2）最大显示目标数量：不超过 30 架。

2. ADS - B 性能

（1）接收频率：1089~1091MHz。

（2）最低触发电平：(-86±2)dBm。

3. ATAR 性能

1）探测威力（晴天）

(1) 小目标（雷达散射截面（RCS）:$1.9m^2$）:10.2km。

(2) 中目标（RCS:$3.2m^2$）:11.5km。

(3) 大目标（RCS:$10.0m^2$）:12.8km。

2）方位覆盖范围（相对于无人机纵轴）

前方探测方位范围不低于±110°。

3）俯仰覆盖范围（相对于无人机飞行路径）

前方探测俯仰范围不低于±15°。

4）同时跟踪目标数量

系统同时跟踪目标不小于45批。

4. 防撞处理

防撞处理主要性能要求如下：

(1) 航迹数据处理时间：≤0.5s。

(2) 防撞决策时间：≤0.2s。

(3) 航迹处理能力：≥50批。

5. 系统处理延时

系统处理延时：≤20s。

4.3.6 告警算法

DAA 系统告警算法软件架构如图 4-7 所示，主要包含航迹处理、DAA 告警与引导软件功能模块。

航迹处理模块负责将 DAA 系统获得的监视信息进行航迹融合处理与管理。首先，对输入的 ADS-B 监视数据、TCAS 主动监视数据以及机载交通监视雷达数据分别进行数据质量判断。其次，分别对各个传感器的监视数据进行航迹生成与保持，并依据标准中的相关要求设置航迹终止模块；通过传感器间数据关联以及选择最佳传感器，以实现多源监视数据的融合。最后根据得到的最优航迹进行统一时间的航迹外推，实现目标机状态估计；航迹管理模块输出航迹将与本机状态信息一起用于冲突探测与告警的计算。

DAA 告警与引导模块根据不同的无人机类型及性能参数，设置不同的告警与引导参数值。根据配置参数以及本机、目标机信息，告警与引导算法首先进行水平以及垂直方向上的空中冲突判断；根据冲突的等级以及类型，对每个目标机的航迹实施相应的告警算法处理，并在需要时由冲突引导算法给出相应的避撞引导信息。在告警与引导的处理过程中，若 TCAS Ⅱ 的 RA 处于激活状态，则

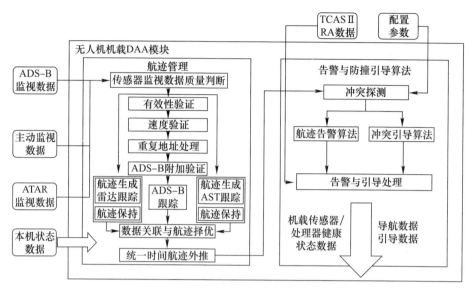

图 4-7 DAA 系统告警算法软件架构

RA 数据将作为优先级最高的告警发送至地面端,供无人机驾驶员决策。

1. 航迹处理

航迹管理模块实现对 DAA 系统获得的监视信息进行航迹融合处理,将来自 ADS-B、ATAR 雷达、主动监视(如 TCAS 等)等监视的航迹数据融合,供 DAA 告警及引导算法使用,具体包括:

(1)航迹生成。

(2)航迹关联。

(3)航迹数据库。

(4)最佳传感器选择。

(5)航迹管理。

(6)航迹外推。

DAA 系统航迹处理框图如图 4-8 所示。

1)航迹生成

DAA 系统监视数据由各自独立的监视源(即雷达、主动监视、ADS-B 等)提供,并根据各自的监视数据生成航迹跟踪。DAA 系统应跟踪接近速度至少达到 1200n mile/h、相对垂直速率至少达到 10000 英尺/min 的合作目标机;跟踪接近速度至少达到 500n mile/h、相对垂直速率至少达到 5000 英尺/min 的非合作目标机。

(1)雷达航迹生成。雷达航迹生成模块接收来自雷达传感器的测量数据,

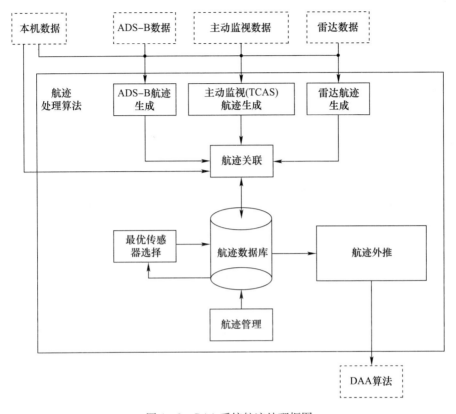

图 4-8 DAA 系统航迹处理框图

结合本机数据,形成距离、速率、方位和高度等雷达数据。通过与雷达航迹数据库中已记录的航迹数据关联对比,若关联失败,则形成航迹初始化数据;若关联成功,航迹未建立则建立新的航迹;若关联到航迹已建立,则把雷达测量数据通过扩展卡尔曼滤波更新航迹。所有雷达航迹数据存储在航迹数据库中。

DAA 系统雷达航迹生成流程如图 4-9 所示。

（2）主动监视航迹生成。主动监视航迹处理模块接收来自 TCAS 等传感器的测量数据,结合本机数据,形成距离、速率、方位和高度等主动监视数据。通过与主动监视航迹数据库中已记录的航迹数据关联对比,若关联失败,则形成航迹初始化数据;若关联成功且航迹未建立,则建立新的航迹;若关联成功且航迹已建立,航迹不稳定时则把主动监视数据进行极化滤波并更新航迹,航迹稳定时则把主动监视数据进行扩展卡尔曼滤波并更新航迹。所有主动航迹数据存储在航迹数据库中。

DAA 系统主动监视航迹生成流程如图 4-10 所示。

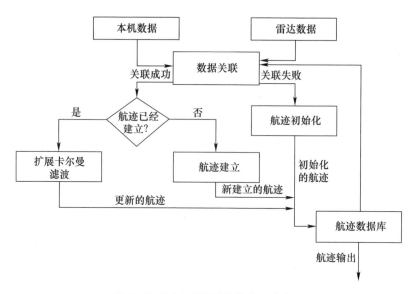

图 4-9 DAA 系统雷达航迹生成流程

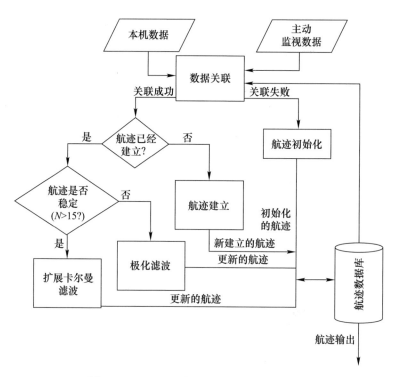

图 4-10 DAA 系统主动监视航迹生成流程

（3）ADS-B航迹生成。ADS-B提供完整的状态信息（位置、速度和其他运动参数），因此通过适当的坐标转换后，来自它们的航迹信息可以由DAA告警逻辑使用。ADS-B目标入侵机的水平位置和速度可直接从ADS-B信息中获得；垂直位置和垂直速率是通过跟踪ADS-B信息的气压高度数据获得的，ADS-B航迹采用与雷达一致的方式进行初始化、建立和跟踪。

ADS-B数据可能被欺骗，导致虚假的跟踪信息被发送到无人机DAA告警和引导功能，因此DAA需要对获得的ADS-B位置信息进行验证，由主动TCAS数据和机载DAA雷达两种监视数据源来执行。

ADS-B位置信息若在位置验证范围之外，且其他监视数据源（TCAS或雷达）可用，则需要位置验证；若在位置验证范围内，TCAS或雷达数据必须可用作航迹数据，否则验证自动失败。

ADS-B位置信息验证范围见表4-5。

表4-5 ADS-B位置信息验证范围

高度/英尺	最小速度 n mile/h	最大速度 n mile/h		最大接近速率 n mile/h			间隔保障时间/s	延时/s	位置验证范围/ n mile		
	无人机	无人机	目标	前方	侧方	后方			前方	侧方	后方
≥10000	40	200	600	800	600	560	60	3	14.0	10.5	9.8
≤10000	40	200	250	450	250	210	60	3	7.9	4.4	3.7

2）航迹关联

航迹关联模块关联同一入侵者的多个传感器航迹（即雷达、主动监视、ADS-B等），形成入侵者的中心航迹或融合航迹。航迹关联是基于使用各种参数的最近邻范例，即24位ICAO地址、时间对齐传感器航迹位置和时间对齐传感器测量数据。

在本机空间坐标系中，设$[es\ ns\ us]'$为传感器航迹的位置，$[e\ n\ u]'$为外推航迹中心位置；各自坐标系中，设$[\rho s\ \beta s\ \epsilon s]'$和$[\rho\ \beta\ \epsilon]'$是传感器航迹和外推航迹的中心位置。图4-11显示了传感器航迹和外推中心航迹的参数关联计算，航迹关联计算以下参数：

$\Delta x = e - es$

$\Delta y = n - ns$

$\Delta s = \sqrt{\Delta x^2 + \Delta y^2}$：横向位置差异

$\Delta z = |u - us|$：垂直位置差异

$\Delta \rho = |\rho - \rho s|$：距离差

$\Delta \beta = |\beta - \beta s|$：方位差

$\Delta \epsilon = |\epsilon - \epsilon s|$：俯仰角度差

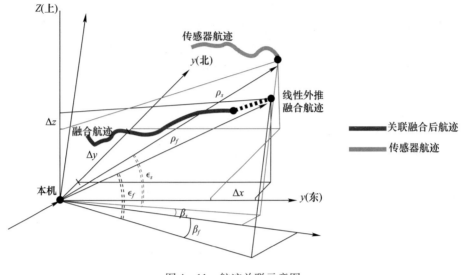

图 4-11 航迹关联示意图

传感器航迹和中心航迹之间的关联按以下方式更新：

(1) 如果任何两个现有的中心航迹有匹配的国际民航组织地址或中心航迹彼此靠近,如 $\Delta\rho < 0.25$ 海里,$\Delta\beta < 45°$,$\Delta\epsilon < 2.5°$ 或 $\Delta z < 250$ 英尺,去掉位置不确定性较大的中心航迹。

(2) 删除更新时间未超过指定时间的传感器航迹。

(3) 删除没有传感器航迹链接的中心航迹。

(4) 按规定更新 ADS-B、雷达、主动监视的航迹。

3) 航迹管理

航迹管理对航迹的开始、终止及优先级进行管理,DAA 系统应能够维持至少 30 条航迹。

(1) 航迹开始管理。当航迹精度达到航迹性能的 125% 以内时,DAA 航迹应开始。

如果仅有垂直位置精度超过要求精度的 125% 且航迹仍可初始化,应视为无高度报告目标,并将高度无效标志设置为真。

如果仅有水平位置精度超过要求精度的 125% 且航迹仍可初始化,应视为无方位报告目标,并将方位无效标志设置为真。

(2) 航迹终止管理。当航迹精度达到航迹性能的 125% 并持续 8s 时,DAA 系统应终止航迹跟踪。

当超过 10s 未收到 ADS-B、雷达、ATC 应答机等航迹报告时,则终止航迹。

即使某些参数不满足性能要求,仍可输出航迹:若仅垂直航迹估计不确定度在8s内大于所需精度的125%,则该航迹应视为无高度报告目标;若仅水平方向航迹估计不确定度在8s内大于所需精度的125%,则该航迹应视为无方位报告目标。

(3) 航迹优先级管理。航迹优先级按照如下顺序管理:

① 可增加水平距离来保持间隔的,在水平3海里和垂直700英尺范围内的目标机。

② 可通过增加4000英尺的距离修正阈值保持间隔,使水平方向大于3海里或垂直方向大于700英尺的汇聚型飞行冲突目标机。

③ 可通过增加距离保持间隔,水平大于3海里和/或垂直方向大于700英尺的发散型目标机。

2. DAA 告警

1) 冲突探测

冲突探测是围绕本机的 Well Clear 状态进行的,其中 Well Clear 对应着有本机的 Well Clear 保护区,通过计算本机和探测范围内入侵机的当前相对状态,并通过线性外推来判断入侵机是否违反本机 Well Clear 状态,即判断是否会进入 Well Clear 保护区。当预计本机和入侵机会发生出现违反 Well Clear 状态时,即会产生告警。

判断目标机是否入侵 Well Clear 空域处理逻辑如图 4-12 所示。

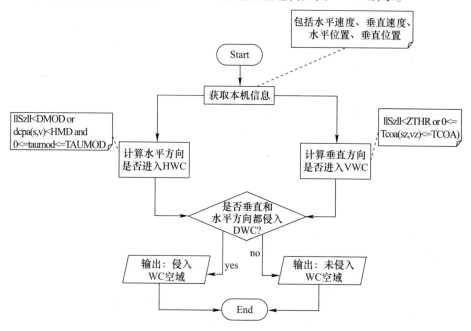

图 4-12 判断 Well Clear 空域入侵逻辑

2）告警处理

（1）处理流程。DAA 系统告警处理逻辑中因不同目标飞机相对状态不同，对应的危险等级也不同；本机与入侵机对应三种不同的状态：

① 无冲突风险：本机与目标机不会发生冲突风险。

② 可能会发生冲突风险：可能会发生冲突，即有可能会出现 Lose Well Clear 状态。

③ 会发生风险：本机与目标机会发生冲突风险。

无人机 DAA 系统告警处理流程如图 4-13 所示。

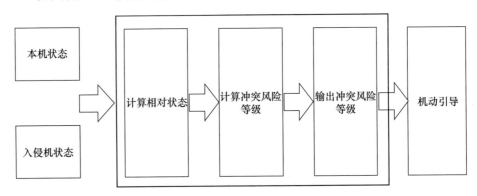

图 4-13　无人机 DAA 系统告警处理流程

根据获得的飞行态势数据，计算入侵机与本机的相对水平距离、相对垂直距离、警戒时间等；通过入侵机与本机的相对位置关系，计算入侵机与本机的风险等级；最后输出每个入侵机对应本机的冲突风险等级。

（2）告警类型。当无人机低于机场标高或跑道上方 100～400 英尺固定高度时，禁止告警引导，DAA 系统禁止当其机载/地面状态指示为"地面"目标机的 DAA 告警，每个入侵目标机的告警状态应至少以 1Hz 的速率更新，DAA 系统主要告警类型如下：

① 预防级告警。DAA 预防级告警目的是为引起无人机驾驶员对交通目标的注意，无人机驾驶员在收到预防级告警后将评估当前情况，在水平飞行时保持高度，并监控目标机的高度变化。预防级告警应持续至少 4s，除非目标机被宣布为更高优先级告警。

② 纠正级告警。DAA 纠正级告警是无人机驾驶员预计开始操纵无人机执行机动，以保持 DAA Well Clear 的最早时间触发点；其目的是引起无人机驾驶员的注意，并表明无人机驾驶员需要确定一个机动动作并开始与 ATC 协调；纠正级告警旨在提供足够的时间，以便无人机驾驶员评估情况并与空中交通管制协调执行规

避机动;纠正级告警应持续至少 4s,除非目标机被宣布为更高优先级告警。

③ 警告级告警。DAA 警告级告警旨在通知无人机驾驶员需要立即采取规避机动来保持 DAA Well Clear,警告级告警应持续至少 4s,除非目标机被宣布为更高优先级告警。

（3）告警优先级。每架入侵目标机在任何时间点只有一个告警状态,若入侵目标机满足多个告警标准,则该入侵机告警状态应按以下顺序设置为最高告警级别:

① TCAS Ⅱ RA(仅限 DAA 2 类设备)。

② 警告级告警。

③ 纠正级告警。

④ 预防级告警。

入侵目标机信息应按以下顺序优先显示:

① TCAS Ⅱ RA 状态(仅限 DAA 2 类设备)。

② 警告级告警状态。

③ 纠正级告警状态。

④ 预防级告警状态。

⑤ 机动引导交通信息。

⑥ 其余飞机。

3）告警门限

无人机航路 DAA Well Clear 告警门限见表 4-6。

表 4-6　无人机航路 DAA Well Clear 告警门限

告警类型		预防级告警	纠正级告警	警告级告警
告警级别		注意级	注意级	警告级
冲突风险区	$\tau*\mathrm{mod}/s$	35	35	35
	DMOD 和 HMD/英尺	4000	4000	4000
	高度 h/英尺	700	450	450
告警时间	最小平均告警时间/s	55	55	25
	最迟门限/s	20(进入飞行冲突区前)或 5(进入飞行冲突区后)	20(进入飞行冲突区前)或 5(进入飞行冲突区后)	20(进入飞行冲突区前)或 5(进入飞行冲突区后)
	早期门限/s	75	75	55
非冲突区	$\tau*\mathrm{mod}/s$	110	110	90
	DMOD 和 HMD/海里	1.5	1.5	1.2
	VMOD/英尺	800	450	450

注:$\tau*\mathrm{mod}$ 为修改的 Tau 阈值,DMOD 为距离修正阈值,HMD 为垂直距离,VMOD 为水平修正阈值

3. DAA 引导

1)引导处理流程

引导处理是指在当无人机出现碰撞威胁时,引导无人机驾驶员远程操作无人机进行水平和垂直两个方向进行机动,规避碰撞风险。引导处理生成的防撞策略是按照冲突风险等级将机动范围(区间)划分成不同类型,即针对任何包含"远距""中距"和"近距"风险区的空域,都要进行机动范围划分。根据无人机告警处理后无人机与入侵机的冲突风险等级和冲突区域来对本机进行机动引导,以保持无人机处于 Well Clear 状态。

无人机 DAA 系统引导处理技术如图 4-14 所示。

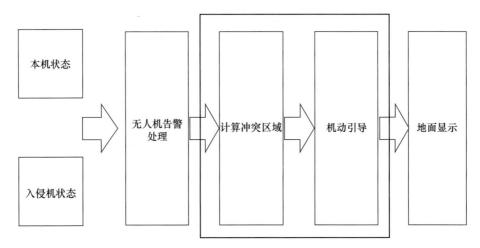

图 4-14 无人机 DAA 系统引导处理技术

无人机 DAA 系统引导处理技术关键在于计算冲突带,通过结合冲突带及无人机的机动性能,提供无人机机动引导,以保证无人机安全运行。

2)引导信息类型

DAA 系统引导处理子功能应以不小于 1Hz 的更新频率向 DAA 交通显示发送引导处理信息;引导处理提供的所有引导信息均应符合以下要求:

① 水平引导信息应输出为航向角或航迹角。

② 若无人机垂直速率不能由无人机驾驶员调节,则垂直引导信息应作为高度输出。

③ 若无人机垂直速率可由无人机驾驶员调节,则垂直引导信息应输出为垂直速率和/或高度。

(1)安全非连续引导。DAA 系统能提供积极的引导信息,保持足够的水平和垂直安全间隔,如图 4-15 所示。

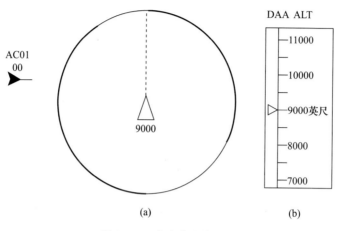

图4-15 安全非连续引导

（2）纠正级引导。DAA系统在产生纠正级告警的时刻或提前5s发布纠正级引导信息，包括本机航向或航迹角，以及垂直速率或高度，如图4-16和图4-17所示。

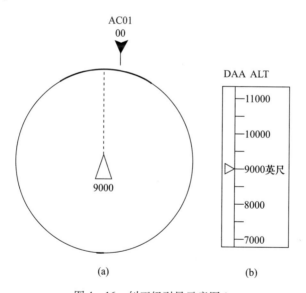

图4-16 纠正级引导示意图1

除非在同一时间段内产生了新的纠正级告警，否则纠正级引导信息持续时间应不超过5s。

（3）告警级引导。DAA系统在产生告警级告警的时刻或提前5s发布告警级引导信息，包括本机航向或航迹角，以及垂直速率或高度，如图4-18所示。

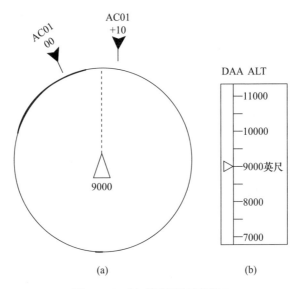

图4-17 纠正级引导示意图2

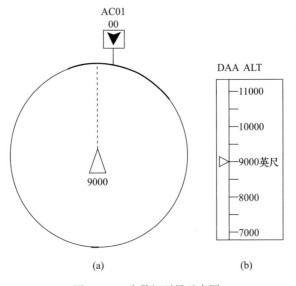

图4-18 告警级引导示意图

除非在同一时间段内产生了新的告警级告警,否则告警级引导信息持续时间应不超过5s。

(4) 恢复安全间隔引导。恢复安全间隔引导旨在DAA Well Clear丢失无法避免时,同时为无人机驾驶员提供水平和垂直机动的范围信息加快DAA Well Clear的恢复,如图4-19所示。

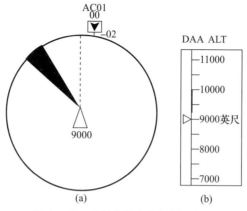

图 4-19 重新获得安全间隔示意图

4.4 无人机 ACAS Xu 技术

无人机 ACAS Xu 技术是无人机防撞技术能力发展的另一个重要方向，ACAS Xu 设备独立于地面辅助设备和 ATC 运行，配备 ACAS Xu 的无人机能够询问机载应答机、接收 ADS-B 消息及使用非合作监视来确定附近空域其他飞机位置，并评估碰撞风险。

4.4.1 技术标准

2020 年 12 月，航空无线电技术委员会发布了 RTCA DO-386《Minimum Operational Performance Standards for Airborne Collision Avoidance System Xu (ACAS Xu)》标准。RTCA DO-386 规定了无人机机载防撞系统 Xu 设备的最低运行性能标准和算法设计说明，该标准专为具有多种监视技术和性能特性的无人机平台而设计。

ACAS Xu 旨在通过最后的预防措施防止空中碰撞或接近空中碰撞提高飞行安全。通过利用来自应答机应答、ADS-B 和非合作传感器的监视信息，ACAS Xu 设备独立于地面辅助设备和 ATC 运行。配备 ACAS Xu 的无人机能够询问机载应答机、接收 ADS-B 消息及使用非合作监视来确定附近空域其他飞机位置，并评估碰撞风险。

4.4.2 系统架构

ACAS Xu 系统提供水平、垂直方向的告警和引导，除了防撞功能，还提供 DAA Well Clear 功能，但不提交通告警 TA 功能；同时能够使用非合作目标监视信息进行飞行威胁冲突解决。

ACAS Xu 系统架构如图 4-20 所示，其包含监视与跟踪、威胁解决、机动协同、干扰抑制、RA 和 RWC 地面监视、混合和扩展混合监视以及非合作传感器数据等。

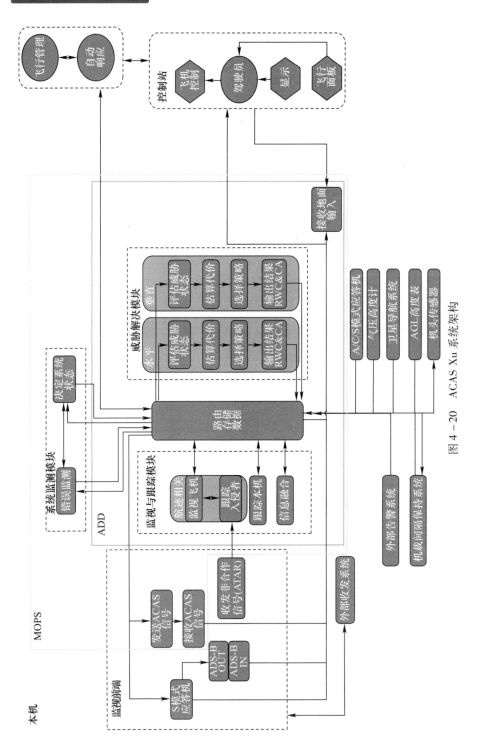

图 4-20 ACAS Xu 系统架构

4.4.3 系统能力

1. 监视与跟踪

ACAS Xu 利用三种主要的监视方式跟踪潜在威胁:主动监视、被动监视(如 ADS-B)和非合作监视(如 ATAR)。

在飞行过程中,ACAS Xu 设备周期性地发送主动询问信号,这些询问信号会被装备 A/C 模式或 S 模式应答机的航空器进行接收并应答,ACAS Xu 根据询问-应答时间间隔计算入侵机的距离信息,飞行高度根据得到的高度应答信息来获得。同时,ACAS Xu 系统利用混合监视方式来扩展监视范围并进行干扰抑制,ACAS Xu 能够接收符合 RTCA DO-260C 标准的 DF17 等 ADS-B 信息,获取相应飞机的位置、速度等态势信息。非合作监视数据通过机载 ATAR 雷达探测,给出雷达探测范围内所有入侵者的位置。

ACAS Xu 对所有监视源的数据进行跟踪和关联。监视与跟踪模块将根据有效的数据源、ADS-B 确认状态,为每个目标建立一条监视跟踪航迹数据;该数据用于态势感知并决定是否需要进行一些机动引导。每架有飞行冲突威胁的飞机将被单独处理,并被允许与其他配备防撞设备的飞机以信息协调的方式选择最低安全间隔引导路径。

ACAS Xu 中 ADS-B 数据用于混合监视和威胁解决。对于 ACAS Xu,只要使用主动或 ATAR 监视方式验证 ADS-B 数据有效,就可以根据飞机的 ADS-B 轨迹发布 RA;如果 ADS-B 验证失败,系统将恢复使用主动监视或 ATAR 监视来解决威胁。

ACAS Xu 航迹跟踪处理采用是 $\alpha-\beta$ 滤波,把获得的入侵目标飞机的高度、高度率等信息进行滤波、预测,最后形成关于目标飞机的垂直和水平方向状态的准确估计,为下一步防撞决策提供可靠信息。

2. 威胁解决

ACAS Xu 使用入侵机的跟踪数据来评估入侵机是否对其自身构成威胁;若入侵机构成威胁,则将选择建议的机动方式提供给无人机驾驶员,该机动可以在垂直和水平平面中进行。

垂直和水平机动分别由 ACAS Xu 内单独的垂直和水平威胁逻辑独立确定。垂直和水平警告、引导在显示屏上相互独立显示,它们的时间可能不一致。如果时间重合,无人机驾驶员就会对两种建议的机动做出响应,从而产生混合机动(垂直和水平机动的组合)。

RA 表示垂直和水平机动,预计将增加或保持与碰撞威胁飞机的现有距离。RWC 警告和引导指示对入侵飞机进行垂直与水平机动,以恢复或保持良好的间隔保持，以防止在不采取行动的情况下可能发生的潜在 RA。

3. 机动协同

RA 的机动协同是成对进行的。ACAS Xu 向每个碰撞威胁飞机传递其飞行意图(如是否从其上方或下方、向左或向右穿越)，并从每个威胁飞机接收其飞行意图。即使在多机冲突中，当 ACAS Xu 针对多个威胁飞机同时生成 RA 时，同一时间互补性 RA 的协同只能涉及两架飞机；与两架飞机之间建立协同契约，并分别由碰撞威胁飞机装备的 ACAS 设备进行独立机动协同。因 ACAS Xu 包括垂直和水平 RA，ACAS Xu 传输的机动协同消息包含垂直和水平方向，且两个方向机动协同信息是互相独立的。

4. 干扰抑制

ACAS Xu 相比 TCAS Ⅱ 更多地使用 ADS-B 信息，但是通过主动询问实现对入侵飞机的监视与跟踪仍然是 ACAS Xu 的基础。使用 1030MHz 询问和 1090MHz 应答的方式增加了信号的数量，导致存在潜在的干扰。ACAS Xu 继承了 TCAS Ⅱ 的干扰抑制规定，尽管该规定没有改变，但是使用 ADS-B 信号进行混合监视可以提高 ACAS Xu 的干扰抑制算法能力。

干扰抑制算法通过以下三个方面对 ACAS Xu 询问功率和频率进行抑制：

(1) 对防撞设备主动询问引起的其他飞机上应答机的"开启"时间进行抑制。

(2) 在自身 ACAS Xu 发送询问信号时对自身应答机的"开启"时间进行抑制。

(3) 对防撞设备主动询问收到错误的应答信息进行抑制。

5. RA 和 RWC 地面监视

ACAS Xu 通过 56 位消息字段将 5 种类型的 DAA 警告和引导信息传达给地面控制设备：

(1) 1090MHz RA 报告。

(2) 1090MHz ADS-B、TCAS、RA 的广播信息。

(3) 1090MHz 协同回复信息。

(4) 1030MHz RA 广播询问信息。

(5) 1030MHz RWC 广播询问信息。

这些信息用于监测 ACAS Xu 性能，为冲突事件调查提供资料；并由一些空中航行服务提供商向管制员提供 RA 信息。ACAS Xu 对 RA、RWC 警告和引导信息制定了详细的数据格式。

6. 混合监视和扩展混合监视

ACAS Xu 通过主动监视和被动 ADS-B 监视综合使用的方式建立混合监视

及扩展混合监视,降低 ACAS Xu 的主动询问次数,使具有混合监视功能的 ACAS Xu 询问效率更高,具有监视跟踪更多飞机的能力。根据碰撞可能性从被动监视过渡到主动监视如图 4 - 21 所示。

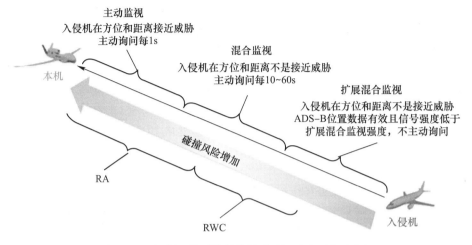

图 4 - 21　根据碰撞可能性从被动监视过渡到主动监视

图 4 - 21 说明了 ACAS Xu 系统根据潜在碰撞威胁如何从扩展的混合监视区域通过混合监视区域过渡到主动监视区域。当入侵机距离足够远并满足扩展混合监视的所有条件时,仅使用 1090ES ADS - B 数据跟踪入侵机,无须主动监视询问;否则,将使用混合监视,并通过前端的 ACAS Xu 每隔 10 ~ 60s 主动询问一次。当入侵机在高度和距离上接近碰撞威胁时,ADS - B 数据有效性通过 ACAS Xu 系统以 1Hz 频率的主动询问方式进行验证。

7. 非合作目标监视

空域中非合作入侵机是指没有配备空管应答机或 ADS - B 设备的飞机,非合作入侵机飞行态势必须由本机上的传感器来确定,非合作目标探测主要通过机载 ATAR 雷达来实现,其最低性能要求应符合 RTCA DO - 366 标准。

4.5　无人机 ATAR 技术

无人机 DAA 系统中一个重要探测能力需求对非合作目标探测,目前 ATAR 是无人机 DAA 系统中实现非合作目标探测的主要技术手段,可以与 DAA 系统进行集成,也可以独立使用,实现对空域非合作目标的探测。

4.5.1 技术要求

无人机 ATAR 雷达是无人机 DAA 系统中实现非合作目标探测的主要技术手段。作为一种无人机机载交通监视雷达技术,该雷达是 DAA 系统中非合作入侵机的监视源,这使得无人机在通过 D、E 或 G 类空域时,能够按照终端区和 A 类空域之间的仪表飞行规则飞行;雷达向 DAA 系统提供入侵机跟踪信息,从而决定是否需要机动以保持 DAA 的高度安全并防止碰撞发生;飞行轨迹具有足够的距离和精度,使系统能够计划和执行机动,以保持无人机远离其他飞行物,防止碰撞。

ATAR 既可作为一个独立的设备使用,也可作为 DAA 系统的一部分。RTCA DO-366A 规定了 ATAR 的最低运行性能标准,主要技术要求如下:

1. 输入输出要求

1)自身状态数据

雷达能够接收自身状态数据。

2)雷达状态与控制

(1)雷达有关闭、待机和发射三种状态。

(2)无电源时,雷达处于关闭状态。

(3)雷达应在初始通电时处于待机模式。

(4)雷达具有被外部控制以启用或禁用发射机的能力,分别对应发射模式和待机模式。

3)雷达输出数据至 DAA 处理器

(1)雷达提供雷达航迹报告,其中包括唯一的航迹 ID、入侵飞机的航向及速率、方位角和仰角的估算等。

(2)雷达以(1±0.2)Hz 的平均速率生成和输出航迹报告。

4)雷达状态

(1)运行时,雷达以 1s 或更短的间隔报告其状态为就绪或故障,就绪状态表示雷达工作正常,故障状态表示雷达不工作。

(2)雷达能够提供指示发射机是否启用的状态。

2. 雷达频段

雷达可以在下面的频段中选择工作频段:

(1)C 波段:4200~4400MHz 和 5350~5470MHz。

(2)X 波段:8750~8850MHz 和 9300~9500MHz。

(3)Ku 波段:13250~13400MHz 和 15.4~15.7GHz。

(4)K 波段:24.45~24.65GHz。

(5)Ka 波段:32.3~33.4GHz。

3. 雷达频率通道切换

雷达能够根据信道中的干扰情况,在所用频带内的至少三个频率通道之间自动切换。

4. 雨中操作和仪表气象条件

(1) 雷达应在每小时至少 4mm 的降雨量下满足其距离性能要求。

(2) 雷达能在白天和夜间执行其预定功能。

(3) 雷达至少应能在无人机所需的运行条件下工作。

5. 雷达视场

(1) 水平方向(相对无人机纵轴):$\geqslant \pm 110°$。

(2) 垂直方向(相对无人机飞行路径):$\geqslant \pm 15°$。

6. 雷达航迹

(1) 为每个已建立的雷达航迹提供唯一的标识号。

(2) 提供最少 20 个雷达视场内入侵机的跟踪能力。

(3) 根据其修正的 Tau 和范围,排列所有入侵机轨迹的优先级。

7. 雷达跟踪精度

(1) 在雷达视场内,雷达探测范围和雷达最接近性能范围之间的雷达航迹范围误差平均值不超过 50′,标准差不超过 70′。

(2) 在雷达视场内,雷达探测范围和雷达最接近性能范围之间的雷达航迹速度误差平均值不超过 8′/s,标准差不超过 10′/s。

(3) 在雷达视场内,雷达探测范围和雷达最接近性能范围之间的雷达航迹方位角误差平均值不超过 0.5°,标准偏差不超过从平台主体参考框架参考的 100′ 或 1°。

(4) 在雷达视场内,雷达探测范围和雷达最接近性能范围之间的雷达航迹仰角误差平均值不超过 0.5°,标准偏差不超过从平台主体参考框架参考的 100′ 或 1°。

8. 雷达健康检测

(1) 通电时,雷达应进行一系列全面的测试,以检查硬件、软件和固件,评估雷达部件是否正常工作。

(2) 雷达应执行在其运行环境背景下运行的健康监测功能,持续更新报告提供健康状态。

4.5.2　ATAR 概述

随着无人机载荷能力的提高及雷达向小型化、低功耗发展,无人机 ATAR 逐渐成为无人机载荷的重要组成部分,在无人机完成各种任务过程中发挥着重要作用。目前，美国"全球鹰""捕食者"等无人机都装载了新型机载监视雷达。德国 Hensoldt 公司研制的雷达系统，用于监视、侦察、空中交通管制和防空，如图 4-22 所示。该雷达为 X 波段，采用相控阵技术及灵活的软件化架构，可快速升级迭代，其探测范围为 ±15°俯仰角和 ±110°方位角，此雷达探测能力在射程、探测概率和准确度上都超过了人眼，因此可作为防撞系统、ADS-B 等传感器的补充，共同生成一幅周边空中交通态势"全景图"用于探测和规避。另外，霍尼韦尔公司的 DPAP lite 雷达被应用于 NASA 的 FT6 飞行试验中，其雷达面板安装在 TigerShark 无人机的前端，采用三面阵配置，如图 4-23 所示，该雷达系统单阵面的视场为 ±15°俯仰角和 ±55°方位角；三个阵面共同提供了 ±15°俯仰角和 ±110°方位角的组合雷达视场，用于为防撞系统提供非合作目标的探测功能。

图 4-22　德国 Hensoldt 公司机载交通监视雷达

 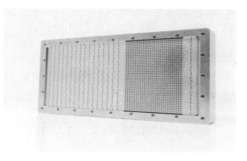

图 4-23　机头处的三面阵 DPAP lite 雷达

4.5.3 ATAR 组成

ATAR 雷达在组成上与地面一次监视雷达类似,因安装和应用平台的不同对 ATAR 雷达的大小、结构以及功耗等属性有限制。以脉冲多普勒 ATAR 雷达为例,其组成包括天馈系统、收发通道、频综、处理系统、显控接收系统和电源。天馈系统用于雷达向空间辐射电磁波,并接收来自空间目标的回波;收发通道对雷达激励信号进行数模转换、上变频、滤波和放大,通过天馈系统将电磁波辐射出去;同时,天馈系统接收目标反射回波,收发通道对接收的回波信号进行下变频、滤波、放大和模数转换。频综产生 ATAR 雷达系统所需的激励信号、参考时钟、本振信号,并对系统进行控制和状态监视;处理系统对雷达回波进行波束形成、信号处理、数据处理进而获取目标信息;显控接收系统输入指令、参数,并对目标信息、系统状态进行显示;电源接收外部电源输入,产生系统所需的各种二次直流电源,为系统各个分机供电。

以脉冲多普勒 ATAR 雷达为例,在信号处理及数据处理方面对回波信号进行下变频后,需要经过脉冲压缩、运动补偿、空时自适应处理、恒虚警检测、测角以及点迹航迹处理几个过程,如图 4-24 所示。

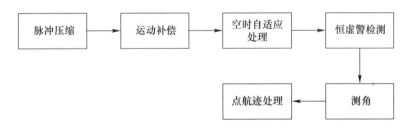

图 4-24 ATAR 信号及数据处理过程

脉冲压缩技术要求在发射端发射大时宽、带宽信号,以提高信号的速度测量精度和速度分辨力;在接收端,将宽脉冲信号压缩为窄脉冲,以提高雷达对目标的距离分辨精度和距离分辨力。运动补偿是指对载机运动造成的多普勒频移进行补偿,此过程在已知载机飞行状态数据的情况下根据参数估计方法完成。空时自适应处理是利用杂波同时在空域、时域与目标信息重合概率较小这一情况,在空域、时域同时自适应处理消除杂波,进而有效提取目标信息的过程。依据最大似然估计法,干扰功率以及相应的检测阈值可通过待检单元周围的邻近单元干扰功率求平均来获取,这就是恒虚警检测的理论依据。测角完成目标相对本机的空间位置的角度测量确定其准确方位。点航迹处理是指对检测到的目标进行坐标转化、点迹凝聚、航迹更新和维护,用于对目标进行持续跟踪。

4.5.4 ATAR 特点

ATAR 雷达基本原理、设备组成与地面一次雷达基本相同,其安装和使用平台要求有其自身特点。首先,为了保证平台移动情况下发射和接收的稳定性,ATAR 雷达一般都有天线稳定系统或稳相技术。其次,受限于安装平台,不同安装需求会使雷达的体积、结构、重量、功耗以及防震性受到限制。再次,针对不同应用,雷达数据处理或者信号处理会有不同要求,如针对防撞需求雷达航迹优先级排序需要专用算法。最后,ATAR 雷达相对空管一次雷达一般往往采用更高的频率,如 X 波段和 K 波段。

4.6 无人机 DAA 系统典型场景应用分析

无人机 DAA 有机载和地面两种应用方式,二者各有其相应的优缺点,它们共同促进了行业 DAA 技术的发展与应用。

4.6.1 机载 DAA 系统应用分析

无人机机载探测与规避的技术包括常见的机载 TCAS、ADS – B、雷达及光电视觉等技术。美国空军研究实验室组织实施无人机多传感器融合防撞(MuSICA)项目研究。MuSICA 项目旨在开发和验证先进的机载探测与规避(ABDAA)系统,以使无人机系统自身具有监视并与其他飞机间防撞的能力,如图 4 – 25 所示。

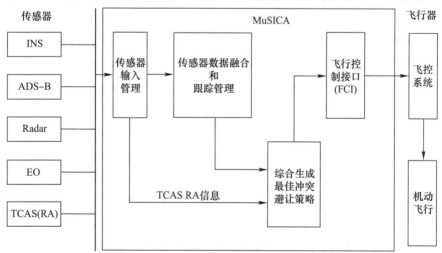

图 4 – 25 MuSICA 系统架构

ABDAA 系统功能包括：
(1) 多种合作和非合作目标传感器信息融合。
(2) 当无人机驾驶员没有在线操作时,具备自主规避能力。
(3) 标准化外部及内部接口设计。
(4) 具备综合生成最佳冲突规避策略,与有人机 TCAS 算法兼容,实现自主间隔保持与防撞两级安全保障能力。
(5) 解决"人在回路"问题,无人机地面控制站集成 DAA 信息,如图 4-26 所示。

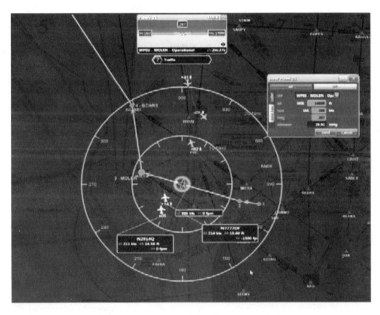

图 4-26　地面控制站集成 DAA 信息

该 ABDAA 系统使用里尔飞机进行了飞行验证,如图 4-27 所示。MuSICA 系统软件能够执行并符合 RTCA DO-365B 标准规范定义的"足够安全距离"这一要求,该系统可促使自主驾驶的无人机与其他飞航空器之间有足够安全的距离。

同时,国内也在积极开展无人机 ABDAA 系统的技术研究和设备研制,按照 RTCA DO-365B 标准开展了相关技术系统的研制和试验,在 ABDAA 系统集成了 TCAS、ADS-B 和 ATAR 雷达,实现无人机对空域的合作和非合作目标的综合探测与规避,并开展了系统地面功能集成联试,未来可为国产无人机系统提供一款符合标准要求的多功能集成的无人机 DAA 系统,为无人机融入非隔离空域安全飞行提供技术支持,如图 4-28 所示。

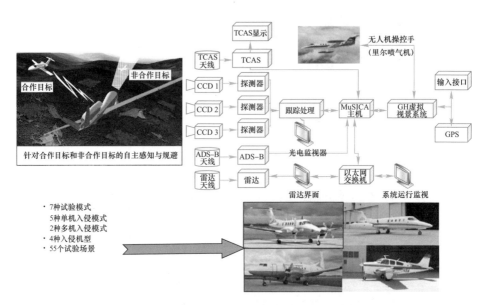

图 4-27 飞行试验

图 4-28 国产 ABDAA 系统研制与验证

ABDAA 系统的开发与测试为无人机和其他航空器的安全间隔提供了一种有效的技术途径,为无人机融入公共空域提供了技术支撑。

4.6.2　地基 DAA 系统应用分析

相对于 ABDAA 技术的研究与开发,澳大利亚在智能天空工程中开发了一种无人机地基探测与规避(GBDAA)系统,该系统利用集成的地面一次雷达、ADS-B 等多种技术手段,并部署在无人机期望的飞行区域内探测其他飞机目标,可以有效实现该空域内非合作目标的探测与安全间隔保障。

智能天空工程中部署的移动式 GBDAA 系统——移动飞机跟踪系统

(MATS),该系统包括如下子系统:
(1) 一次监视雷达系统。
(2) ADS-B 接收机。
(3) VHF 话音收发机。
(4) 执行数据融合和通信管理的服务器。

无人机飞驾驶员可位于 MATS 内或 GCS 中。MATS 系统外部具有两个数据接口,如图 4-29 所示,两个接口提供了 MATS 系统两种使用方法。

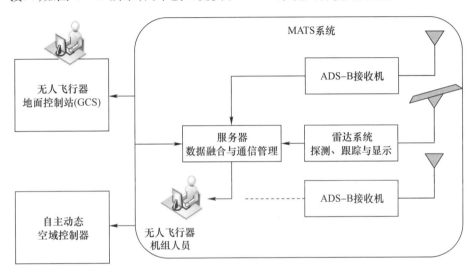

图 4-29 MATS 系统结构及外部数据接口

一个接口是 MATS 能够向无人机驾驶员提供信息,通过地面通信网络可以将 MATS 系统探测的该区域态势信息和允许的路径计划发送给位于远端的 GCS,MATS 和无人机驾驶员组成了如同有人机飞行员"人在回路"的探测与规避系统,其中 MATS 提供"探测"功能,而无人机驾驶员则通过操控无人机进行"规避"功能。

另一个接口用于 MATS 向外部系统提供该空域合作和非合作飞机信息,探测与规避系统可能是自动的,其中 MATS 提供"探测"功能,但"规避"是自动的,自动信息有可能是根据对该空域动态评估后,向合作飞机提供更新的飞行计划,以便规避潜在的飞行冲突。

GBDAA 系统定义空域空间类型如图 4-30 所示。

在图 4-30 中,GCS 和 GBDAA 系统可以部署在一起,也可以分开部署。监视空间描述 GBDAA 系统的有效监视范围,在该空间内 RCS 特别小的飞机可能探测不到,然而在此区域 RCS 大的飞机会被探测与跟踪。

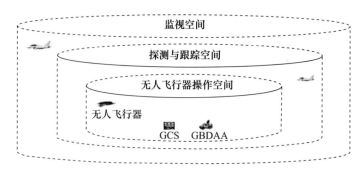

图 4-30　使用 GBDAA 系统相关空域空间

探测与跟踪空间的目标是为具有最小 RCS 的飞机提供最低等级的探测和跟踪性能；其边界指标的一个最好例子是 GBDAA 系统以 80% 的探测概率和 $1×10^{-6}$ 的虚警率探测一个 $2m^2$ 的目标。

无人机运行空间是无人机执行飞行任务的空域空间。为了防止碰撞，需在任何入侵飞机和无人机之间提供一个时间和空间的缓冲区，这个空间小于探测与跟踪空间。

GBDAA 系统中雷达特性将决定每个空间的大小，需要考虑一个重要变量，即入侵飞机的速度范围；入侵飞机的速度和无人机之间的距离决定了探测与规避的告警时间，因此在包含高速飞机的运行环境下可能需要更大范围的雷达监视与跟踪能力。

地面已逐步完善一次雷达、二次雷达、ADS-B 等监视系统的建设，充分利用多种监视系统集成或联网的方式实现 GBDAA，是提高特定空域内无人机的空域安全间隔保障重要的技术方式。

4.7　小　　结

无人机融入空域运行，是无人机快速发展的必然趋势；无人机要融入空域运行，就需要无人机必须具备相应的探测与规避能力，保障无人机与空域其他飞机间的安全飞行间隔。本章分析了无人机融入空域运行间隔管理的影响因素、功能需求；并对 DAA、ACAS Xu 和 ATAR 等技术进行分析描述，举例说明 ABDAA 和 GBDAA 两种应用场景分析，系统性地剖析无人机探测与规避技术发展，为无人机系统空域安全间隔管理提供技术支撑。

第5章

低空无人机探测与反制系统

5.1 概　述

为应对非合作式小型无人机带来的潜在空中威胁,各国通过集成雷达、光电、频谱探测、无线电干扰和 GPS 干扰等系统构建各类探测与反制应用系统。较为典型的有英国布莱特监控系统公司的反无人机防御系统和德国 R&S 公司的反无人机系统,国内应用较广的有某型侦测处置系统,这些应用系统主要涉及低空无人机探测和无人机反制两个方面:

(1) 低空无人机探测:运用雷达、光电、频谱监测、音频探测及多源融合等手段实现低空无人机的探测、跟踪、识别和监视。从经济性和覆盖范围考虑,可以采用单个传感器,实现小面积探测覆盖,也可以通过多传感器融合甚至组网使用,扩大系统探测范围并提升信息获取能力。

(2) 无人机反制:运用直接打击和软反制手段,对无人机进行摧毁、干扰或捕获,使无人机失去飞行能力或控制无人机,从而实现无人机的反制和处置。主要反制技术包括无人机测控链压制干扰、无人机测控链路接管、无人机捕获、激光武器打击及导弹炮弹攻击等。采用无人机打击武器可迫使无人机丧失飞行能力,或直接摧毁;采用无人机测控信号压制干扰手段,可使无人机失去控制,进而直接迫降或返航;采用无人机测控信号欺骗干扰手段,能够介入接管并操控无人机;采用其他物理捕获手段,如拖网、网枪等,可以实现对无人机的捕获。

5.2 低空无人机探测与反制应用系统

当前,针对无人机探测与反制的装备层出不穷,雷达探测系统、光电探测系统及频谱探测系统作为常用的低空无人机侦察系统,而干扰机则是当前被广泛应用的无人机反制系统。低空无人机探测与反制应用系统需要将上述装备有机地组织起来,发挥各装备的性能和优势,实现低空无人机探测与反制应用。

低空无人机探测与反制应用系统是无人机探测系统、反制系统和信息处理与控制系统有机结合的集成系统,是集态势感知、目标识别、安全预警、设备集中控制、辅助决策、情报分发和多源信息融合于一体的综合性业务平台。低空无人机探测与反制应用系统充分发挥雷达、光电及频谱探测等设备的探测优势,实现多源传感数据的融合,引导和指挥无人机反制系统对入侵无人机实施反制,并提供低空态势生成、分析及研判服务,实现和其他外部系统的信息互联与互通,同时还具备本地设备的监控及维护能力。

低空无人机探测与反制应用系统能够实现对"低、慢、小"目标的全天时、高可靠性的预警探测,及时准确掌握无人机飞行动态,并在必要时接管控制,具备对管制范围内非合作式无人机的探测、追踪、识别和干扰能力,使其驱离或者迫降。

5.2.1 应用系统组成

低空无人机探测与反制应用系统一般由指控和信息处理系统、各类探测与反制系统组成,根据使用场景、使用环境、探测与反制范围等各种因素,可选用不同种类和数量的设备构成满足不同场景的应用系统,是按需定制的典型信息集成应用系统,其组成如图5-1所示。

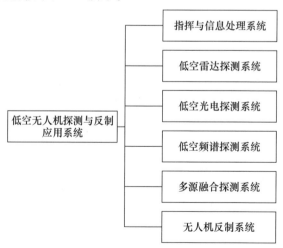

图5-1 低空无人机探测与反制应用系统组成

指挥与信息处理系统引接雷达、光电及频谱等各类型探测手段的监视数据，提供指挥控制、数据融合、监管调度、系统监控、行动管理及综合显示功能；低空雷达探测系统主要用于完成对低空飞行目标的探测；低空光电探测系统用于完成低空小型无人机目标的跟踪与识别；低空频谱探测系统通过对无人机遥测信号和导航信号的频谱监测实现无人机及无人机飞手的定位；多源融合探测系统引接雷达、光电及频谱探测等设备的数据，综合态势，实现全天时、全天候和综合属性探测；无人机反制系统接收指控与信息处理系统的反制指令，对非合作式无人机目标实施干扰或打击。

5.2.2 应用系统架构

低空无人机探测与反制应用系统的架构如图 5-2 所示，由指挥与信息处理、基础应用设施及探测与反制三个层级组成。其中，指挥与信息处理层实现指挥控制、数据融合、监管调度、系统监控、行动管理、综合显示、预警告警及信息共享等功能；基础应用设施层利用网络和云平台实现数据传输、基站服务、资源支撑及接入管理；探测与反制层主要包括低空雷达、光电探测及频谱探测等无人机探测系统系统，也包括压制干扰、欺骗干扰、激光反制系统及其他类型无人机反制系统。

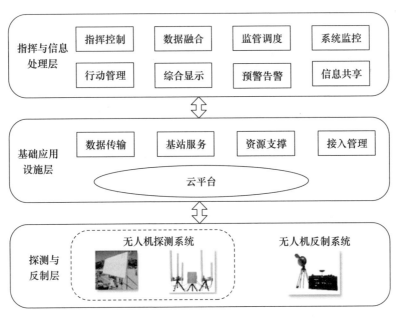

图 5-2 低空无人机探测与反制应用系统的架构

5.3 指挥与信息处理系统

指挥与信息处理系统是低空无人机探测与反制应用系统的"大脑",实现系统指令分发、空域态势绘制、状态检测及通信等。

指挥与信息处理系统完成对系统内各设备的指挥控制和数据融合处理,同时监管和调度纳入管理体系的各类低空无人机。此外,指挥与信息处理系统还负责与外部其他防御系统协同。一般而言,指挥与信息处理系统要求具有数据接入、共享分发、态势显示、情报处理、状态监控、资源管理、目标管理及日志管理等功能,实现系统内部多种手段协同、联动引导侦察和综合特征识别等任务,完成多源传感器数据的融合处理、终端显示、情报汇集、处理和上报等,并实现对探测与反制效果的评估。

5.3.1 系统组成

指挥与信息处理系统是整个系统的数据处理中心,对系统内外部接入的无人机目标数据进行融合处理,并根据无人机合作目标数据和飞行计划,区分合作与非合作无人机目标,完成空情态势显示与人机交互,根据预案及人工操作下达无人机目标反制和合作目标管制指令。

指挥与信息处理系统可采用"云-端"体系架构,基于云平台提供基础服务、中间件服务和应用服务,完成指挥与信息处理任务,具有部署方式灵活和功能扩展高效的优点。分布式设备作为"端"侧,依托已有的通信基础设施分布部署,并接入"云"端。

5.3.2 系统架构

指挥与信息处理系统逻辑上可分为安全防控云服务、管控分析云服务、监视数据云服务、运行管理云服务和云平台基础设施,系统架构如图 5-3 所示。

云平台基础设施包括数据库、网络、地理信息数据、应用服务器、操作系统及中间件等分布式信息系统基础计算环境。

监视数据云服务包括雷达数据处理、无线电探测数据处理、光电数据处理、主动反馈数据处理和"低、慢、小"目标跟踪融合处理等,生成飞行态势。

管控分析云服务包括空域信息处理、飞行计划信息、飞行特征分类、身份识别、飞行告警预警处理等,生成安全态势。

安全防控云服务包括预告警确认处理、预告警处置建议、处置情况跟踪、信

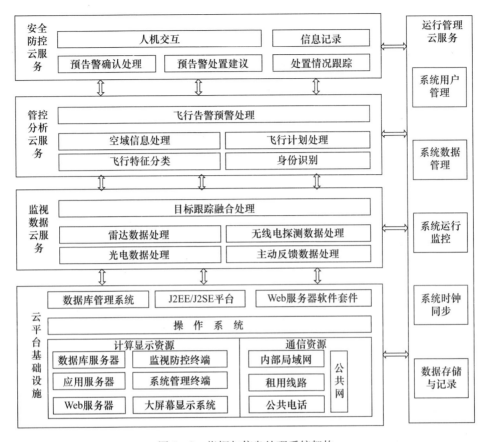

图 5-3 指挥与信息处理系统架构

息记录和人机交互等,实现区域内安全防护和"低、慢、小"目标的监视、管理、控制和预先处置能力。

5.4 低空雷达探测系统

雷达探测系统通过主动发射电磁波和接收电磁波实现目标探测。通常,低空雷达探测系统是低空无人机探测与反制系统的核心组成部分。

低空雷达探测系统对低空目标回波信号进行积累、杂波抑制和恒虚警检测,完成目标探测,获取目标速度、方位、俯仰、距离和回波幅度等信息,形成目标的原始点迹,经点迹凝聚处理后,通过点航迹处理形成目标点航迹报文。相对其他无人机探测手段,雷达探测系统具备主动探测、全天时、全天候工作的特点。在使用频段上,低空探测雷达可选用 L、X、Ka 及 Ku 等波段。

5.4.1 系统组成

低空雷达探测系统组成包括雷达头、显控终端、电源分机及安装附件,如图 5-4 所示。雷达头由天馈分机、伺服控制系统、射频收发单元及综合控制处理分机等组成,接收来自显控终端的命令,并输出回波视频数据,由显控终端完成数据处理,提取目标点航迹信息。

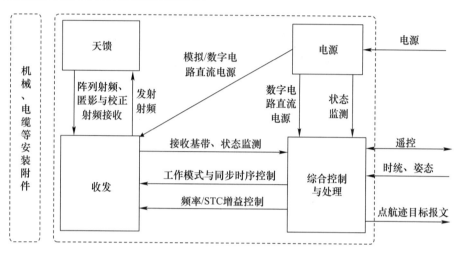

图 5-4 低空雷达探测系统组成

天馈分机由工作角度区间内的阵元向空间辐射电磁波,并由这些阵元接收目标反射回来的微弱回波信号。收发分机根据工作时序进行射频信号的产生和功率放大,为天线对外辐射提供足够功率的发射信号;通过天线接收回波信号,经低噪声预选及变频处理。综合控制与处理分机进行波束合成处理、信号处理及数据处理,输出目标点航迹信息,并实现系统状态监控、维护及资源管理等。电源分机将外部输入电源进行滤波、稳压及直流转换,以满足系统内各分机工作电压需求。低空雷达探测系统组成见表 5-1。

表 5-1 低空雷达探测系统组成

序号	单元名称	数量	主要功能
1	天馈分机	1	向空间发射电磁波 接收目标反射回波
2	收发分机	1	发射波形产生与功率放大 预选接收与变频 中频数字基带接收 频率源产生

续表

序号	单元名称	数量	主要功能
3	综合控制与处理分机	1	监控与维护 资源管理 波束形成 信号处理 数据处理 目标录取
4	电源分机	1	为整机提供多种电压的直流稳压电源
5	安装附件	1	安装骨架、支脚、成套线缆

5.4.2 技术原理

低空探测雷达系统利用微波信号传播的方向特性、目标对微波信号的反射特性以及目标的运动对微波信号的调制特性实现无人机动目标的探测、跟踪及测量。

低空探测雷达系统通过天线主动辐射具有一定方向性的微波信号,微波信号照射到空中目标后产生反射与衍射,雷达接收到的回波信号会携带目标的位置与多普勒信息。因此,雷达通过方向性天线接收到目标后向反射中的一部分电磁波,经积累并与发射信号匹配滤波,可以实现目标回波信号的检测。由于回波信号与雷达发出的主动辐射信号之间存在时间关系,且系统辐射与接收都具有方向性,通过对回波时间的测量和电磁波束主动辐射的指向,能实现对目标位置、方位、距离和高度信息的估计。

探测目标物体可分为运动目标和固定目标,根据电磁波传播原理可知运动目标与固定目标回波不同,可以通过特征提取方式完成对运动目标与固定目标的区分,获得目标多普勒速度。改变主动辐射方向,可以实现方位360°范围内的全向覆盖。

下面以相控阵体制雷达为例,介绍雷达系统工作机理。首先,综合控制与处理单元接收本地或遥控命令进行开机加电工作,系统进入工作备发状态。

系统在发射信号期间,在综合控制与处理分机控制下,收发分机输出发射本振信号和发射信号,经混频与放大,形成大功率脉冲信号送往天馈单元的发射网络,天馈单元的发射网络形成俯仰固定覆盖波束。综合控制与处理分机的监控单元通过调度收发分机子阵列的发射与关断,进行发射与接收工作扇区的切换,实现方位扫描。

发射完毕后,综合控制与处理分机发出的同步时序控制切换到系统接收状态,收发分机接收回波信号;接收回波在收发分机的 T/R 组件中经过低噪声放大与混频后,进行数字中频接收,经过采样、数字基带化预处理获得基带 IQ 数据,通过同步光纤传输链路传到综合控制与处理分机的波束形成单元。

综合控制与处理分机的波束形成单元对工作扇区内的多个阵元基带回波进行多波束数字合成处理。信号处理单元对多个波束同时进行处理,包括脉冲压缩、相参积累、恒虚警检测及测角等,实现回波检测,输出的原始点迹由数据处理单元进行点迹提取与点航迹关联,并解析出目标回波的三维位置信息与速度信息,形成目标点航迹报文输出。

综合控制与处理分机的监视和控制单元具有数据存储与管理功能,可以存储原始视频、点迹报文、航迹报文以及杂波轮廓图等信息,需要时可以调用系统相参同步基准以及来源于收发分机的频率合成输出,包括本振、数/模转换时钟等,综合控制与处理分机据此可以产生整机工作时序及阵列的同步控制,并完成回波信号脉冲间的相参处理。

5.4.3 典型产品

以某国产化 JZ/BS-8700 型低空探测雷达(简称"JZ/BS-8700 型雷达")为例进行介绍,产品外形如图 5-5 所示,该型雷达主要用于侦察地面运动的人员、车辆、坦克和低空超低空飞行器等目标,探测其位置、速度和方向,判断目标属性,提供低空实时情报和态势。

图 5-5 JZ/BS-8700 型空地一体探测雷达

JZ/BS-8700型雷达主要由天线分机、信号处理组件、伺服分机、电源分机、三脚架、配套线缆及操控终端软件组成。

天线分机采用波导裂缝天线,分机内部射频前端包括频综与变频组件和T/R组件,其中频综与变频组件实现发射调制、二次变频、接收二次变频及二次变频本振输出等功能,收发组件实现发射的信号放大及接收信号的低噪声放大功能。信号处理组件完成和波束与差波束的形成,根据和波束实现目标提取,结合差波束信息获取目标的角度信息。伺服分机由伺服控制板、测角传感器及电机等组成,具备伺服系统的稳定、锁定及定位等工作模式,实现天线分机的承重和伺服控制功能。电源分机将外部输入的 AC 220V 进行直流转换,经稳压输出内部工作所需要的 +24V 和 +12V 直流电。

雷达操控终端作为雷达与设备操作员之间的人机交互接口,相关工作参数均在终端上进行设置,具备航迹、点迹数据存储和回放分析功能。

JZ/BS-8700型空地一体探测雷达性能参数见表5-2。

表5-2 JZ/BS-8700型空地一体探测雷达性能参数

序号	项目	指标
1	雷达类型	全固态、全相参、脉冲多普勒、有源相控阵体制雷达
2	工作频段	毫米波段
3	雷达威力(无遮挡环境,扇扫,$P_d=80\%$,$P_f=10^{-6}$)	人:≥7km($RCS=1m^2$) 车辆:≥14km($RCS=15m^2$) 固定翼无人机:≥5km($RCS=0.5m^2$) 小型无人机:≥2km(小微无人机目标,$RCS=0.01m^2$)
4	最小探测距离	≤100m
5	方位覆盖	扇扫
6	俯仰覆盖	-15°~+15°
7	测量精度(均方根)	方位≤1°,距离≤6m
8	天线转速	6(°)/s、12(°)/s、18(°)/s 可调
9	跟踪能力	≤50 批
10	架设/撤收时间	≤5min(1人)
11	重量	≤25kg
12	功耗	≤100W
13	通信接口	以太网通信

5.5 低空光电探测系统

光学成像相对于雷达和无线电侦测手段而言,具备成像直观和易于分辨的特点,可实现低空入侵物的成像、监控及取证等功能。

针对空中小微目标和攻击性目标的态势感知需求,使用可见光、多波段红外线和激光,对空中目标进行成像、搜索、跟踪和测距,完成目标定位和识别,上报目标的方位、俯仰、距离及属性信息,并提供可用于取证的可见光或红外线高清实时视频图像。

低空光电探测系统可作为独立系统实现全天候光电成像探测,也可作为低空无人机探测与反制系统的光电分系统,与低空雷达和频谱探测系统协同工作。低空光电探测系统采用多个光谱段进行综合成像探测,可以实现全天候工作。相比雷达探测系统,光电系统具备被动观瞄和隐蔽性强的特点,能够多平台协同工作,实现对探测区域内的小微无人机目标的检测、捕获、跟踪、测距及摄录取证等功能。

在远距离、夜晚及烟雨雾霾等环境条件下,具备激光补光照明系统的光电探测系统能够取得更好的无人机目标探测效果。

5.5.1 系统组成

低空光电探测系统一般包括光学成像、伺服转台、图像处理及显控终端。低空光电探测系统通过光学成像对目标反射的可见光/红外线/激光等信息实现光电转换,形成目标像;通过控制伺服转台,实现对低空无人机目标的实时稳定跟踪;图像处理用于对低空入侵物的检测、跟踪及识别;显控终端实现对系统的综合控制,对目标信息的实时显示和回放显示。

5.5.2 技术原理

光学成像部分主要由可见光探测组件(可包含红外线探测组件和激光测距组件)、信号转换处理组件及机箱等组成。通过对目标反射的可见光/红外线的探测,实现全天候成像,必要时采用激光补光的方式成像,实现逐行倒向(PAL)制式视频显示。一般要求成像单元具备气密、水密、防盐雾能力,并具备内部温湿度、气压监控及除湿除雾能力。

图像处理部分主要由综合控制、图像处理模块、视频压缩模块、电源模块以及处理机箱等组成,实现系统综合控制指令、工作状态信息的上传/下发,完成图像信息的压缩和处理。

控制终端包含网络交换机和上位机,与主控系统间通过网线交联。按照主控系统通信协议实现压缩处理后的图像远程传输和显示,完成视频实时存储。同时,进行各类控制指令下发,并接收各分机实时工作时上报的状态信息。

伺服转台一般由转台、伺服控制驱动模块、方位俯仰编码器、电机和汇流环等组成,需满足防水要求。转台用于承载和驱动光学成像部分,可按不同的工作模式指令实现指定方位和俯仰上的平稳转动与指向控制。

5.5.3　典型产品

某型国产化"低、慢、小"目标光电探测设备广泛应用于各类地基近程探测及反制系统,如反无人机防控系统、高功率激光/微波定向系统及机动近程探测系统等,通过与雷达、无线电侦测、导航诱骗和无线电干扰等多种探测与反制手段协同工作,提升对无人机或无人机群的综合发现、跟踪、识别、定位和反制能力,在对军/民用机场、城市重点区域、国家重要设施场所和国防基地空域内的无人机综合管控,以及对武警和反恐等突发性任务的应急保障等发挥了重要作用。"低、慢、小"目标光电探测设备外形如图 5-6 所示。

图 5-6　"低、慢、小"目标光电探测设备

"低、慢、小"目标光电探测设备性能参数见表 5 – 3。

表 5 – 3 "低、慢、小"目标光电探测设备性能参数

序号	项目	指标
1	探测距离	>3km
2	工作波段	可见光:0.4~0.8μm;红外线:8~12μm
3	覆盖范围	方位:0°~360°;俯仰:-20°~60°
4	视场角	可见光:0.71°~38.8°;红外线:24°~2.8°
5	跟踪精度	<0.5mrad
6	外部接口	千兆网
7	外观尺寸	550mm×500mm×820mm
8	重量	125kg

5.6 低空频谱探测系统

无人机的飞行要依赖无线通信手段进行指挥,完全独立自主飞行的无人机往往具备航程短、飞行精度低的特点,低空频谱探测系统是探测无人机无线通信的一种技术手段。

低空频谱探测系统通过被动接收无人机遥测链路及无人机测控链路的电磁信息,实现无人机及飞手位置的定位。依据不同的技术路线,其可分为 TDOA 定位方法和波达方向(DOA)定位方法。TDOA 定位方法通过测量信号在多个基站之间的到达时间差,进行距离转换,实现定位。DOA 定位方法通过测量无人机/飞手与基站之间的到达角度,以基站为起点形成的射线必经过无人机或飞手,两条射线的交点即为无人机或飞手的位置,一般至少需要两个站位才能测出目标在某个平面的位置。

5.6.1 系统组成

典型的 DOA 无人机频谱监测系统组成如图 5 – 7 所示,包括全向监测天线、定向测向天线、监测测向主机和综合显控终端。

1. 全向监测天线

全向监测天线用于采集空中无线电电波信号,传输至监测测向主机。

2. 定向测向天线阵

定向测向天线阵由多根测向天线组成,多路空中电波信号通过天线阵的射频切换开关网络形成包含方位信息的射频信号流,传输至监测测向网络主机。

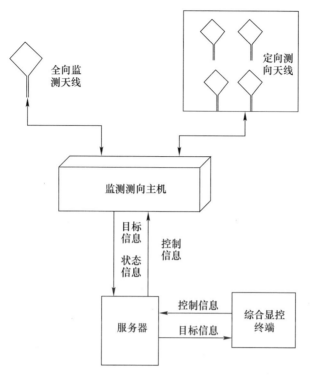

图 5-7　DOA 无人机频谱探测系统组成

3. 监测测向主机

监测测向主机将来自全向监测天线和定向天线阵的射频信号经放大、滤波、下变频为中频信号,通过模数转换将中频信号转换为 IQ 数据,经信号处理后获得目标参数信息。

4. 综合显控终端

综合显控终端包括服务器和显控终端,将监测测向主机输出的数据信息进行各项业务应用,包括告警信息分发、方位显示、数据记录、数据库管理、文件系统管理、系统参数配置以及原始数据存储等。

5.6.2　技术原理

频谱探测系统工作原理如图 5-8 所示。系统内部接收机持续接收无人机遥控/遥测信号频段的电磁波信号,根据信号的时间和频谱特征进行分选,提取无人机信号特征。不断搜索和锁定与无人机信号特征相匹配的无线电信号源,利用无线电测向技术,实现无人机遥控/遥测信号的方向测定,并输出目标报文信息。

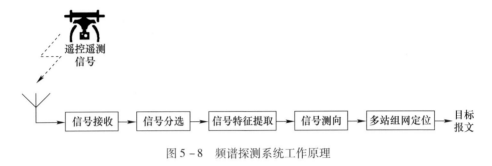

图 5-8 频谱探测系统工作原理

1. 信号监测

全向监测天线由多个对数天线单元组阵实现,实现信号的 360°全向接收。监测天线接收空中无线电波信号,将其转换成电信号,传输给监测测向处理接收机。

系统工作在监测模式时,通过监测天线接收的射频信号进入监测测向主机,经接收放大、滤波并转换至中频,中频信号通过采样、滤波和数字化转换为 IQ 数据,通过特征提取、识别及分析,获得所需要的信号参数信息。

2. 信源测向

测向天线阵由多个相同的测向天线阵元和开关网络组成。系统工作在测向模式时,通过测向天线阵同时接收,获取特定频段范围内的无线电波信号,多路射频信号进入射频开关网络,通过有序改变射频开关的选通实现射频信号选择输出。该射频信号含有信号到达相位差信息,可以解算出目标方位,进入监测测向主机后,经过接收放大、滤波、变频、中频信号数字化,计算来波的方位信息后实现测向处理。可通过多站组网方式,利用交叉定位算法,实现无人机三维空间精确定位。

5.6.3 典型产品

以某国产化 HR-03K 三通道多模式测向系统为例,系统采用九元圆形天线阵和三通道测向接收机,实现相关干涉仪和空间谱估计双测向体制,具有高分辨率、高准确度、高灵敏度的特点,产品外形如图 5-9 所示。一般地,频谱探测系统具备至少 3km 的作用距离,能够实现全向监测,典型频谱探测系统的性能指标如下:

(1) 频谱截获范围:430~6000MHz。
(2) 接收机瞬时带宽:≥10MHz。
(3) 无源定位距离:≥3km。
(4) 测向方位:360°方位角和 90°俯仰角全穹顶覆盖。

(5) 测向精度：≤0.5°(RMS)。

(6) 定位精度：≤100m。

(7) 目标容量：≤50个。

图 5-9　HR-03K 三通道多模式测向系统

5.7　多源融合探测系统

通过单一的低空探测传感器难以实现全天时、全天候和综合属性探测，各类传感器在目标探测属性、测量精度、适用场景及经济性等方面各有优劣。

雷达探测系统需要通过发射电磁波实现目标探测，能完成全天时和全天候探测，但在电磁环境存在一定要求时使用受限。光电探测系统可以获取低空飞行目标的直观信息，适用于对目标进行识别和取证，但受光照因素和气候条件影响较大。频谱探测系统可以精确获取无人机遥测和控制链路的频点信息，便于反制系统针对性电磁压制，但易受使用环境电磁干扰，周围地形、建筑物及站点选择等因素影响较大。

5.7.1　系统组成

通过将雷达、光电探测及频谱探测等系统探测数据进行引接和综合，可实现多源融合探测，满足复杂环境下的无人机目标探测。多源融合探测系统主要由雷达、光电、频谱探测和显控终端四大部分组成，具体如图 5-10 所示。

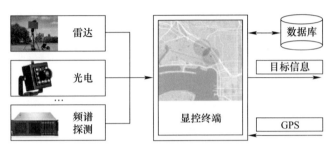

图 5-10 多源融合探测系统组成

雷达子系统通过主动辐射电磁波探测目标,获取目标的距离、方位、高度和速度等信息,形成目标的雷达点航迹。光电子系统利用可见光、红外线对目标进行光学成像,对目标进行图像识别和视频跟踪,通过自动录取或人工录取输出目标方位、距离和高度等信息。频谱探测子系统被动接收无人机遥控/遥测信号,截获分选信号,并对信号源进行精确定位,从而实现对飞手和无人机的定位及取证操作。显控终端负责监控系统运行情况,并控制各个分机工作,对各子系统获取到的目标信息进行深度信息融合,存储目标的信息到数据库并输出目标的点航迹信息、身份类别信息及图像信息等,并利用目标特征数据库进行比对,实现目标的识别和分类。

5.7.2 技术原理

多源融合探测系统在架构上分为业务层、数据服务层、数据采集层和信息传感层共4层。其中,业务层处理监视运行的基础业务;数据服务层为系统运行提供数据信息支持;数据采集层收集该探测区域的雷达回波、可见光/红外线视频信息、无线电信号;信息传感层进行无人机及其操控者位置、无人机运动参数、光学图像、无线电频谱等信息的探测与感知,如图 5-11 所示。

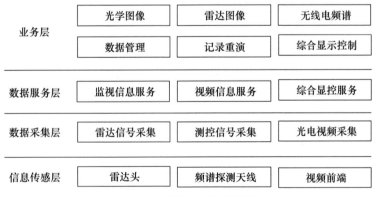

图 5-11 多源融合探测系统架构

业务层采用图形用户接口,主要用于不同场景下非合作无人机目标综合监控管理。其中,数据管理为整个系统提供技术支持和辅助功能,业务功能项包括雷达目标信息提取、目标视频跟踪、目标图像识别、无人机遥测遥控信号测向、目标综合报文和综合显示控制等。

数据服务层为业务层人机界面的显示和操作提供后台数据服务,包括监视信息服务、视频信息服务和综合显控服务。通过数据服务层可以实现雷达监视数据接收和管理,视频监控图像的获取与处理,无人机无线电信号的监测与分析。

数据采集层搜集一次雷达回波数据、可见光/红外线图像数据、无人机无线电频谱信号,为视频显控终端、雷达显控终端、无线电探测显控终端以及综合显控终端提供数据。

信息传感层包括雷达头、远距高清摄像机和无线电频谱监测,实时对无人机态势及数据进行感知获取。

5.7.3 典型产品

以国产化某型区域无人机防控系统为例介绍相关的系统技术参数,该系统主要用于重要地点、重点任务和活动以及突发事件应急管理等情况下的无人机防控和低空防护,通过集成雷达、光电和频谱探测设备,实现指挥控制、共享分发、态势显示、情报处理、状态监控和运维管理等业务功能,有效地提升低空空域安全的保障水平。

区域无人机防控系统性能参数见表5-4。

表5-4 区域无人机防控系统性能参数

序号	项目	指标
1	监视航空器目标	≥400个
2	同时并发访问人数	≥50个
3	态势显示	目标航迹显示能力不少于400条
4	单个航迹的尾迹点显示	可以显示不少于600个点
5	静态页面操作响应时间	≤0.5s
6	三维地图刷新率	≥20帧/s
7	数据信息显示时延	≤1s
8	检索能力	≤2s
9	矢量地图比例尺	≥1:20万
10	影像地图分辨率	优于10m
11	系统可用度	大于0.99

5.8 无人机反制系统

无人机反制系统主要用于实现对低空入侵的非法无人机的干扰和压制,以达到消除无人机威胁的目的。

目前主要的反制手段分为直接打击和软反制两种类型。直接打击包括压制干扰、激光反制、声波干扰反制及微波干扰;软反制手段主要包括欺骗干扰和地理围栏。下面对上述干扰类型分别展开介绍。

5.8.1 压制干扰

压制干扰主要针对依靠 GPS/GLONASS/北斗等定位系统信号飞行的无人机和遥控飞行的无人机。压制干扰技术通过影响无人机的信号接收机或控制链路,使其失控,达到反制无人机的目的。

1. 技术原理

当前,无人机的卫星定位导航系统和飞控系统均需要利用无线电通信,通过对这两类无线电信号进行干扰,可迫使无人机根据自身的保护策略进入失控迫降、悬停或者返航状态,达到驱逐、防御和打击无人机的目的。

1) 对卫星定位信号的干扰

无人机一般使用 GPS/GLONASS/北斗卫星定位模块,利用卫星定位信号实现导航、定位、悬停和姿态控制等。卫星定位系统大多采用扩频通信技术,信号比较微弱,通过对定位系统的通信频段实施全频带干扰能有效地阻断无人机接收卫星定位信号。

当无人机在丢失卫星定位信号后,按内部植入飞控程序的不同会有不同的处置方式,经验丰富的飞手通过手动控制可以引导无人机返航或降落;而新手可能难以控制无人机继续执行飞行任务,在这种情况下无人机可能会发生失控漂移或者坠机。然而,使用压制干扰会对周围其他使用卫星定位信号的设备造成电磁干扰,因此需要谨慎地选择时机和地点。

2) 对上行遥控信号的干扰

无人机飞手通过无人机链路系统的上行链路发送遥控指令,控制无人机执行飞行任务。如果上行链路受到干扰而中断,无人机将失去控制,只能按照飞控程序预设的航路飞行,通常是原地降落、悬停或者返回起飞点。

目前,对上行链路信号的干扰主要分为宽带阻塞干扰和跟踪式干扰两大类。

(1) 宽带阻塞干扰。通常,无人机遥控信号会采用跳频技术,具有较强的抗干扰能力。当无法获取遥控链路的跳频参数时,宽带阻塞干扰是最简单有效的干扰方式。无人机遥控信号大多在2.4GHz和5.8GHz频段,对两个频段进行宽带阻塞干扰,就能达到无人机管控目的,无人机反制枪是采用此技术进行干扰的典型产品。

由于遥测链路本身具备较强的抗干扰能力,宽带阻塞干扰信号需要足够大的发射大功率,才能达到预期的干扰效果。然而,大功率的干扰信号同时会干扰2.4GHz和5.8GHz等频段内的其他正常业务,由于辐射功率大,按现有的器件水平难以做到持续发射,长期使用对人体健康也具有一定的危害。

(2)跟踪式干扰。跟踪式干扰通过发射能跟踪遥控信号的实时跳变的自适应干扰信号,覆盖其瞬时频谱,具备节省功率和降低对电磁环境影响的优势。跟踪式干扰需要干扰设备具有足够宽的实时带宽,以适应遥控信号跳频带宽范围,要求极强的实时处理能力,能够在极短时间内完成对特定频段跳频信号的捕获和分析,并及时识别出目标信号,最终瞄准目标信号频率发射干扰。

跟踪式干扰的技术难点在于干扰设备如何快速地响应遥控信号的实时跳变。通常,跳频信号每一跳的驻留时间极短,干扰设备需要在短暂的驻留时间间隔内完成遥控信号捕捉、分析和干扰信号发射,同时要求输出足够的干扰功率。此外,跟踪式干扰要求结合无人机信号特征识别技术,提取和识别业务频段内的信号,以实现精准干扰,避免干扰同一频段内的其他频点正常业务使用。

如果无人机在自主飞行模式下不发射无线电信号,干扰遥控信号的方式失效。此时,如果无人机使用卫星定位系统进行导航,可通过干扰卫星定位信号的方式进行拦截。如果无人机依靠纯惯性导航、图像识别和地图匹配的方式进行导航,那么无线电干扰方式都将失效,需采用直接捕获或摧毁的方式进行拦截。

2. 典型指标

按压制干扰设备形态,干扰设备可分为固定式干扰设备和手持式无人机拦截设备,以下列举一些典型产品的技术指标供参考。

1)固定式干扰设备

以某国产化JZ/FJ-302型固定式干扰设备为例,设备可架设在防御区域中心,外形如图5-12所示,可用于机场、涉密单位、监狱看守、大型文娱活动现场等要地、重要场所无人机管控,其具备以下功能:

(1)具备对2.4GHz/5.8GHz无人机控制频段干扰能力。

(2)具备对1.5GHz无人机导航频段干扰能力。

(3)具备单频段干扰或多频段干扰同时工作能力。

(4)具备短停发射、连续发射等可控功能。

(5)具备对云台方位、俯仰两轴运动控制功能。

(6)具备自动引导或人工引导功能。

(7) 具备开机自检及故障上报功能。

(8) 预留诱骗接口,设备具备增加诱骗设备的能力。

图 5-12 JZ/FJ-302 型固定式无人机干扰设备

JZ/FJ-302 型固定式干扰设备性能参数见表 5-5。

表 5-5 JZ/FJ-302 型固定式干扰设备性能参数

项目	指标
工作频段	1.5GHz:1.559~1.606GHz; 2.4GHz:2.400~2.485GHz; 5.8GHz:5.725~5.850GHz
距离	通视条件下(对大疆精灵4无人机):≥4km(干通比10:1)
发射功率	47dBm(典型值)
定点诱骗精度	≤30m(根据目标空情引导精度决定)
卫星导航诱骗起效时间	≤5s
覆盖范围	水平旋转范围:0°~360° 俯仰旋转范围:-20°~+45°
连续工作时间	≥48h
平均故障间隔时间	≥500h
平均修复间隔时间	≤30min
防护等级	防护等级:IP65
环境适应性	工作温度:-40~55℃; 储存温度:-45~65℃; 相对湿度:95%~98%,35℃

2) 手持式无人机拦截设备

手持式无人机拦截设备可以干扰市场上绝大多数无人机的遥控信号和导航信号,迫使无人机降落或返航,实现对低空越界飞行无人机的快速反制,某国产化JZ/PJ-1010-01型便携式干扰设备外形如图5-13所示。典型的手持式无人机拦截设备的主要技术指标如下:

图5-13 JZ/PJ-1010-01型便携式无人机拦截设备

(1) 干扰距离:≥1.5km。
(2) 发射功率:
① 1.5GHz:2W。
② 2.4GHz:10W。
③ 5.8GHz:10W。
(3) 覆盖空域:方位≥20°,俯仰≥20°。
(4) 干扰频段:GPS/GLONASS(可选择关闭该频段)、2.4GHz、5.8GHz。
(5) 持续干扰时长:≥1h。
(6) 重量:≤13kg。

5.8.2 欺骗干扰

当前,无人机使用的遥控信号大多在2.4GHz和5.8GHz等常规民用频段,随着开源硬件和软件无线电技术的快速发展与应用,针对无人机无线电通信协议的破解技术也得到了关注和发展,推动了欺骗干扰技术在无人机反制系统上的有效应用。然而,无人机数据链通信技术与加密技术的提升增大了无线电协议的破解难度。为了能适配市场上多种型号的无人机,就需要定期不间断地更新无人机频谱特征适配库和通信协议。

1. 技术原理

通过破解无线电协议,破解者根据协议内容和规范模仿遥控器向无人机发送控制信号,并通过增强信号功率等手段覆盖真正遥控器的信号,从而获得无人机的控制权,欺骗干扰无人机并最终控制无人机在安全区域降落。由于只需模拟遥控信号,其发射功率低,频率和功率都接近无人机信号,不会影响其他系统正常工作。另外,欺骗干扰技术通过区分黑白名单实现对黑名单无人机的精准打击,而对白名单无人机的正常飞行不造成任何影响。欺骗干扰的工作模式主要分为返航点欺骗和轨迹欺骗两种。

1) 返航点欺骗

当无人机启动后,通常将起飞点设为返航点。当无人机遥控链路中断时就会自动返航。此时,向无人机发射"篡改"的卫星定位信号,可诱导无人机误判当前位置,进而改变返航路线。

2) 轨迹欺骗

无人机可通过预设路线自主飞行,但是该功能需要卫星定位信号辅助。若无人机接收到伪造的定位信号,则会偏离预设路线飞行。轨迹欺骗技术通过结合无人机实时飞行状态精心地伪造卫星定位信号,甚至能够引导无人机飞往指定的安全区域实现捕获。然而,对"黑飞"无人机实施轨迹欺骗时,可能会对周围正常飞行的无人机和其他设备造成干扰,无法实现精准打击。

2. 典型指标

欺骗干扰设备的作用对象通常是越境无人机或不受本地法规管制的无人机,某国产化便携式欺骗干扰设备(JZ/SDJ-1010型干扰设备)外形如图5-14所示。一般而言,典型欺骗干扰设备产品技术指标如下:

图5-14 JZ/SDJ-1010型干扰设备

(1) 干扰频段:1.5GHz/2.4GHz/5.8GHz。
(2) 干扰距离:≥5km。
(3) 发射功率:
① 1.5GHz:10W。
② 2.4GHz:50W。
③ 5.8GHz:50W。
(4) 作用范围:
① 水平旋转范围:$-175°\sim+175°$。
② 俯仰旋转范围:$-20°\sim+60°$。

5.8.3 激光反制

1. 技术原理

无人机激光反制系统的激光发射功率可调,既可以对无人机发出警告,也可以将其直接击毁。无人机激光反制系统通过接入雷达、光学传感器及高精度转台上目标的方位及距离数据,检测到入侵物之后利用低功率的激光器对目标实现精确定位,然后引导高能激光器击毁目标。

激光反制设备主要由高能激光器和光束定向器构成。其中,光束定向器由大口径发射系统及精密跟踪瞄准控制两部分构成,具备对目标的测距及跟踪功能。通过自适应光学系统校准激光大气畸变,以便对入侵的无人机实现高精度的跟踪和瞄准。

在复杂的电磁环境中,无人机激光反制子系统不受外界电磁波的干扰,被攻击目标难以利用干扰手段避免攻击。激光本身无惯性,可连续进行360°全方位射击,瞄准时间短、打击速度快、命中率高,可同时拦截多个目标。

为了对入侵无人机实现有效的反制,激光反无人机子系统应具备如下主要功能:

(1) 探测和预示目标入侵可能构成的威胁程度。
(2) 确定来袭目标的轨迹和轨道偏差。
(3) 对入侵的无人机目标进行识别、跟踪和瞄准。
(4) 发射激光射束,对无人机实施干扰和拦截。
(5) 实现无人机摧毁程度的鉴别。

2. 典型指标

激光反制设备具有独立或与其他探测设备联合的工作能力,典型激光反制设备主要技术指标如下:

(1) 电光转换效率不低于30%。

(2) 激光功率:10kW。

(3) 作用距离:≥2.0km。

(4) 作用高度:≥500m。

(5) 拦截角度:360°。

(6) 单套系统防御面积:12km^2。

(7) 反应时间:≤5s。

(8) 发射率:20~50次/min。

5.8.4 其他类型反制

1. 声波干扰反制

声波干扰技术通过发出与无人机固有频率接近的声波使目标陀螺仪发生共振,从而导致无人机坠落。2015年8月,韩国公开了一种利用声波干扰陀螺仪击落无人机的技术。研究人员通过给无人机接上商用扬声器,扬声器距离陀螺仪4英寸(1英寸=2.54cm)左右,利用笔记本电脑通过无线通信控制加装的扬声器发声。当发出的噪声与陀螺仪匹配时,一架本来正常飞行的无人机忽然从空中坠落,验证了通过声波实现无人机干扰的技术可行性。然而,考虑到声波的作用距离有限,对环境影响较大,现阶段声波干扰反制还尚未应用到真实的攻击场景中。

2. 地理围栏

地理围栏技术包括禁止飞入和禁止飞出两种方式,机载传感器帮助无人机识别并避免撞到障碍物。出于安全考虑,一般在城市、机场、港口、核电站等重要区域都应该设置无人机禁飞区,并要求无人机生产厂商配备禁飞区设置功能,限制无人机飞入禁飞区,或者到达禁飞区时自动降落。

关于地理围栏的工作机制将会在第6章详细介绍。

3. 微波干扰

微波干扰可称为微波武器,分为杀伤性和非杀伤性两类。前者是通过超高功率电磁辐射,可对一定空间内电子设备产生严重的永久性损坏;后者是通过特定频率及小功率干扰指向目标无人机,造成可恢复或一定程度的功能损坏。与激光武器相比,微波武器作用距离更远,受气候影响小,火力控制方便。随着新技术和新材料的不断发展,微波武器将会在多种应用环境下发挥作用。

5.9 小　　结

从系统层面,低空无人机探测与反制应用系统一般由无人机探测装备、反制设备和指挥与信息处理系统有机结合而成。本章对无人机的探测和反制系统进行了全面介绍,阐述了各类探测系统的技术原理和系统组成,并列出了一些典型产品的技术指标。通常,单个系统难以满足全天时、全天候及高可靠性等无人机探测需求,多传感器融合感知和低成本探测器是未来无人机低空探测系统发展的主流方向。最后,本章对入侵无人机的各类反制系统做了概要性的介绍,压制干扰是当前应用最常见的手段。通过欺骗干扰对入侵无人机实施反制的技术难度较大。激光反制技术尚未完全成熟,在精度要求高的前提下作用距离有限,整套系统成本相对较高,适合对防护要求较高的应用场合。此外,对地理围栏、声波干扰反制及微波干扰等技术手段也进行了简要说明。

第6章
无人机空域管理与评估技术

6.1 概 述

无人机空域管理与评估技术属于无人机空域管理技术体系中空域安全技术之一,是支撑无人机空域管理业务的相关软硬件系统及方法。目前,国内主流的无人机空域管理技术有无人机地理围栏技术、基于网格化空域管理技术等,无人机地理围栏技术可解决微轻小型无人机低空空域管理中无人机空域和无人机飞行有效监管问题以及无人机空域可用空间识别问题;基于网络化空域管理技术可以解决无人机飞行空域精细化管理问题。无人机空域容量评估是指单位时间内,在可接受的冲突下某一可用空域承担的无人机最大运行架次,依据该定义,无人机可用空间识别、空域结构特征、冲突阈值的大小和防撞策略都会对无人机空域容量产生影响。无人机空域运行仿真技术是利用计算机技术对过去、现在及未来可能的无人机空域运行状况进行建模与仿真,查找无人机实际空域运行过程中的空域结构瓶颈、管理运行的不合理性。

6.2 基于地理围栏的无人机空域管理技术

地理围栏技术是基于位置服务(LBS)使用虚拟围栏来表示虚拟地理边界的技术。无人机围栏也称为无人机地理围栏,是为保障区域安全,在相应地理范围中以电子信息模型划出其区域边界,在无人机系统或无人机空域管理系统中,使用电子信息模型防止无人机飞入或飞出特定区域。

6.2.1 无人机围栏技术

无人机围栏技术是内嵌在无人机等移动设备装置和管理系统内,当设备进入、离开某个特定地理区域,或在该区域内活动时,管理系统可以自动接收通知和警告。

1. 技术原理

在无人机低空空域管理中,地理围栏技术利用经度、纬度、高度数据定义无人机运行的三维空间边界,并设置禁止飞出和禁止飞入两种许可类型的地理围栏,如图6-1所示,分别用来确定无人机可飞区和禁飞区的三维虚拟边界。地理围栏技术既能对单一架次无人机进行约束,也允许多机同时获得地理围栏,其应用可实现对无人机空域和无人机飞行的有效监管。

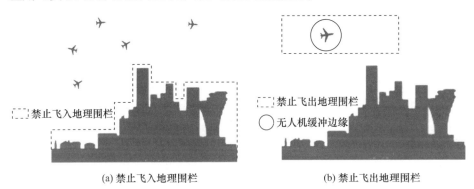

(a) 禁止飞入地理围栏　　　　　　(b) 禁止飞出地理围栏

图6-1　禁止飞入和飞出地理围栏示意图

在无人机地理围栏技术中,禁止飞入地理围栏是以低空障碍物为核心建立的一个符合无人机与低空障碍物的安全间隔标准的缓冲区,用来表示地理围栏的虚拟空域边界;禁止飞出地理围栏是在单个或多个无人机活动轨迹周围建立一个虚拟空域边界,以识别无人机的许可活动范围。无人机缓冲边界是在无人机周围与无人机之间标准间隔为半径的圆球,用来表示包含无人机的虚拟空域使用边界(图6-2)。

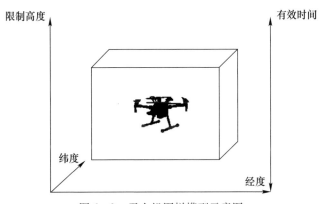

图6-2　无人机围栏模型示意图

将无人机飞行空域以米为单位离散为 $N_x \times N_y \times N_z$ 三维空间网格,且 $\Gamma = \{g_{mnh} : 1 \leq m \leq N_x, 1 \leq n \leq N_y, 1 \leq h \leq N_z\}$,其中 Γ 表示包含所有长、宽、高分别为 m、n、h 的 g_{mnh} 空间网格集合,用来模拟定义不同类型地理围栏的低空空域。存在低空障碍物时,根据障碍物的坐标,映射到网格集合中,将对应的三维空间网格标记为占领,定义为禁止飞入地理围栏,地理围栏对应的三维空间网格不可用,标记为封闭。一个无人机的缓存边界对应的区域对其他无人机而言也是不可用的,同样标记为封闭。既未被占领也未被封闭的 g_{mnh} 空间网格即为无人机可用空间。对离散空域的可用性进行判定,即

$$\text{cell}(g_{mnh}; \delta, r) = \begin{cases} 0, g_{mnh} \in \Gamma_0 \cup \Gamma_{out}^{\delta} \cup \Gamma^r \\ 1, g_{mnh} \notin \Gamma_0 \cup \Gamma_{out}^{\delta} \cup \Gamma^r \end{cases} \quad (6-1)$$

式中:$\text{cell}(g_{mnh}; \delta, r)$ 表示在无人机与低空障碍物的间隔标准为 δ,无人机之间的间隔标准为 r 的条件下,低空空域中长、宽、高为 m、h、n 的网格空域的可用性,结果为 0 时表示该网格空域为不可用空间,结果为 1 时表示该网格空域为可用空间;Γ_0、Γ_{out}^{δ}、Γ^r 分别表示被低空障碍物占领、被大小为 δ 的禁止飞入地理围栏封闭、被大小为 r 的无人机缓冲边界封闭的三维空间网格的集合。

$$U(g_{mnh}; \delta, r) = \frac{V(g_{mnh}; \delta, r)}{N_x N_y N_z} \quad (6-2)$$

式中:$U(g_{mnh}; \delta, r)$ 为空域可用空间比例,表示低空空域可使用程度;$V(g_{mnh}; \delta, r)$ 表示无人机可用空间网格的总数,具体计算公式为

$$V(g_{mnh}; \delta, r) = \sum \text{cell}(g_{mnh}; \delta, r), 1 \leq m \leq N_x, 1 \leq n \leq N_y, 1 \leq h \leq N_z$$
$$(6-3)$$

2. 无人机围栏模型

1)无人机围栏模型结构

无人机围栏模型采用 4 维空间结构。如图 6-2 所示,包括:

(1)平面地理区域,包括经度、纬度。

(2)限制高度。

(3)有效时间。

2)无人机围栏分类和构型

(1)无人机围栏分类。无人机围栏构型按照其在水平面投影几何形状可以分为以下三种:

① 民用机场障碍物限制面。

② 扇区形。
③ 多边形。
无人机围栏所使用的经度和纬度坐标点,均为 WGS-84 坐标。

(2) 民用机场障碍物限制面保护区典型构型。民用机场障碍物限制面如图 6-3 实线所示,民用机场障碍物限制面保护区如图 6-3 虚线所示。民用机场障碍物限制面保护区为图 6-3 中 $A_1-A_2-C_2-$弧 $C_2B_2-B_2-B_3-$弧 $B_3C_3-C_3-A_3-A_4-C_4-$弧 $C_4B_4-B_4-B_1-$弧 $B_1C_1-C_1-A_1$ 各点坐标、圆弧连线范围内;圆弧半径均为 7070m。图 6-3 中实线连线为民用机场障碍物限制面垂直投影,虚线连线与实线连线之间的空间为容差缓冲区,缓冲区技术参数应符合空中交通管制部门公布的要求。

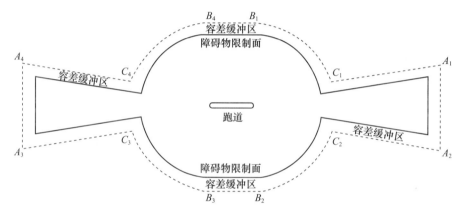

图 6-3 民用航空机场障碍物限制面保护范围及各边界点示意图

(3) 多边形无人机围栏空间几何模型。多边形无人机围栏空间几何模型由不同海拔高度的底面和顶面组成的立方体构成,示意图如图 6-4 所示。空间几何模型的一个面是由同一平面上的 N 个空间点构成的闭合的空间区域,空间点以真北为起点,在水平面上按顺时针依次命名。顶点顺序为顺时针方向。构成顶面和底面的顶点数量相等。

(4) 扇区形无人机围栏空间几何模型。扇区形无人机围栏空间几何模型是由不同海拔高度的扇区形底面和顶面组成的立方体构成,示意图如图 6-5 所示。一个空间的扇区面由同一平面上的扇区原点、扇区半径、扇区起止方位角(扇区开始真方向和扇区结束真方向)构成的闭合的空间区域。

扇区原点由该地理点的经纬度定义。
扇区半径以扇区原点为圆心,距离单位为米。
扇区起止方位是该扇区开始和结束的真方向。

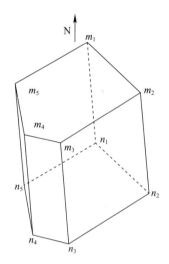

图 6-4 多边形无人机围栏示意图

注：$m_1 \sim m_5$ 为围栏顶面顶点编号；$n_1 \sim n_5$ 为围栏底面顶点编号。

扇区高度是禁止进入该区域的相对高度范围。

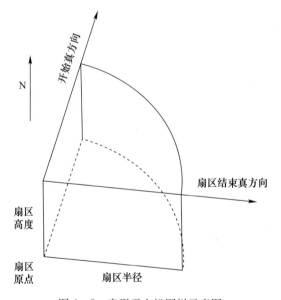

图 6-5 扇形无人机围栏示意图

3. 无人机围栏有效时间

无人机围栏所采用的时间为 UTC 时间。无人机围栏的有效时间是指禁止无人机在该空间范围内飞行的时间段（包括起始时间和结束时间），有效时间可

以是多组时间段。每个无人机围栏均有有效时间。其中:

(1) 无人机围栏起始时间使用 UTC 时间,格式为 UTC YYYYMMDD TTMM,永久有效的无人机围栏在起始时间 UTC 后标注 NONE,示例:UTC 202207026 1200。

(2) 无人机围栏终止时间使用 UTC 时间,格式为 UTC YYYYMMDD TTMM,永久有效的无人机围栏在终止时间 UTC 后标注 9999,示例:UTC 20220729 2400。

4. 无人机围栏模型元数据结构

1) 数据模型

无人机围栏数据模型在民航统一数据规范的基础上进行定义,如图 6-6 所示。基本数据类型是最基础的数据定义,在此基础上定义了空间几何坐标系和有效时间数据的表示模型,进一步定义了民航基础障碍物限制面、多边形面、扇形曲面等基础空域数据结构。无人机围栏数据结构则基于基本数据类型、空间几何坐标系、有效时间数据、基础障碍物限制面、多边形面、扇形曲面等数据规范进行组合定义。

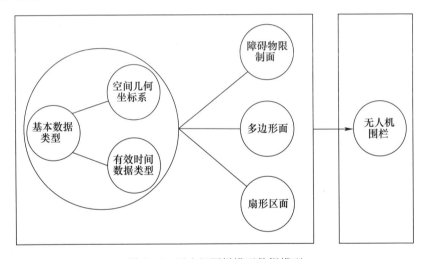

图 6-6 无人机围栏模型数据模型

2) 数据类型

(1) 基本数据类型。基本数据类型见表 6-1。

表 6-1 基本数据类型

类型	说明
Int8	1 字节
UInt8	无符号 1 字节
Int16	2 字节整数,高位在后

续表

类型	说明
UInt16	无符号2字节整数,高位在后
Int32	4字节整数,高位在后
UInt32	无符号4字节整数,高位在后
Int64	8字节整数,高位在后
UInt64	无符号8字节整数,高位在后

（2）民用航空机场障碍物限制面数据类型。民用航空机场障碍物限制面几何模型数据类型采用 A 表示,其数据结构见表 6-2。

表 6-2 机场障碍物限制面数据类型

序号	字段名称	数据类型	描述
1	节点 A1 经度	Int32	1×10^7 精确到小数点后7位,单位为度
2	节点 A1 维度	Int32	1×10^7 精确到小数点后7位,单位为度
3	节点 A2 经度	Int32	1×10^7 精确到小数点后7位,单位为度
4	节点 A2 维度	Int32	1×10^7 精确到小数点后7位,单位为度
5	节点 C2 经度	Int32	1×10^7 精确到小数点后7位,单位为度
6	节点 C2 维度	Int32	1×10^7 精确到小数点后7位,单位为度
7	半径	Int32	长度×100,精确到小数点后2位,单位为米
8	节点 B2 经度	Int32	1×10^7 精确到小数点后7位,单位为度
9	节点 B2 维度	Int32	1×10^7 精确到小数点后7位,单位为度
10	节点 B3 经度	Int32	1×10^7 精确到小数点后7位,单位为度
11	节点 B3 维度	Int32	1×10^7 精确到小数点后7位,单位为度
12	半径	Int32	长度×100,精确到小数点后2位,单位为米
13	节点 C3 经度	Int32	1×10^7 精确到小数点后7位,单位为度
14	节点 C3 维度	Int32	1×10^7 精确到小数点后7位,单位为度
15	节点 A3 经度	Int32	1×10^7 精确到小数点后7位,单位为度
16	节点 A3 维度	Int32	1×10^7 精确到小数点后7位,单位为度
17	节点 A4 经度	Int32	1×10^7 精确到小数点后7位,单位为度
18	节点 A4 维度	Int32	1×10^7 精确到小数点后7位,单位为度
19	节点 C4 经度	Int32	1×10^7 精确到小数点后7位,单位为度
20	节点 C4 维度	Int32	1×10^7 精确到小数点后7位,单位为度
21	半径	Int32	长度×100,精确到小数点后2位,单位为米
22	节点 B4 经度	Int32	1×10^7 精确到小数点后7位,单位为度

续表

序号	字段名称	数据类型	描述
23	节点B4维度	Int32	$1×10^7$精确到小数点后7位,单位为度
24	节点B1经度	Int32	$1×10^7$精确到小数点后7位,单位为度
25	节点B1维度	Int32	$1×10^7$精确到小数点后7位,单位为度
26	半径	Int32	长度×100,精确到小数点后2位,单位为米
27	节点C1经度	Int32	$1×10^7$精确到小数点后7位,单位为度
28	节点C1维度	Int32	$1×10^7$精确到小数点后7位,单位为度
29	节点A1经度	Int32	$1×10^7$精确到小数点后7位,单位为度
30	节点A1维度	Int32	$1×10^7$精确到小数点后7位,单位为度

（3）多边形面数据类型。多边形面数据类型采用P表示,其数据结构见表6-3。

表6-3 无人机多边形围栏数据类型

序号	字段名称	数据类型	描述
1	顶点数	UInt32	多边形的顶点总数
2	节点1经度	Int32	$1×10^7$精确到小数点后7位,单位为度
3	节点1维度	Int32	$1×10^7$精确到小数点后7位,单位为度
…	…		
N+1	节点N经度[a]	Int32	$1×10^7$精确到小数点后7位,单位为度
N+2	节点N维度[a]	Int32	$1×10^7$精确到小数点后7位,单位为度
N+3	节点1经度	Int32	$1×10^7$精确到小数点后7位,单位为度
N+4	节点1维度	Int32	$1×10^7$精确到小数点后7位,单位为度

注:a 表示第N点与第1点重合,经纬度值与第1点相同,以形成闭合区域

（4）扇形区面数据类型。扇形区面数据类型采用S表示,其数据结构见表6-4。

表6-4 无人机扇形区面数据类型

序号	字段名称	数据类型	描述
1	经度	Int32	$1×10^7$精确到小数点后7位,单位为度
2	纬度	Int32	$1×10^7$精确到小数点后7位,单位为度
3	半径	Int32	长度×100,精确到小数点后2位,单位为米
4	开始真方向	Int32	从磁北开始顺时针旋转开始的真方位角
5	结束真方向	Int32	从磁北开始顺时针旋转结束的真方位角

（5）空间几何坐标系。无人机围栏的空间几何坐标系采用WGS-84坐标

系,其中经度和纬度单位为度;北纬为正,南纬为负;东经为正,西经为负。

(6)有效时间数据类型。无人机围栏的时间系统采用 UTC 时间。一个无人机围栏对象的有效时间表示无人机在该空间区域不允许飞行的时间域,数据类型采用 T 表示,一个时间域由开始时间和结束时间组成,一个无人机围栏对象有效时间由多个时间域组成。

无人机围栏对象有效时间(T)数据结构见表 6-5。

表 6-5 无人机电子围栏对象有效时间数据结构

序号	字段名称	数据类型	描述
1	时间域数目	Int8	
2	第 1 个时间域的开始时间	Int32	UTC 时间(时:分:秒),换算为秒,单位:s
3	第 1 个时间域的结束时间	Int32	UTC 时间(时:分:秒),换算为秒,单位:s
…	…		
N+2	第 N 个时间域的开始时间	Int32	UTC 时间(时:分:秒),换算为秒,单位:s
N+3	第 N 个时间域的结束时间	Int32	UTC 时间(时:分:秒),换算为秒,单位:s

3)无人机围栏元数据数据结构

无人机围栏数据库是由分布在全国各地的无人机围栏的元数据组成的,无人机围栏对象的元数据数据结构见表 6-6。

表 6-6 无人机围栏元数据数据结构

序号	元数据名称	数据类型	描述
1	无人机围栏编号[a]	UInt8	发布数据机构(10 位)、发布日期(8 位)和当日流水号(4 位)、模块编号(3 位),剩余为保留位
2	水平面投影几何形状	Int32	0 民用航空机场障碍物限制面;1 为多边形;2 为扇区形
3	空域属性	UInt8	0 为禁飞区;1 为开放区;2 为申请区(如需要);3 临时指定用户区
4	有效时间	T(1)	见 6.2.1 节有效时间数据类型说明
5	无人机围栏模型几何数据	A(1)/P(1)/S(1)	详细描述见 6.2.1 节
6	顶面相对高度[b]	UInt32	高度×100,精确小数点后 2 位,单位为米

注:a 是按照围栏的数据发布来源进行区分;
b 值为 NONE,表明上限高度为无限高

5. 无人机围栏试验验证

1)无人机系统电子围栏要求

无人机系统应具备使用电子信息模型,具有防止无人机飞入或飞出无人机

围栏的功能。

无人机系统应具备不同的安全能力等级来满足不同的无人机运行安全要求。无人机系统可以按照满足无人机围栏的功能和安全能力进行分级,从1级到6级,1级级别最低,6级级别最高,5级和6级预留。

无人机系统安全能力等级见表6-7。

表6-7 无人机系统安全能力等级

功能		1级	2级	3级	4级	5级	6级
无人机自动降落/悬停		√	√	√	√		
无人机自动返航			√	√	√		
无人机不能启动			√	√	√		
信号提示与重复	无人机与无人机围栏发生冲突前60s	√	√	√	√	—	—
	无人机与无人机围栏发生冲突前30s		√	√	√		
	无人机处于无人机围栏内		√	√	√		
数据更新				√	√		
在线授权					√		
位置服务校验					√		

2)无人机空域管理系统电子围栏要求

无人机空域管理系统应具备无人机围栏功能,无人机在接近和侵入无人机围栏时,无人机空域管理系统应具备触发各种提示和警示等能力。

3)无人机围栏触发条件

无人机与无人机围栏发生冲突时,无人机系统或无人机空域管理系统应触发提示或警示,无人机围栏提示与重复触发条件对照见表6-8。

表6-8 无人机围栏提示与重复触发条件对照

触发条件	提示与重复
无人机与无人机电子围栏发生冲突前60s	现有灯闪烁,每5s循环一次,并伴有地面站或无人机空域管理系统三声嘀(即"嘀、嘀、嘀")提示音,每7s重复一次
无人机与无人机电子围栏发生冲突前30s	现有灯闪烁,每5s循环一次,并伴有地面站或无人机空域管理系统急促嘀(即"嘀嘀嘀")提示音,不间断重复
无人机处于电子围栏内	现有灯闪烁,每5s循环一次,并伴有地面站或无人机管理系统长嘀(即"嘀")提示音,常响不停

6. 无人机围栏检测

1)技术要求

(1)在无人机系统与无人机空域管理系统数据连接中,检查无人机空域管理系统和无人机系统中获取的数据,确保满足相关要求,显示正确数据的实时更新率。

(2)操纵无人机在各种运行环境下接近或侵入无人机围栏时,观察无人机系统和无人机空域管理系统有无触发提示、警示和警告。

2)测试方法

(1)无人机系统的无人机围栏测试:检测需在符合条件的飞行检测基地进行。

无人机围栏检测机构的系统中将飞行检测基地飞行测试空域设置成禁止飞入的无人机围栏,按照时间和距离两个指标进行测试。

(2)无人机空域管理系统的无人机围栏测试:对无人机空域管理系统的无人机围栏进行测试。

已通过检测合格的无人机在指定空域或临时划设的无人机围栏区域内飞行,当无人机接近和侵入无人机围栏时,无人机空域管理系统触发各种提示或警示等功能进行测试。

6.2.2 无人机围栏技术典型应用

为了规范民用无人机飞行活动,引导从事无人机飞行活动的单位和个人合法飞行,提高飞行管理效率,维护飞行秩序,确保空防和军民航飞行安全,中国民用航空局空管行业管理办公室先后颁布了《民用无人驾驶航空器系统空中交通管理办法》《轻小型民用无人机飞行动态数据管理规定》和《轻小无人机运行规定》等行业规范与标准。

其中,2017年11月,民航局发布《无人机围栏》和《无人机云系统接口数据规范》两部行业标准,首次明确了无人机围栏的范围、构型、数据结构、性能要求和测试要求。

中国民航基于电子围栏的无人机安全飞行应用场景如图6-7所示,包括用户、无人机制造商、电信运营商、无人机云和政府管理部门等多个相关方。

无人机安全飞行主要业务流程包括:

(1)拥有者身份登记:拥有者在无人机制造商专用软件上向政府管理机构登记姓名、身份证号、电话、地址等信息,并由政府管理机构向电信运营商实时获取拥有者身份校验。

(2)无人机设备登记:拥有者在无人机制造商专用软件上向政府管理机构登记注册码、飞机序列号、飞控序列号、移动设备国际身份码(IMEI)等信息。

(3)电子围栏更新:无人机开机起飞前,基于蜂窝网络,通过无人机云从政府管理机构实时获取最新无人机围栏信息,更新失败不得起飞。

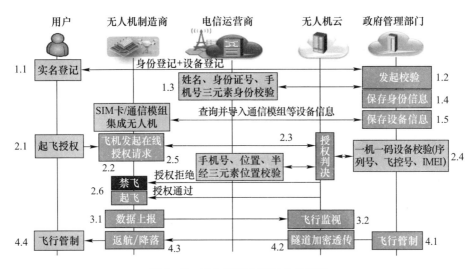

图 6-7 无人机安全飞行业务流程

（4）飞行前设备校验：无人机开机起飞前，通过无人机云，向政府管理机构实时获取无人机注册码、飞机序列号、飞控序列号、国际移动设备识别码等一致性校验，校验失败不得起飞。

（5）飞行前位置校验：无人机开机起飞前，通过无人机云，根据无人机 GPS 位置，通过电信运营商进行蜂窝网络位置实时校验，校验不通过不得起飞。

（6）飞行心跳保活：无人机开机授权通过后，周期性与无人机云进行安全飞行链路的心跳保活。如果心跳丢失，无人机执行返航或者降落。

（7）飞行数据实时上报：无人机开机授权通过后，周期性向无人机云发起飞行位置、高度、状态等数据报告。

（8）飞行管理命令：在线接入无人机云的无人机，实时接收无人机云透传的来自政府管理部门的管理命令，并执行返航或者降落。

（9）围栏告警：无人机和无人机云进行围栏警报检测和提醒。

6.3 基于网格化的无人机空域管理技术

在现实中，无人机飞行空域是基于地球表面的三维空间，无人机空域管理的空域数据基础是基于地球表面三维空间的时空地理数据信息。基于网格化的空域管理技术采用三维空间网格剖分方法和编码方式，可增强多元、多尺度、多语义、多模态的无人机空域精细化管理能力，提升无人机空域管理效率。

6.3.1 三维空间网格化技术

1. 三维空间网格剖分与编码

1) 三维空间网格剖分

三维空间网格剖分实现步骤主要包括如下内容:

(1) 球面网格剖分。以地表经纬度作为地球球面剖分坐标系,以便于无人机 GPS 定位信息进行关联。在纬度范围[-90°,90°],经度范围[-180°,180°]内,按照最小管理精细度要求选择网格经纬度坐标剖分值,将地球表面剖分为最小的网格,如图 6-8 所示。若要满足不同管理精细度要求,在最小网格剖分基础上,按照不同网格层级间的包含关系,采用自底向上方法逐级建立不同层级的剖分关系,最终可得到多层级、不同精细度、可相互包含映射的球面网格。若最小层级经纬度按"1″×1″"剖分,上一层级每个网格按照"15″×15″"剖分,则在最小层级的剖分点上,上一层级的第 i 个剖分点按照 $15i$ 的方式从最小层级剖分中选点产生,用一次剖分逐级构建多层网格。若最小层经度方向有 X 个剖分点、纬度方向有 Y 个剖分点,每个层级至少包含 2 个低一层级的剖分,即 2×2 个第一层格,则最多可构建的网格级别 L 满足:

$$L = \lfloor \log_2 \min(X, Y) \rfloor \quad (6-4)$$

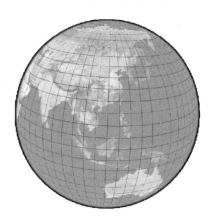

图 6-8 球面网格剖分示意

(2) 高程区间段划分。无人机空域管理主要服务于低空空域,在高程维度上,按照三维空间的高程范围由低到高的顺序,利用等分法的原则,按低空无人机空域管理精细度要求,将低空高度范围划分为多个高度区间。不同层级的平面剖分对应相同的高度剖分规则。

(3) 网格组合。将经纬度网格与高度网格进行组合,构成以经纬度为基准的全球三维空间网格,如图6-9~图6-11所示,同一级别的网格在经纬度和高度上包括的区间段大小是相同的,经纬度的单位为"度-分-秒",高程维度的单位为"米"。

图6-9 全球三维空间网格示意图1

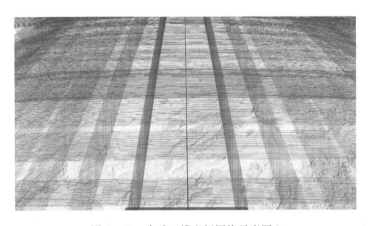

图6-10 全球三维空间网格示意图2

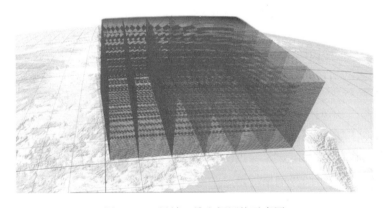

图6-11 局域三维空间网格示意图

2）三维空间网格编码

全球三维空间网格编码考虑多层网格之间的映射包含关系,根据网格切分标准,每个坐标点在不同层级都属于某个网格。每个网格的编码都采用上级网格的编码,附加当前网格在上级网格中的位置组合作为网格的唯一编码。同时,对于在边线上的坐标,网格西侧、靠赤道一侧及两侧连接点定位为当前网格。三维空间网格编码包括平面网格编码、高度编码、编码组合等步骤。

（1）平面网格编码。若按照以下标准则生成6级网格：

第一层网格大小 $6°×6°$;

第二层网格大小 $1°×1°$;

第三层网格大小 $15'×15'$;

第四层网格大小 $5'×5'$;

第五层网格大小 $1'×1'$。

第六层网格大小 $15''×15''$。

一个一级网格包含36个二级网格,一个二级网格包含16个三级网格,一个三级网格包含9个四级网格,一个四级网格包含25个五级网格,一个五级网格包含16个六级网格。

第一层网格自西向东以 01～60 表示,自赤道向两极用 A～O 表示作为基础,北半球第一个一级网格编码为 01A,最后一个一级网格编码为 60O,编码长度为3。

第二层网格将第一层网格分为 $6×6$,在一层网格下,根据第一级切分后的坐标余数按照第二级大小切分,在第一级网格内,按照自西向东、从极点到赤道的顺序,用 01～36 标识,第一个一级网格的第一个二级网格为 01A01,编码长度为5。

第三层网格将第二层网格分为 $4×4$,在第二级网格内,按照自西向东、从极点到赤道的顺序,用 01～16 标识,第一个一级网格的第一个二级网格的第一个三级网格为 01A0101,编码长度为7。

第四层网格将第三层网格分为 $3×3$,在第三层网格下,按照自西向东、从极点到赤道的顺序,用 1～9 标识,第一个一级网格的第一个二级网格的第一个三级网格的第一个四级网格为 01A01011,编码长度为8。

第五层网格将第四层网格分为 $5×5$,在第四层网格下,按照自西向东、从极点到赤道的顺序,用 01～25 标识,第一个一级网格的第一个二级网格的第一个三级网格的第一个四级网格的第一个五级网格为 01A0101101,编码长度为10。

第六层网格将第五层网格分为 $4×4$,在第五层网格下,按照自西向东、从极点到赤道的顺序,用 01～16 标识,第一个一级网格的第一个二级网格的第一个三级网格的第一个四级网格的第一个五级网格的第一个六级网格为 01A010110101,编码长度为 12。

（2）高度编码。系统内高度统一按照一个高度精度划分,以海平面向上,用 2～3 位数字编码表示,如 01～99。

（3）编码组合。三维网格编码时,将在对应层级网格编码后添加高度编码,以 H 作为分割,形如 H01 格式的编码,01 为高度编码值,如六级球面网格"01A010110101"对应的第一个三维网格为"01A010110101H01"。由于纬度方向编码是从赤道向两极的,为区分南北半球,在编码前添加半球标识 N 或 S,如上述六级网格在北半球则完整编码为"N01A010110101H01"。

2. 经纬度坐标向网格位置的转换

基于经纬度和高度对空域进行三维网格化,采用经纬度最小步长 latStep、lonStep 及高度分割步长 altStep 对经纬度坐标对应的最小网格坐标进行计算。

经纬度坐标首先需要根据步长映射为网格坐标:

$$Y_{\text{lat}} = \lfloor (\text{lat} - \text{lat}_{\min})/\text{step}_{\text{lat}} \rfloor \qquad (6-5)$$

$$X_{\text{lon}} = \lfloor (\text{lon} - \text{lon}_{\min})/\text{step}_{\text{lon}} \rfloor \qquad (6-6)$$

$$Z_{\text{alt}} = \lfloor (\text{alt} - \text{alt}_{\min})/\text{step}_{\text{alt}} \rfloor \qquad (6-7)$$

其中,lat、lon、alt 分别为对应的纬度、经度、高度；$\text{lat}_{\min}$、$\text{lon}_{\min}$、$\text{alt}_{\min}$ 分别为空域网格化起始坐标的纬度、经度、高度。step_{lat}、step_{lon}、step_{alt} 分别为纬度、经度、高度方向上的分割步长；"$\lfloor \rfloor$"为向上取整；X_{lat}、Y_{lon}、Z_{alt} 分别为转换后的三维坐标 X、Y、Z 方向上的数值；Y_{lon} 表示将三维网络坐标 Y 方向上的数值映射为字母表示后的值。根据层级间包含关系递归进行球面网格编码,如前文六级网格编码,第五级网格包含 4×4 个六级网格,则对应的第五级网格坐标为

$$\begin{cases} X_5 = X_{\text{lon}}/4 \\ Y_5 = Y_{\text{lat}}/4 \end{cases} \qquad (6-8)$$

第六级网格在对应的第五级网格中的位置 k 为

$$\begin{cases} m = X_{\text{lon}} \% 5 \\ n = Y_{\text{lat}} \% 5 \\ k = m - 4 \times n + 13 \end{cases} \qquad (6-9)$$

如此第六级网格的编码为第五级网格编码与位置编码 k 的组合。递归到第一级编码时,需根据命名规则将 Y_1 转变为字母序列:

$$Y_1 \xrightarrow{\div 26} y_1 \qquad (6-10)$$

若需要转换为中间层级网格,则保留对应的编码位,如第三级网格,则只需保留到第三级网格编码,即前 7 位。最后将根据所在半球标识和所在高度的编码进行组合,从而得到三维网格的编号命名。

3. 编号命名向网格坐标转换

首先需要将命名 CodeName 按照编码规则拆分为半球标识、不同层级的编码值和高度编码值:

$$CodeName(\,N01A010110101H01\,) \xrightarrow{\text{拆分}} (N)(01A)(01)(01)(1)(01)(01)(H01) \tag{6-11}$$

根据层级间包含关系递归进行球面网格解码,如上述六级网格编码,第五级网格包含 4×4 个六级网格,则第六级编码 n_6 对应的在第五级网格内的 x、y 坐标为

$$\begin{cases} x_6 = n_6 \% 4 \\ y_6 = 3 - n_6/4 \end{cases} \tag{6-12}$$

同理,根据层级包含关系可得到第二~五层网格在上一层网格内的 x、y 坐标。对第一层网格 x 坐标为数值部分,y 坐标为字母映射为数值:

$$y_1(A) \xrightarrow{(n-51)+1} Y_1(1) \tag{6-13}$$

其中,n 为字母对应的 ASCII 编码值,51 为字母 A 的 ASCII 编码值。

根据层级包含关系,第二级网格在本级全球的网格坐标为

$$\begin{cases} X_2 = X_1 \times 6 + x_2 \\ Y_2 = Y_1 \times 6 + y_2 \end{cases} \tag{6-14}$$

同理依次递归,可得到各级网格在本级全球网格的坐标。对任意一级网格编码,都可以从对应级别递归到第一级计算每一级在上级网格内的坐标,再从第一级递归到对应级,获取在对应级别全球范围内的网格坐标。

4. 基于网格的立体空间索引

三维空间网格在编码过程中采用上级网格的编码附加当前网格在上级网格中的位置组合作为网格的唯一编码,位置顺序采用类似 Z 曲线的编码方式。采用递归处理方法,不同层级之间的编码规则是类似的,一个网格所包含的所有低层级网格只在代表网格内位置的区间不同,同经纬度网格在不同高度层面的三维网格编码只在代表高度的编码区间不同,分别处于不同上级网格的两个相邻网格编码在代表更上级的编码信息保持一致。相邻三维网格在三维空间内的网格与当前网格面相邻或顶点相邻,坐标距离为 1 或 $\sqrt{3}$,根据编号命名向网格坐标转换规则,通过计算网格对应的网格坐标,可以通过改变坐标再转换编码的方

式获取一个网格的所有相邻网格编码。

例如,在三维空间范围内,搜索某关注点(POI)周围固定范围内的其他已知 POI 点,可根据搜索范围、搜索精度确定该点适用的三维网格编码的级别,并根据该点的经纬度以及高程值按照编码规则生成全球三维空间网格编码,根据网格坐标转换规则生成三维网格坐标,通过对每个维度的网格坐标进行位移操作(+1,0,−1)构成相邻网格的对应层级坐标,通过坐标转换为三维网格编码,可实现查找其周围的 26 个三维空间网格,最后确定在包含本身所在网格的这 27 个三维空间网格中与是否存在已知的 POI 点,并通过实际距离计算找到符合要求的矢量点。

5. 多边形与圆形框选网格

使用多边形框选划设空域时,将多边形覆盖的网格平面区域在其高度范围内扩展,得到所有网格,并纳入对应空域,如图 6-12 所示。

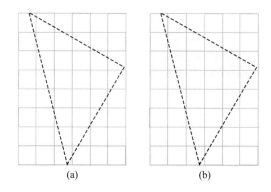

图 6-12 多边形框选及覆盖

通过网格与多边形是否相交可以判断一个网格是否应纳入空域。网格与空域相交有网格在空域内、空域顶点落在网格范围内、网格顶点落在空域范围内、空域穿越网格区等情况,如图 6-13 所示。

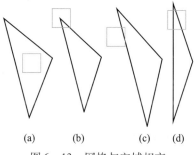

图 6-13 网格与空域相交

判断点在多边形范围内,可采用延长线法,从点沿一个方向作射线,记录射线与多边形边的交点。当点在空域内时,交点的总数为奇数;当点在空域外时,交点的总数为偶数,如图 6-14 所示。

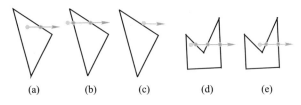

图 6-14　点在多边形内的判断

空域穿越网格区的情况可通过边与边相交进行判断,相交的两条边必然是其中一条边的两点在另一条边的两侧,如图 6-15 所示。

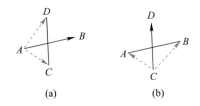

图 6-15　两边相交

通过圆形框选划设空域时,可通过点到圆形的距离是否小于圆半径判断网格是否纳入空域,如图 6-16 所示。

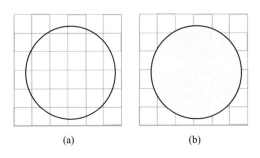

图 6-16　圆形框选及覆盖

6. 基于网格的路径规划

基于三维网格的路径规划,是将二维的路径规划向三维扩展,水平、上下、斜上下三类代价参数,实现三维下起始位置到目标位置的自动寻路,同时避开不可用空域,保持高度变化上的相对平滑。

基于三维网格的路径规划,其基本思想是从起始网格开始向相邻网格移动,计算移动到每一个相邻网格的代价,然后继续向相邻网格的相邻网格移动,直到到达目标网格,然后反向选择代价最小的路径作为最终路基。移动过程中,每一个网格在水平方向上有 4 个可选方向,在垂直方向上有两个可选方向,在斜上和斜下有 8 个可选方向,如图 6-17 所示。

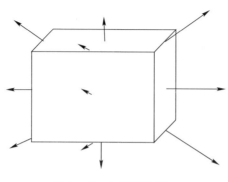

图 6-17　相邻网格示意

判断相邻网格是否纳入考虑的依据包括:
(1) 网格是否在禁止区内。
(2) 网格本身是否被占用。
(3) 网格所处环境是否满足使用要求。

纳入计算的网格需要计算进入的代价,移动到每个网格的代价包括网格移动代价、连续移动代价、终点距离代价。网格移动代价为上一个网格进入当前网格的代价,包括水平移动进入、垂直移动进入、斜向移动进入三种,代价越小的方式在选择时越优先,参数值可根据不同的应用场景调整,为保持高度变化的平滑,需满足如下条件:

垂直移动代价 > 斜向移动代价 > 水平移动代价

连续移动的代价用于对移动代价进行修正,主要与移动趋势有关,包括持续向前移动、变向后移动、变向转弯移动、持续向上/向下运动、变向向下/向上运动等,代价越小的方式在选择时越优先,参数值可根据不同的应用场景调整,相应的基本代价关系为

变向后代价 > 变向上/下代价 > 持续上/下代价 > 变向转弯代价 > 持续向前代价

基本的规划流程如下:
(1) 从起始网格开始,并且把它作为待处理点存入一个"开启列表",开启列表是一个待检查方格的列表。
(2) 寻找起点周围所有可到达或者可通过的方格,跳过有危险、被占用或其他无法通过地形的方格,并加入开启列表,为所有这些方格保存起点作为"父方格"。

(3) 从开启列表中删除起点,把它加入一个"关闭列表",关闭列表中保存所有不需要再次检查的方格。

(4) 选择开启列表中的临近方格。选择路径中经过哪个方格的关键判据为下面这个等式:

$$F = G + H + S \qquad (6-15)$$

其中,G 为从起点,沿着产生的路径,移动到当前网格的总共移动代价;H 为从当前网格移动到终点的预估移动代价,即终点距离代价;S 为最近两次移动趋势变化的代价,即连续移动代价。

上述流程称为启发式规划,规划得到的路径是通过反复遍历开启列表并且选择具有最低 F 值的方格来生成的。

基于三维网格的路径规划示意如图 6-18 所示。

图 6-18 三维网格路径规划

7. 空域间冲突检测

1) 传统算法

传统空域冲突估算方法为:冲突初步筛选是根据空域的水平面映射图形的投影矩形,将图形从三维简化到二维,通过构建基于位置描述的二叉树,快速检索相邻空域并进行初步空域冲突判断,完成空域在大范围、粗粒度尺度上的快速冲突判断,避免对所有的空域从一开始就在小范围、细粒度上执行繁杂的计算任务。构建平衡二叉树以空域间的位置关系为基础,以空域经纬度坐标的中心位置为代表点,构建经度方向和纬度方向两个平衡二叉树,如图 6-19 所示。对要检测的空域而言,其空间位置相邻的空域就是可能存在冲突的空域。对二叉树而言,就是空域对应节点的父节点和子节点。

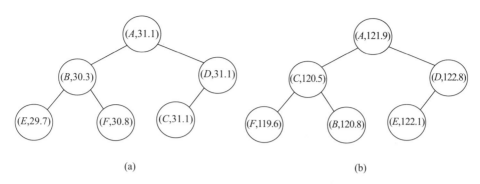

图6-19 空间位置关系平衡二叉树

空域冲突详细判断是通过求解空间拓扑关系的方法,对两个空域的几何投影描述间进行相交判断,进一步地验证可能产生冲突的线段或多边形之间的交叠冲突关系,完成空域对象在水平方向上冲突可能性的判断确认。若两个空域冲突,则两个空域的边界线必有相交,假设空域 A 一条边由点 p_1 和 p_2 定义,空域 B 的一条边由点 p_3 和 p_4 定义,点 p_1 和 p_2 构成的直线方程为 $f(x,y)=dx(y-p_1^{(y)})-dy(x-p_1^{(x)})$。凡在此直线上的点必满足:

$$f(x,y)=dx(y-p_1^{(y)})-dy(x-p_1^{(x)})=0 \tag{6-16}$$

而不在该直线上的其他点使

$$f(x,y)=dx(y-p_1^{(y)})-dy(x-p_1^{(x)})\neq 0 \tag{6-17}$$

并且不在该直线同一侧的两个点对应的两个 $f(x,y)$ 值是异号的,因此,判断点 p_3 和 p_4 在 S_1 不同侧的充分必要条件为

$$f(p_3^{(x)},p_3^{(y)})\cdot f(p_4^{(x)},p_4^{(y)})\leq 0 \tag{6-18}$$

同理,可写出点 p_3 和 p_4 构成的直线方程,进而可判断点 p_1、p_2 在 S_2 不同侧的充分必要条件。显然,若线段的两个端点都在对方的不同侧,则此两线段必然相交。

若筛选条件 $f(p_1^{(x)},p_1^{(y)})\cdot f(p_2^{(x)},p_2^{(y)})\leq 0$ 和 $f(p_3^{(x)},p_3^{(y)})\cdot f(p_4^{(x)},p_4^{(y)})\leq 0$ 同时成立,则表示规格化图形的线段 S_1 和 S_2 之间在水平面上存在冲突。记两个空域高度值为 ZP_{min}、ZP_{max} 和 ZQ_{min}、ZQ_{max},若筛选条件 $ZQ_{max}\geq ZP_{min}$、$ZP_{max}\geq ZQ_{min}$ 中的一个或两个成立,则表示规格化图形 P 和 Q 对应的空域对象在垂直方向上存在冲突,其中,P 和 Q 分别表示两广规格化的空域对象,ZP_{min}、ZP_{max} 表示空域 P 的最低高度和最高高度。ZQ_{min}、ZQ_{max} 表示空域 Q 的最低高度和最高高度。如图6-20所示。

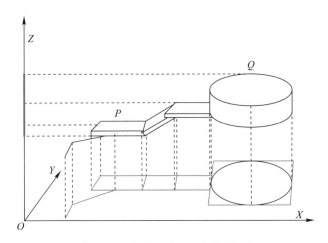

图 6-20 空域水平和垂直投影示意

2) 基于网格的冲突检测算法

在采用三维网格描述空域后,空域间的空间冲突检测由三维空间的交叉计算简化为检测两个空域所包含的网格块是否有重叠。在进行空域冲突检测时,先进行时间冲突判断,若时间上不冲突则认为不冲突,否则进行进一步空间冲突判断。空间冲突判断时,可采用高层级空域网格级做初步筛选,再用低层级网格进行详细判断。例如,两个空域均为第六层级网格集合定义,按照层级向上递归为第三层级网格,则网格集合规模最理想的情况是降低 $16 \times 25 \times 9 = 3600$ 倍。两个空域关联的所有第六级三维网格分别构成集合,命名为集合 A 和 B,递归映射的第三级网格集合为 A_3, B_3,则两空域空间冲突时满足:

$$A_3 \cap B_3 \neq \emptyset, A \cap B \neq \emptyset \qquad (6-19)$$

冲突的部分 C 即为两个集合的交集:

$$C = A \cap B \qquad (6-20)$$

8. 空域使用分析

1) 分析方法

在监视数据处理生成目标航迹后,根据目标的位置,判断航空器所处的网格块。经纬度坐标首先需要根据步长映射为网格坐标,映射公式见式(6-5)~式(6-7)。

其次,根据命名规则将 Y_{lon} 转变为字母序列:

$$Y_{lon} \xrightarrow{\div 26} y_{lon} \qquad (6-21)$$

最后,将 X_{lat}、y_{lon}、Z_{alt} 进行拼接,得到网格的编号命名。将网格编号计入当前航迹数据中。

同时,根据航迹与网格判断是否存在记录数据,若无记录数据则产生记录;若有记录数据则更新数据记录,航迹与网格判断流程如图6-21所示。

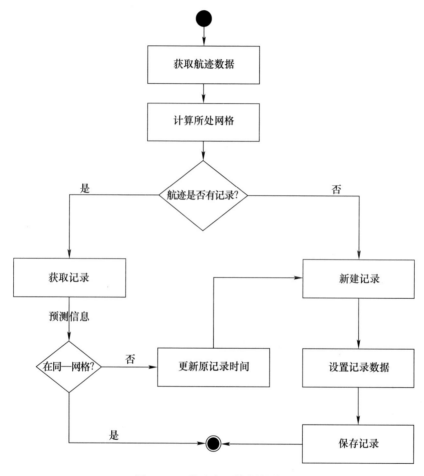

图6-21 航迹与网格判断流程

(1)忙碌级别定义。忙碌级别定义公式如下:

$$L_i = \text{count}(G_i) \qquad (6-22)$$

式中:L_i 为忙碌级别 i 对应的网格数量;G_i 为忙碌级别为 i 的网格,Count(G_i)表示对忙碌级别为 i 的网格计数。

忙碌级别统计根据当前所有空域被航空器使用的次数评估忙碌级别,然后统计不同级别空域的数量见表6-9。

表 6-9　忙碌级别

0级	1级	2级	3级	4级	5级	6级	7级	8级	9级	10级
1~5	5~10	10~15	15~25	25~35	35~45	45~60	60~85	85~115	115~160	160~

(2) 空域高度分布。空域高度分布统计公式如下：

$$H_h = \text{count}(G_h) \quad (6-23)$$

式中：H_h 为高度层 h 上使用的空域网格数量；G_h 为高度 h 的网格。

(3) 航空器高度分布。航空器高度分布统计公式如下：

$$T_h = \sum_{k=0}^{H_h} \text{count}(t_k) \quad (6-24)$$

式中：T_h 为高度层 h 上使用的航空器量化指数；H_h 为高度层 h 上使用的空域网格数量；t_k 为经过高度层 h 上第 k 个网格的航空器。

(4) 分时使用率。分时使用率为各时刻被使用的空域数与总空域数的比值，即

$$u_t = G_t / \text{Total} \quad (6-25)$$

式中：u_t 为 t 时刻空域使用率；G_t 为 t 时刻被使用的所有空域；Total 为空域总数。

(5) 综合使用率。综合使用率为到当前时刻空域内累计被使用过的空域数量与总空域数量的比值，即

$$U_T = \left(\sum_{t=0}^{T} \text{New}(G_t) \right) / \text{Total} \quad (6-26)$$

式中：U_T 为 T 时刻空域综合使用率；$\text{New}(G_t)$ 为 t 时刻新增的被使用空域；Total 为空域总数。

2) 地表网格分析

在网格化技术实现的基础上，以记录的北京地区 12:00—17:00 的 ADS-B 监视数据作为数据源，对网格空域资源使用进行了验证。空域网格颜色基于进入空域的数据量从低到高分为 11 个级别，颜色由深蓝向深红逐级过渡。

对空域只进行基于经纬度的地表网格化，将所有目标关联到对应网格中，6h 运行结果如图 6-22 所示。

在地表网格分析下，可通过网格显示航班经过的所有网格及网格的最终状态，如图 6-23 所示。

在地表网格分析下，可通过网格显示经过网格所有航班信息，如图 6-24 所示。

3) 三维网格分析

对空域基于经纬度和高度三维网格化，将所有目标关联到对应网格中，2h

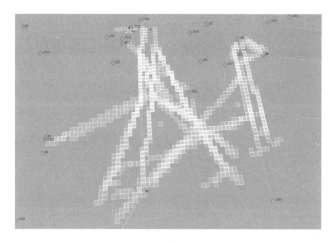

图 6-22　目标关联到网格

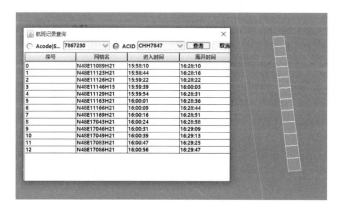

图 6-23　航班用空状态

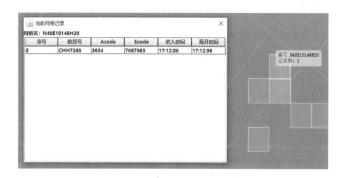

图 6-24　网格使用信息

运行结果如图 6-25～图 6-27 所示。

图 6-25　目标关联到网格 1

图 6-26　目标关联到网格 2

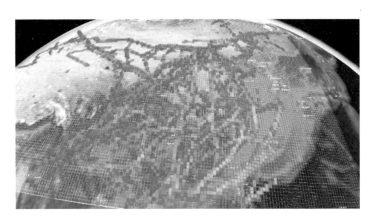

图 6-27　目标关联到网格 3

在三维网格分析下,可通过网格显示航班经过的所有网格及网格的最终状态,如图 6-28 所示。

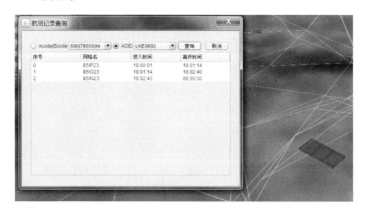

图 6-28 网格状态

在三维网格分析下,可通过网格显示经过网格所有航班信息,如图 6-29 所示。

图 6-29 航班信息

9. 基于网格可对飞行任务和空域使用进行多角度的统计分析

忙碌级别的分布情况可以反映当前空域对需求的满足程度,忙碌程度越低,可用空域资源越充足,如图 6-30 所示。

空域高度分布可以反映不同高度层的空域资源的使用情况,实际使用的空域越多,对应高度层的值越大,如图 6-31 所示。

航空器高度分布可以体现不同高度航空的综合数量,航空器越多的高度层冲突风险也越大,航空器越少的高度层冲突风险也越小,如图 6-32 所示。

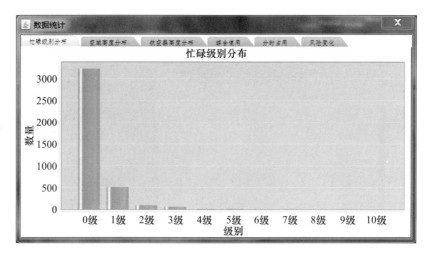

图 6-30　忙碌级别分布

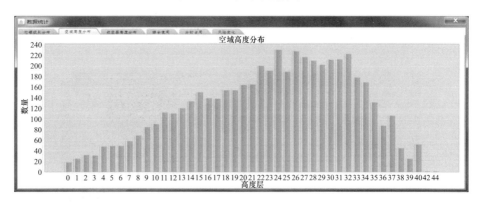

图 6-31　空域高度分布

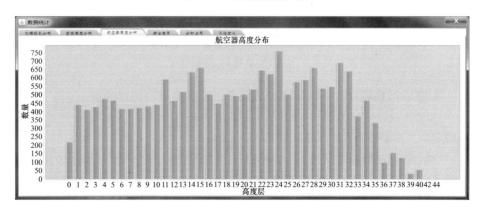

图 6-32　航空器高度分布

综合使用率体现随着时间的变化,使用过的空域数量情况,值越稳定则空域范围的运行状态越稳定,如图6-33所示。

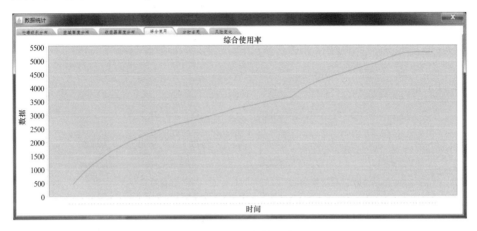

图6-33　综合使用率

分时占用率是在不同的时刻被使用网格的数量,反映不同时刻空域的需求量,如图6-34所示。

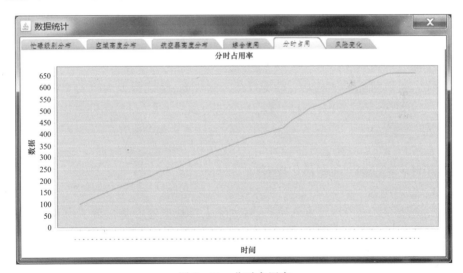

图6-34　分时占用率

10. 基于网格的冲突分析与传统分析的对比

使用在冲突检测中最常用的位置与空域关系判断方法为基础,对基于网格的判断和传统基于区域的判断进行对比。基于网格的判断包括直接网格判断和模拟4组分布式判断两种;采用目标位置数量为1000、2000两组;单个空域包含的网格数为 1000、5000、10000 三组。测试及数据统计如图 6-35 所示,数据以传统计算为基准统计了耗时偏差比。单个空域网格数较少时网格及网格分布式计算相对于传统位置关系判断具有明显的优势,随着单个空域的网格集合增大,基于网格集合的冲突分析性能会低于传统冲突计算方法,网格分布式计算性能优势也会逐渐减小。

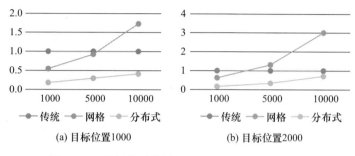

图 6-35 目标位置分别为 1000 和 2000 的测试数据

综上所述,在网格粒度一定的情况下,基于网格化的空域进行分布式计算性能与单个空域的大小有关。在战术级单个空域较小的情况下,基于网格化的空域分布式计算性能明显优于传统方法,适合采用网格化计算;在战略级单个空域较大的情况下,基于网格化的空域分布式计算性能优势不明显或低于传统方法,适合沿用传统方法。

6.3.2 网格化在无人机路径规划技术应用

无人机航路规划是对无人机飞行路径的规划,是确保无人机安全高效地完成任务,在适飞空域范围内对其飞行线路进行预先策划,目的是使本次飞行任务达到最佳效能。

本节将以"无人机飞行路径规划"为无人机网格化空域管理技术应用场景,描述如何利用三维空间网格化技术。

1. 应用场景

无人机在适飞空域范围内飞行,规划无人机从位置 S 到位置 E 并满足性能约束及任务约束的安全避障运输路径。

2. 空间规划

无人机低空飞行主要受地形影响和限制。基于网格的空间规划,将三维数字高程模型与三维空间网格进行关联,将规划空间的综合信息用数学形式表示。

无人机路径规划在三维空间中实现:

假设 $\{x,y,h\}$ 为空间中坐标点,则将无人机任务规划环境表示为

$$\{(x,y,h) \mid (x,y,h) \in \text{area}\} \qquad (6-27)$$

其中,area 定义了许可飞行的地理空间范围。无人机的出发点 S 及和目标点 E 均位于该区域,无人机货物运输仅在该区域进行。

三维数字高程地图模型是规则网格模型,将规划区域空间分成规则的正方形网格化单元,每个网格点对应一个高程值,这样每个点度可以用一个三维坐标来表示。用一个三维数组来表示空间点集合,数组的每个元素代表地形网格的一个空间点。

3. 性能约束

规划无人机路径时需考虑无人机物理性能约束,确保该路径安全可飞。各性能约束条件如下:

1) 最大飞行里程

假设任意两相邻路径点间里程为 l_i,共有 n 段路径,则该约束表达式为

$$\sum_{n=1}^{n} l_i \leqslant L_{\max} \tag{6-28}$$

其中,$L_{\max}$ 为无人机最大飞行里程。

2) 最大爬升角

假设 $p_i(x_i,y_i,z_i)$ 与 $p_{i+1}(x_{i+1},y_{i+1},z_{i+1})$ 为无人机路径上两相邻路径点,则该约束表达式为

$$0 \leqslant \frac{|z_{i+1}-z_i|}{\sqrt{(x_{i+1}-x_i)^2+(y_{i+1}-y_i)^2}} \leqslant \tan\mu_{\max} \tag{6-29}$$

其中,$\mu_{\max}$ 为无人机的最大爬升角。

3) 最大转弯角

假设无人机进行机动飞行后相邻两路径点坐标为 $p_i(x_i,y_i,z_i)$ 和 $p_{i+1}(x_{i+1},y_{i+1},z_{i+1})$。若 $z_i=z_{i+1}$,无人机完成弯操作,相应转弯角为 β,则该约束表达式为

$$\beta = \arccos \frac{(x_i-x_{i-1})(x_{i+1}-x_i)+(y_i-y_{i-1})(y_{i+1}-y_i)}{\sqrt{(x_i-x_{i-1})^2+(y_i-y_{i-1})^2}\sqrt{(x_{i+1}-x_i)^2+(y_{i+1}-y_i)^2}}, 0 \leqslant \beta \leqslant \beta_{\max} \tag{6-30}$$

4) 飞行高度

无人机运输货物为低空飞行,其允许飞行最大高度由空中交通管制部门规定,最低高度也应高于最低障碍物高度一定距离以防无人机坠毁,则该约束表达式为

$$h_{\min} < h_i < h_{\max} \tag{6-31}$$

其中,h_i 为第 i 段飞行高度;$h_{\max}$ 为最大飞行高度;$h_{\min}$ 为最低飞行高度。

4. 路径规划

航路规划算法可分为传统经典算法和现代智能算法两类。传统经典算法包括动态规划法、导数相关法、最优控制法等;现代智能算法包括启发式搜索算法、遗传算法、人工神经网络法、蚁群算法、粒子群算法等。在现实中规划区域必然是三维空间,随着无人机所承担的任务越来越复杂,对航迹规划的实时性要求也越来越高,要求无人机必须在特定时间段内到达目标地点完成任务,即无人机四维航迹规划问题。A∗算法是一种经典的启发式搜索,一般应用于基于栅格的数字地图中。A∗算法通过预先确定的估价函数作为依据,在状态空间中持续搜索代价最小的节点,将已搜索空间中到达目标节点代价最小的路径作为规划结果。对于四维航迹规划问题来说,可以将时间约束用估价函数来表示。将估价函数定义为估计到达时间与预定到达时间的差值,差值越小代表越接近时间要求。A∗算法通过不断从可用节点表中搜索估价函数值最小的节点并加入速度调整策略,最终生成满足任务时间约束且可飞行的航迹。

1) 估价函数定义

A∗算法是求解静态路网中最短路径最有效的直接搜索方法,其估价函数表达式为$f(n) = g(n) + h(n)$。其中,$f(n)$是从起点S到目标点E的估计代价,$g(n)$是从起点S到当前节点n的实际代价,$h(n)$是从当前节点n到目标点E的预估代价。无人机路径规划中可将估价函数表示为与时间有关的形式,定义为将要到达时刻与规定到达时刻的差值,故$f(n)$值越小则路径越优。时间估价函数可表示为

$$f(n) = |g(n) + h(n) - T| \tag{6-32}$$

其中,T为预计可用的飞行时间,设到达目标点E规定时刻为t_k,预计出发时刻为t_0,则$T = t_k - t_0$。$f(n)$表示从起始位置S开始经过当前节点n到目标位置E实际所用时间与规定到达时间的差。$f(n)$越小,则货物送达时间更接近规定时间。

2) 建立节点信息表

建立可用节点表(OPEN 表)和不可用节点表(CLOSED 表),并将当前所有可用且准备检索节点及其父节点的信息放在 OPEN 表中,已检索的和属于障碍范围无法使用的节点放在 CLOSED 表中。

3) 算法过程

(1) 节点的扩展表示。算法的每一步从当前节点搜索相邻网格点中所能够到达的节点,称为扩展。通过限定无人机在空间点间飞行的飞行角度变化量,来确定相邻位置中可选择的节点,使规划的航迹满足无人机性能约束条件。

假设点P_{i-1},P_i为某架无人机航迹上依次飞行的两个连续航迹点,则无人机的飞行方向向量为$P_{i-1}P_i$。由P_i点扩展到与P_i相邻的下一个节点,需要满足无人机的最大航迹倾斜角和最小转弯半径约束条件。在水平方向上,该无人

机飞到下一航迹点的最大速度方向改变量为一定角度值 α。无人机移动的水平剖面示意图如图 6 - 36 所示。

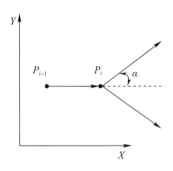

图 6 - 36　无人机移动的水平剖面示意图

同理,在垂直方向上该无人机飞到下一航迹点的最大速度方向改变量为一定角度值 β,无人机移动的垂直面示意图如图 6 - 37 所示。

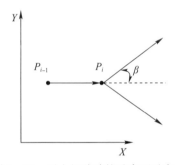

图 6 - 37　无人机移动的垂直面示意图

（2）算法过程。从起始节点开始,算法的每一步在满足约束条件的前提下进行节点扩展,即从当前节点搜索下一步所能够到达的节点并放入 OPEN 表中,然后在 OPEN 表里的可扩展节点中选出满足约束条件且 $f(n)$ 值最小的节点进行下一步扩展,选出的节点作为已扩展的节点放入 CLOSED 表中。如此循环,直到搜索至目标节点。通过由目标节点回溯,搜索每个最佳节点的父节点,最终生成总 $f(n)$ 最小航迹。

4）速度调整策略

为了进一步提高规划航迹的时间精确度,需要为算法加入速度调整策略,通过调整速度进一步消除时间误差。在每次计算扩展节点时同时计算该点合适的速度。

设无人机在某节点处离目标点直线距离为 d,速度调整公式为

$$v = \frac{d}{T - T_i} \quad (6-33)$$

其中，T_i 为已飞行时间；T 为预定总飞行时间。通过每次节点扩展都进行速度调整，以满足任务的时间节点，最终可以在预定时间到达目标点。无人机有速度上限 v_{max}，速度调整时不超过该值。

5）算法流程

路径规划算法流程如图 6-38 所示，算法初始化内容包括三维空间矩阵

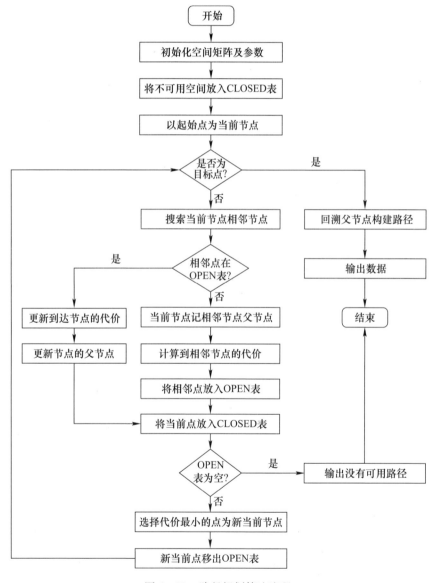

图 6-38　路径规划算法流程

MAP、起始点 Start、目标点 Target、OPEN 表、CLOSED 表、起始速度 v_0、起始时间 t_0、要求到达时间 t_i。搜索当前节点的相邻节点时，相邻节点需不在 CLOSED 表中，且满足无人机性能约束条件。对于已经存在于 OPEN 表的相邻节点，将该点的 $f(n)$ 值设置为在原先 OPEN 表中的 $f(n)$ 值与当前扩展所得节点的 $f(n)$ 值中的较小值，同时按照值的选择确定父节点。当算法搜索未到达目标位置，且 OPEN 表在更新相邻点后为空，即没有可以到达的下一个点时，表示没有可达的路径。

6.4 无人机空域容量评估技术

目前，无人机作为通用航空产业的重要运行工具、城市低空空域的主要使用者，随着城市低空空域飞行量不断增长，使飞行量与有限的城市低空空域容量之间的矛盾不断显现，继而影响飞行安全并产生因飞行器碰撞或坠落造成的经济损失，直接影响了低空空域飞行安全与无人机飞行安全。

合理安排无人机飞行，是解决无人机空域拥挤的有效方法。合理有效地评估城市无人机空域容量，是优化空域资源利用、提高通用航空产业经济效益的重要手段。而无人机活动普遍具有机动灵活性、飞行范围广泛等特点，增加了无人机空域容量评估难度。

无人机空域容量评估是指单位时间内，在可接受的冲突下某一可用空域承担的无人机最大运行架次。无人机可用空间识别、空域结构特征、冲突阈值的大小和避撞策略都会对无人机空域容量产生影响。

6.4.1 无人机空域可用空间识别

低空障碍物及其间隔标准是无人机空域可用空间判定的重要依据。低空障碍物可分为动态障碍物和静态障碍物，前者包括飞行中的鸟类和其他飞行器；后者包括建筑物等空间地形复杂性、人造障碍物和山丘树木等天然障碍物，是无人机空域空间可用与否的主要约束条件。无人机空域因近邻地表，受低空障碍物及其间隔标准影响，被划分为可用空间与不可用空间。其中，可用空间是指没有障碍物且不受地理环境影响的空域，不可用空间是指受到障碍物或地理环境影响变得不可使用的空域。在相同的飞行高度和空中交通流量条件下，低空障碍物复杂地区的无人机空域可用空间小于低空障碍物简单地区。许多国家通过设置低空障碍物间隔标准，限制无人机与地面障碍物的最小距离以保证其在城市无人机空域内安全运行，如澳大利亚、加拿大、日本均设定为 30m，英国设定为 50m，新加坡设定为 60m。

无人机空域可用空间总量推导计算公式,详见式(6-1)、式(6-2)、式(6-3)。

6.4.2 无人机空域结构特征

无人机空域结构是影响无人机空域容量的重要因素,其限制了无人机在空域内部运行的飞行高度、方向和速度,导致不同空域结构的运行效率差异,从而影响了无人机空域容量。

2020年5月,海南省率先对无人机飞行空域采取了分级分高度的试点管理方式,摒弃了传统的水平投影无差别禁飞,分别设置了30m、60m、90m的立体限高区,对国内无人机空域结构最优化规划具有示范性作用。

6.4.3 无人机空域碰撞风险

无人机空域碰撞风险是指空域内两架运行中的无人机的距离小于最低安全间隔的概率,是基于飞行安全上的无人机空域容量评估的重要约束条件。由于无人机自由飞行、按需飞行、无序飞行等活动特性,无人机空域碰撞风险相对传统运输航空更大,所以被视为影响无人机空域容量评估重要因素。当运行空域内无人机碰撞风险小于最低安全事故率时,认为该无人机空域处于安全状态,由此可根据具体飞行环境及时间评估无人机空域容量。

6.4.4 冲突检测与解脱模型

冲突检测与解脱建模方法是针对无人机位置和运动趋势建立的冲突风险检测模型。算法根据无人机安全间隔标准为每个无人机定义一个安全边界区 S(半径为 r、高度为 h 的圆柱体),两个无人机间隔小于安全距离,即无人机 A 进入目标无人机 A_0 的安全边界区 S 的概率为碰撞风险 z,如图6-39所示,无人机 A 将会移动至 A',则与 A_0 有碰撞风险。

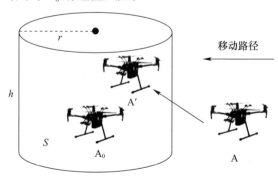

图6-39 无人机安全边界区 S 及冲突示意图

在碰撞风险的计算中,核心的安全指标为空域内无人机之间可接受的最小安全间隔标准,其最小极限值是一个最小网格精度。不同运动趋势下无人机的碰撞风险 z 为

$$z = \frac{N(N-1)}{2} \frac{2RT}{V(g_{mnh};\delta,r)} \left[\frac{8\omega}{\alpha} \left(1 - \frac{2}{\alpha} \sin\left(\frac{\alpha}{2}\right) \right) \right] \quad (6-34)$$

式中:在基于网格的空域管理下,N 为无人机数量(架次);R 为最小安全间隔,采用最小网格的数量进行标识;$V(g_{mnh};\delta,r)$ 为被评估无人机空域可用空间网格的总数量,见式(6-3);T 为统计时间内所有无人机飞行总时间(h);α 为飞行方向,以正北为零顺时针弧度数标识;ω 为无人机飞行速度,采用每小时能飞越的网格数量进行标识。

6.4.5 无人机空域容量评估

目前,我国对无人机空域结构性管理还在试点阶段,因此本节主要考虑低空障碍物分布与无人机间安全间隔标准,从可用空间识别、碰撞风险两个角度入手进行无人机空域容量评估。

按无人机空域碰撞风险界定规则,一次碰撞视为 2 次飞行事故,根据式(6-3)、式(6-34)可得基于碰撞风险的无人机低空空域容量 s(架次/h)为

$$s = \frac{2z \times V(g_{mnh};\delta,r)}{Nv} T \quad (6-35)$$

式中:$V(g_{mnh};\delta,r)$ 为被评估无人机空域可用空间网格数量;z 为碰撞风险(事故次数/飞行小时);N 为无人机数量(架次);v 为无人机飞行过程中安全边界区相当的空间网格数量;T 为被评估时间(h)。

6.5 无人机空域运行仿真技术

无人机空域运行仿真是复现无人机空域运行状况、评估无人机运行空域方案安全和效率的建模与评估过程,仿真技术和工具用于辅助实现该过程。通过对无人机空域运行中各单元建立模型,并利用计算机软件进行模拟仿真评估,可以用来模拟分析现行无人机空域运行状况,评估无人机空域调整后的运行变化,验证无人机空域使用方案与运行程序。

6.5.1 无人机空域运行仿真系统

无人机空域运行仿真系统利用计算机仿真技术对过去、现在及未来可能的无

人机空域运行状况进行建模与仿真,查找无人机实际空域运行过程中的空域结构瓶颈、管理运行的不合理性,提供可重复再现的展现方式,对不可能在实际空域中进行试验验证的空域调整规划、空中交通管理新理论、新技术等加以综合演示和验证。仿真中,根据空域结构、飞行计划、飞机性能参数以及其他运行参数(如间隔规定、气象条件、保障条件等),完成无人机飞行计划执行过程中的飞行轨迹推算和冲突计算,获得高细节程度的飞行轨迹和冲突信息,动态模拟无人机空域运行情况。

根据仿真目的的不同,可以实现不同粒度的仿真:粗粒度、中粒度以及精细仿真。粗粒度仿真主要用于研究宏观问题,如无人机通信延误传播问题、天气影响、飞行计划等。中粒度仿真主要用于研究无人机空中交通管理策略性问题,如流量控制策略、管制规则的安全性等。精细仿真用于实现部分或全空域范围内的无人机飞行航迹推演,对较为具体的无人机空域结构划设,无人机排序等待、中间缓冲过渡、平台升降使用策略等进行评估。

无人机空域运行仿真系统主要包括三个层次:基础数据层、仿真层和统计分析层,如图6-40所示。基础数据包括空域静态数据和动态数据,仿真层实现空

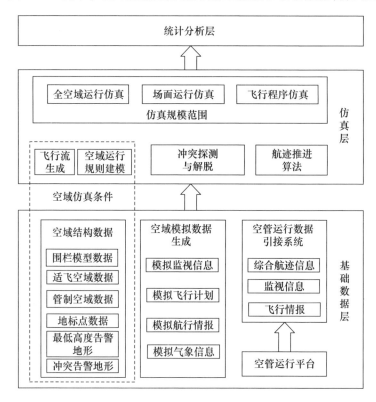

图6-40　无人机空域运行仿真系统架构

域运行全过程仿真,统计分析层是在仿真基础上完成对特定指标的统计计算,通过对无人机空域仿真条件的改变,分析不同条件下的指标结果变化,从而开展进一步的分析评估。

无人机空域运行仿真涉及无人机空域规划设计、空域运行、使用评估等业务领域。其主要作用包括:重现系统,以便事后分析;对无人机空域系统运行进行性能评价;对空域管理新理论、新技术进行仿真试验;优化空域系统设计。

无人机空域运行的建模/仿真评估的目标是通过评估反馈以改善和提高无人机飞行的可靠性,使其具备全空域飞行能力,从而降低无人机使用成本、提高空域共享能力,实现有人机与无人机混合空域运行。

6.5.2　无人机融合空域仿真模型

由于航空飞行的特殊安全性要求,在无人机与有人机共享空域前,必须进行充分的验证,建立不同粒度、不同类型无人机的飞行模型、空中交通管理相关的感知和防撞模型,并在现有的有人机空中交通管理仿真系统中进行仿真,考察其对飞行间隔及管制的特殊要求。

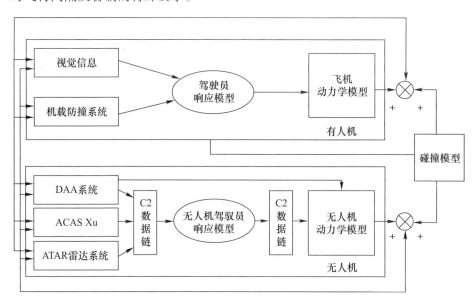

图6-41　有人机/无人机空中交通管理仿真模型

图6-41所示为有人机/无人机空中交通管理仿真模型,有别于有人机的驾驶员响应模型和视觉系统,无人机需要通过C2数据链引入无人机驾驭员的响应模型,另外,无人机还可采用DAA系统、ACAS Xu、ATAR雷达系统进行自主

飞行或无人机驾驶员辅助飞行。它们通过动力学模型解算并叠加碰撞模型,仿真无人机/有人机融合的空域环境,构成一个闭环系统。仿真结果表明:对于中高空亚声速飞行的无人机,可在安装空管设备、操作员及时干预的情况下进入中等繁忙程度的空域飞行。但对无人机空域飞行建模/仿真须经过进一步严密的校核、验证和确认,以确保建模的精确度和置信度,仿真模型正确描述了有人机/无人机混合的空域系统,从而为制定无人机进入全空域飞行的适航条件建立基础。

6.5.3 欧美无人机系统融入国家空域仿真

1. 德国无人机系统融入国家空域仿真

德国民用无人机问题安全联盟(USICO)对无人机融入民用空管/ATM仿真情况如下:

1) 无人机融入民用空管/ATM运行概念

无人机融入民用空管/ATM运行的仿真架构如图6-42所示。

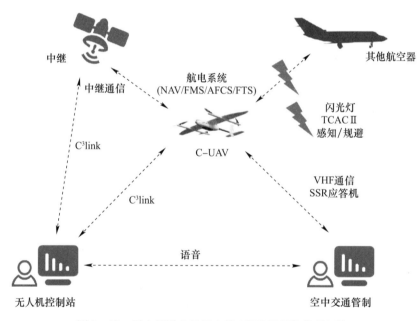

图6-42 无人机融入民用空管/ATM运行的仿真架构

2) 实时仿真

(1) 任务场景:多旋转翼无人机的监视任务——从法兰克福地区机场到包岑北部的任务区域。

(2) 实时模拟场景：无人机穿越终端区(TMA)法兰克福的出站和入境飞行——TMA 内的无人机紧急情况，如图 6-43 所示。

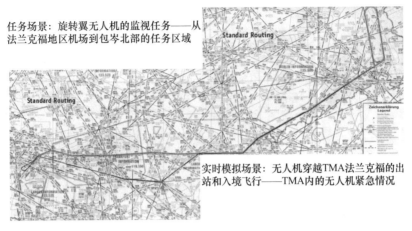

图 6-43　实时模拟

3) 模拟飞行空间

法兰克福飞行情报区：法兰克福 TMA 和西区，如图 6-44 所示。

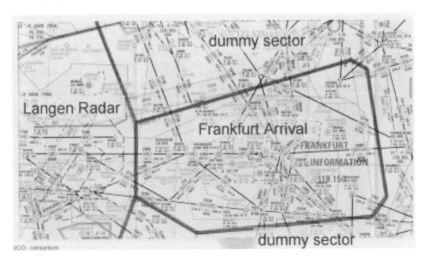

图 6-44　模拟飞行空域

4) 模拟飞行场景

模拟场景：固定翼无人机从法兰克福西部或北部需要穿越法兰克福 TMA，即无人机从 0~13 区域出发到达 26~38 区域，需飞 4~6 区域，如图 6-45 所示。

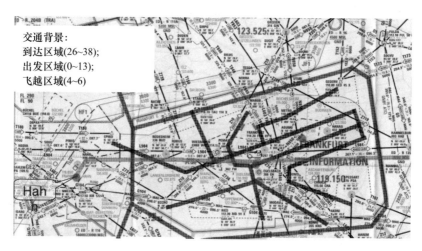

交通背景:
到达区域(26~38);
出发区域(0~13);
飞越区域(4~6)

图6-45 模拟飞行场景

5) USICO 模拟运行

模拟统计如下,USICO 模拟运行如图6-46所示,无人机融入空域仿真图如图6-47所示。

(1) 航班总数:40。
(2) 到达航班:30。
(3) 飞越航班:10。
(4) 无人机:1。

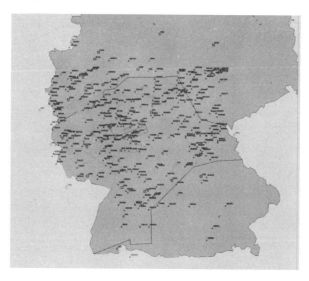

图6-46 USICO 模拟运行

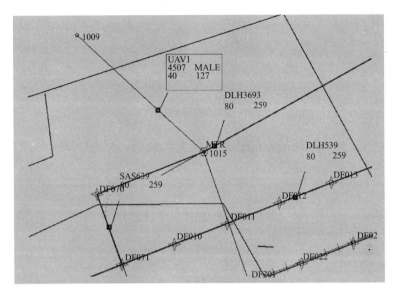

图6-47 无人机融入空域仿真

2. 美国无人机系统融入国家空域仿真

美国国家航空航天局的UAS-NAS项目于2020年9月结束。该项目识别、开发和试验了帮助实现无人机例行融入国家空域系统的技术与程序。

NASA的UAS-NAS项目始于2011年,目的是通过仿真和飞行试验研究成果,为将UAS集成到NAS所需的DAA以及C2技术的开发和验证提供支持。

2020年,系统集成和运行(SIO)演示活动在UAS-NAS项目下完成了两次活动,第3次验证活动已在2022年3月在先进空中交通(AAM)项目领导下进行。通用原子航空系统公司在2020年4月的SIO演示活动中飞行了"空中卫士"无人机系统,2020年9月,贝尔德事隆公司在SIO演示中飞行了APT 70无人机。SIO的最后合作伙伴是美国航空航天技术公司,已在2022年3月使用AiRanger无人机开展最后一轮SIO演示。

6.6 小 结

无人机围栏和三维空间网格化技术是目前解决无人机空域管理问题的主流技术;采用基于地理围栏的可用空间识别技术和冲突检测与解决模型技术可以解决无人机空域容量评估问题;无人机空域运行仿真最终目标是通过评估反馈以改善和提高无人机空域飞行的可靠性,使其具备全空域飞行能力,从而降低无人机使用成本、提高空域共享能力,实现有人机与无人机混合空域运行。

第7章
无人机空域管理未来发展

7.1 概　　述

军用和民用无人机市场的飞速发展以及智能无人机的出现给无人机空域管理带来了新的挑战和机遇。数据链、机载监视设备小型化、星基 ADS-B 监视等技术在无人机空域管理中应用越来越广泛，无人机空域管理面临空中交通管理难度大、无人机自主决策能力需求提升、全域全时监视能力需求提升等挑战。这种情况下，天地一体化空域监视、综合化空域管理、智能化空域管理、空域数字孪生体等技术成为无人机空域管理技术的发展趋势。

7.2 未来挑战与机遇

7.2.1 无人机未来发展概况

近年来，无论是民用消费级无人机市场还是军用无人机市场，新型无人机如雨后春笋般诞生，并持续飞速发展。

民用消费级无人机以深圳大疆创新科技有限公司、深圳零度智能飞行器有限公司等为代表，产品以小型旋翼为主，广泛用于娱乐性航拍和商业性航拍等。娱乐性航拍主要针对航空爱好者，通过安装在无人机上的摄像机镜头，人们可以在更高的空间高度用全新的三维视角观看世界。商业性航拍主要用于商业广告、影视等行业素材采集。民用消费级无人机市场的繁荣原因很多：首先，这要得益于零部件制造业的发展，尤其是导航、控制、精密光学等部件技术的成熟，而深圳作为中国最先开放门户的电子市场，最先抓住了无人机市场机遇；其次，关键技术资源丰富，开发门槛不断降低，国内外大批怀着航空梦想的年轻人聚集在无人机网络论坛上,利用开源无人机程序代码开发和改进无人机功能,他们在论坛上发表自己设计的创新应用方案,展示自己的创意无人机产品,开发技术门槛的降低给制造商带来的好处是开发成本和投资风险的降低;再次,中国经济的繁荣催生了中国娱乐市场的繁荣,无人机作为一种科技含量高的特种装备不仅能吸引资深的航空爱好者,也能吸引大批体验酷爱新兴事物的年轻人加入无人机的使用者中来;最后,各行业需求刺激无人机应用加速,以物流领域为例,近年来物流市场高速发展迫使物流企业寻求使用无人机投送快递的方法来提高快递市场占有率,具有标志性的事件是,2016年12月14日英国亚马逊开始无人机送货服务测试,同年,京东集团就无人机通航物流体系规划与陕西省政府在西安签署了《关于构建智慧物流体系的战略合作协议》。

事实上,中国民用无人机的市场潜力还没完全发掘出来,受限于无人机管控政策、精准无人自主决策技术及应用创新等条件限制,民用无人机发展目前还处于探索阶段。

在军用无人机市场上,中国无人机发展劲头十足,对外展示的成品无人机多达数十种。国内代表性无人机系列覆盖察-打-评作战功能需求,性能指标处于国际领先地位。

随着各国军队信息化建设的推进,军用无人机作为信息化建设代表将成为重点投资对象。在军用无人机地位日益突出的全球背景下,中国军用无人机市场需求主要由国内需求和出口市场增长两个方面驱动组成。国内需求的增加来自我国经济发展和应对安全形势的需要。出口方面,我国军用无人机已经在世界上形成了一定的影响力,部分产品出口国外,未来出口市场有进一步扩大的空间。全球无人机需求方面,据美国蒂尔集团预测,到2024年全球军用无人机市场规模将达到115亿美元,军用无人机市场前景广阔。

随着我国相关政策的实施,为无人机这种亦军亦民的高科技产品提供了前所未有的发展机遇。无人机市场的繁荣以及无人机的大规模应用也为无人机的管理控制提出新的挑战。无人机作为一种新兴科技产物进入休闲娱乐和民用领域速度太快,以至相关的空域管控政策法规需要高速持续出台和改进才能满足无人机行业健康发展。以民用小型无人机的管理和推广为例,我国2018年正式发布《民用无人驾驶航空器经营性飞行活动管理办法(暂行)》,规范民用和商用无人机使用流程。目前,我国应攻关突破无人机空管关键技术,制定完备政策制度,统筹规划无人机空管顶层设计,建设无人机/有人机混合运行仿真平台,组织无人机/有人机混合运行仿真,进行无人机空管关键技术演示验证,探索解决无人机空管对空监视、空域规划、运行标准、感知避让、指挥通信、管理服务等重难点问题,为提高无人机空管运行效率和社会经济效益,最终实现无人机/有人机混合运行提供理论和技术支撑。

7.2.2　智能无人机发展

1. 智能无人机发展概况

针对智能无人机空域管理系统的设计,必须充分考虑到无人机的"智能"特征。"智能",一方面要求无人机具备一定的自主能力,能够根据任务特点以及飞行空域特征自适应地做出最佳飞行决策。因此,空域管理系统应预留无人机自主决策空间。另一方面智能无人机承担任务的复杂度更高,无人机自主决策的风险和不确定性随之增加。

早期无人机管理系统采用基站控制方式飞行,无人机在飞行过程中,需要地面操作人员不断向无人机发出指令,无人机在指令的控制下完成飞行任务。这种控制方式灵活性差、效率很低,已经很少在中远程无人机中使用。自20世纪90年代开始,为了提升无人机战场适应能力,采用基站控制和预先设定导航程序相结合的控制方式,这种方式称为半自主控制方法。此方法中基站比预设程序有更高的控制权限,地面操作人员可在无人机飞行过程中随时通过基站获得无人机的控制权。除此之外,无人机可以按照事先的程序设定完成飞行和执行相关动作。进入21世纪后,无人系统中的智能控制技术逐渐得到重视,一个完整的智能无人系统包括状态管理、态势监控、数据挖掘以及自主决策等环节,理想情况下通过智能控制系统实现无人机完全自主完成特定的任务。在无人机的智能化能力建设方面,美国海军研究实验室和美国空军研究实验室在2000年提出自主作战概念,对无人机的信息处理能力重点关注;NASA将高空长航时无人机的智能程度水平按照其自主能力量化为6个等级,具体如下:

(1) 0级——遥控飞行,通过人在回路的方式控制无人机飞行。

(2) 1级——自动控制,通过操作人员监视,机载自动控制设备辅助飞行。

(3) 2级——远程操作,通过预先设置任务以及导航程序,无人机依据预设航路点飞行。

(4) 3级——半自主,具有部分态势感知能力,能做出常规决策,可执行复杂任务。

(5) 4级——全自主,具有广泛的态势感知能力,有能力和权限做全面决策,能实现自动任务重规划。

(6) 5级——协同操作,多无人机可团队协作。

我国学者王英勋等提出了另一种无人机自主控制的能力等级量化方法,具体如下:

(1) 0级——完全结构化的控制方式和策略,对自身和环境变化没有做出反应的能力。

(2) 1级——能够适应对象和环境的不确定性,具有变参数、变结构的能力。

(3) 2级——具有故障实时诊断、隔离和根据故障情况进行系统重构的能力。

(4) 3级——能够根据变化的任务和态势进行决策与任务重规划的能力。

(5) 4级——具有与其他单位或系统进行交互、协同的能力。

(6) 5级——能够自学习,具有集群自组织协调的能力。

在具体技术方面,随着各种高精密综合探测设备的应用、人工智能技术逐渐成熟以及计算机处理能力提升,智能无人机正在向完全自主能力建设方向发展,部分智能无人机原型样机具备了在未知环境中的自主探索、定位和自主飞行能力。以美国海军 X-47B 无人机为例,该无人机是集监控、情报收集和军事打击为一体的军用智能无人机,配备了全球定位系统、自动巡航系统、防撞感应器等,在不需要人工干涉的条件下能根据收集到的目标信息进行自主攻击。

2. 智能无人机定义及结构

智能无人机是由一系列的功能单元组成,能在一定程度上模拟人类自学习和推理决策方式的机械与信息系统。需要特别指出的是,智能无人机(Intelligent UAV)与常规自主无人机(Autonomous UAS)相比,前者强调系统根据外部动态环境的实时推理决策能力,而后者更注重系统在特定环境中无须人为干涉的自动化应对能力,这种应对能力是人为预设的,系统只能根据预设程序采取相应的措施。但是在很多未严格区分的情况下,人们往往称自主系统也具有一定"智能"能力,这种"智能"实际上是在无人机系统的某个功能实现中采用了一种或几种仿生算法,提升了系统的应对能力。

智能无人机是一个综合指挥、控制、计算、通信、情报、监视、侦察和数据的复杂集成系统,至少覆盖陆基、海基、天基其中一种通信数据链网络,系统关键功能模块包括无人飞行器平台、空间定位模块、飞行控制模块、航迹规划模块、综合识别模块、侦察传感模块、通信链路网等,通过合理的架构设计将各关键模块进行整合,实现对无人机的智能控制。根据智能无人机的应用特点,系统核心部分可分为四层式结构,分别为探测感知层(DSL)、态势理解层(SCL)、行为规划层(BPL)和行为控制层(BCL),系统结构组成如图 7-1 所示,各层之间的数据通信采用单向循环的方式进行,每一层只能向下一层传送本层处理结果,而不能对上一层的判决产生干扰。四层式结构中包含了系统的核心功能,这些核心功能的实现建立在完善的探测侦察网络和大数据基础之上。在多无人机或者有人/无人机协同空域中,单无人机平台作为无人机中的一个独立智能体,其状态以及任何行为决策都应实时上报控制中心,将飞行计划与空管系统以及友邻飞行器共享。

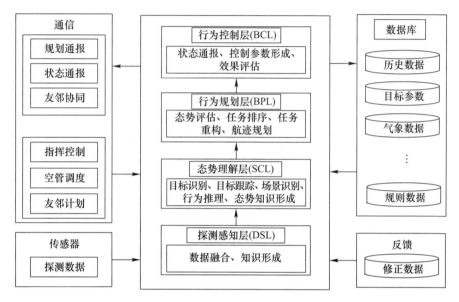

图 7-1 智能无人机分层式结构

1)探测感知层

探测感知层实现了无人机对空域的智能化感知,该层获取的探测数据必然是多源的,包括一次雷达、可见光探测、红外线传感、卫星定位、监视应答、防撞系统等。探测感知层的关键任务之一是将多源探测数据进行融合处理,并形成感知知识。值得注意的是,这里的数据融合与常规的数据融合有着本质不同,常规数据融合是完成多源传感数据点到点的融合,即融合计算的输入是多源传感器数据值,经过干扰抑制、加权等处理后输出仍是数据值。但是智能无人机探测感知层的数据融合是在大数据基础上,将输入多源探测数据进行推理判决形成关于空域情报的知识,推理判决包括数据清洗、比对修补、多属性集成,融合后形成感知知识是关于空域和目标的多属性数据包。本层形成的感知知识通过接口传入下一层。

探测感知层的结构如图 7-2 所示,推理判决的过程与数据库关联,数据库中各类数据库为推理判决提供先验信息和判决准则,最终形成的感知知识也要接受数据库的检验,并能根据新的证据(探测数据)反复修正,推理判决的过程是一个智能决策的过程。

2)态势理解层

态势理解层是为了实现无人机对无人机平台飞行空域态势知识的理解需求

第 7 章 无人机空域管理未来发展

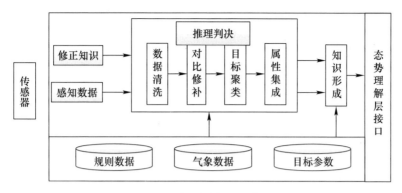

图 7-2 探测感知层的结构

而设计的,该层主要功能包括冲突目标识别、目标跟踪、飞行环境识别、行为推测、冲突源识别、威胁评估等。态势理解是无人机在探测感知的基础上对飞行态势的数值化描述。态势理解层的设计与无人机的应用需求相关联,如对于军事用途的无人机,冲突目标来源分类包括固定目标、气象目标、合作飞行目标、敌对对空防御目标、敌对飞行目标等;目标威胁种类包括飞行冲突威胁、敌对目标攻击性威胁、干扰威胁、情报威胁等;威胁等级识别包括冲突目标对本系统威胁程度度量、威胁时间估计等;机动目标意图识别与行为预测主要完成对敌对机动目标、未知机动目标行为意图的识别与预测。

态势理解层结构如图 7-3 所示,无人机对态势理解必须基于完备的数据以及健壮的智能推理算法,根据应用领域以及任务种类的不同,无人机可采用的数据种类以及丰富程度可能不同,但应至少包括本领域飞行规则数据、当前空域共

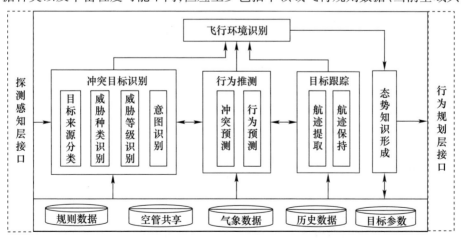

图 7-3 态势理解层结构

享情报数据、气象数据、本空域历史记录数据、目标参数信息等。对冲突目标的识别、行为推测以及跟踪是一个反复推理更新的动态过程,该过程由智能推理算法负责完成,推理过程中将识别、跟踪、推理三个环节的推理结论相互佐证,综合推理结论更新无人机对飞行环境的识别,最终形成的态势理解知识存入历史数据库中用作本机历史经验,并通过接口传入行为规划层。

3) 行为规划层

行为规划层的主要作用是解决无人机在当前态势下为了保证任务执行效率和安全飞行而采取的行为规划决策问题。无人机在明确当前任务和飞行态势后,结合本机状态、行为规则,自适应规划合理的解决方案并制定后续飞行动作。行动规划层结构如图7-4所示,该层由任务规划、安全策略、规则推演几个基本模块组成,任务规划模块接收态势理解层传入的态势知识以及外部数据链上传的控制、调度指令,并完成对任务接收、重规划、排序、刷新列表等;安全策略模块主要是针对无人机的编队、防撞规避、火力躲避等安全问题提供合理的解决方案;规则推演模块根据无人机的规则以及状态协调本机任务和安全路径,最终方案则转换成飞行行为参数,飞行行为参数是含有时间维度的计划航迹。

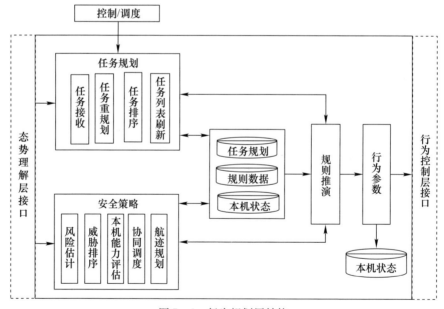

图7-4 行为规划层结构

4) 行为控制层

行为控制层的主要作用首先是将行为参数解析成无人机平台能够执行的控制参数,如径向速度、俯仰角、航向角;其次是将本机规划以及当前状态通报控制中心并与空域友邻飞行器共享;最后是对本机实际执行情况进行评估,评估数据作为反馈信息进入下一轮决策计算。行为控制层结构如图7-5所示。

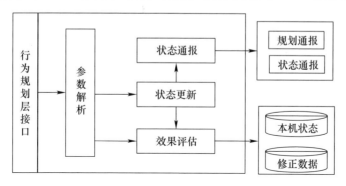

图7-5 行为控制层结构

值得注意的是,上述智能无人机分层式结构并不是智能系统唯一的结构设计形式,针对不同用途以及不同能力层次的无人机,设计的结构必然有所不同。另外,所述结构中各层的实现以及各功能模块不一定要布局在无人机平台上实现。例如,对于通信能力强大但是载荷限制严格的无人机平台,可以将数据模块存放在地面控制中心,无人机平台只需保持调阅控制中心数据库能力即可。又如,在编队飞行任务中,僚机无人机平台甚至不需要装备大功率侦察设备和计算机组件,只需简单地安装轻便而且低功耗的卡片式传感器,其他的工作全部交给计算能力强大的长机完成。

3. 智能无人机关键技术

智能无人机的智能决策能力是保证无人机平台安全飞行以及有效执行飞行任务的关键。智能无人机自主信息处理及决策流程如图7-6所示,关键技术包括多源数据融合(MDF)技术、多目标识别与跟踪技术、智能决策技术以及精确定位与导航等。多源数据融合技术和多目标识别与跟踪技术为探测感知和态势理解提供数据基础与实现,智能决策技术以及精确定位与导航实现智能无人机的行为规划和行为控制。

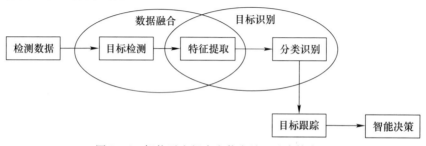

图7-6 智能无人机自主信息处理及决策流程

1) 多源数据融合技术

多源数据融合目前还没有一个被普遍接受的定义,通常人们比较认可的是由联合实验室(JDL)提出的定义方式:多源数据融合是一个包括自动检测、联系、相关、估计以及多源的信息和数据的多层次、多方面处理的组合过程,数据能够由一个或者多个源提供。最早的 JDL 融合模型把融合过程分为对象、状态、影响和优化过程 4 个抽象层次,这种模型太注重数据输入和输出,而不是过程,限制性太强。根据应用不同,人们提出了多种融合模型,根据当前可查阅文献归纳出的融合模型至少包括以下 5 种:

(1)第一种融合模型按照多源数据融合系统中的数据抽象分为数据级融合、特征级融合和决策级融合三个层次。

(2)第二种融合模型根据融合的结果分为态势估计与位置估计、目标身份识别以及威胁估计三层。

(3)第三种融合模型由 JDL 提出,包括位置估计目标识别、态势估计、威胁估计以及精细处理四级。

(4)第四种融合模型分为检测融合、位置融合、目标识别融合、态势估计以及威胁估计五级。

(5)第五种融合模型分为检测融合、位置融合、目标识别融合、态势估计、威胁估计以及精细处理六级。

检测融合处于融合前段,属于信号检测环节完成的融合处理,其基本任务是根据某种检测规则输出检测的判决结果,融合处理包括在检测规则中,主要结构有并行结构、分散式结构、树状结构以及带反馈结构。虽然不同的融合模型描述方式不一样,但检测融合和数据集融合在大部分功能上是相似的。

位置融合是对目标点位置的融合,包括数据校准、目标跟踪、数据互联、状态估计、航迹关联等,主要结构包括分布式结构、集中式结构、混合式结构和多级式结构,位置融合属于特征融合的一种。

目标识别融合基于多源传感器数据实现对目标身份的判别,其介于特征级融合与决策级融合之间。

态势估计是对整个探测区域内数据整合、推断并形成关于该区域全局完整态势分布图的融合,态势估计属于决策融合的一种。

威胁估计是在态势估计的基础上对危险源的甄别与定位,其属于决策融合的一种。

多源数据融合主要算法有统计推断方法、决策论方法、信号处理与估计理论方法、几何方法、人工智能方法等。统计推断方法是通过样本推断目标整体统计特征的方法,基本推断模型包括贝叶斯推理、支持向量机、证据理论、随机集理论、经典推理等。决策论方法是一种基于运筹理论的决策融合,基本思想是从可选择的多类样本中选取满足预设条件的数据,从而达到数据融合的目的。信号理论与估计理论方法是综合了信号理论和信号检测技术的数据融合方法,使融合后数据可信度较高。几何方法是通过校正各种传感器参数或者空间布局使其满足环境特征的方法,以达到多源数据融合的目的。人工智能方法采用各种智能算法在各种融合准则的基础上使融合后数据满足代价最低的要求。

因此,多源数据融合模型以及融合技术的选择与应用问题相关联。在智能无人机中,数据融合是基于大数据的人工智能方法,一个可选的融合模型如图7-7所示,融合过程在大数据基础上展开,选择合适的融合算法将多种属性检测数据整合成一个能表示实际目标属性的知识,并对知识进行处理,最终将能描述同一目标的知识进行综合、对错误或者缺项知识进行修复,最终实现对飞行态势的理解和威胁估计,为无人机空域管理提供准确的数据基础。

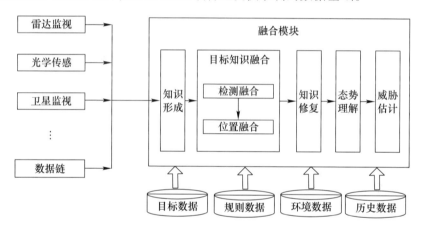

图7-7 多元数据融合模型

2)多目标识别与跟踪技术

目标识别与跟踪是无人机的基本能力之一,在目标检测之后进行。很多文献中将目标识别归为数据融合工作,也有文献认为目标识别应该属于目标跟踪步骤,上述两种观点实际上只是应用侧重点不同而已,这里只讨论目标识别与跟踪技术,对于处理模型不做严格限制。

对于无人机而言,目标识别是从多源检测传感数据中获取最能表征各类目标的特征参数向量,也就是特征提取问题。目标特征提取从检测数据中提取其中包含目标独有的特征向量,并将该特征向量作为不同类型目标分类的依据。在高级别的应用中,目标识别基于目标知识,不管目标识别在多源数据融合中完成还是在融合后实现,特征参数向量选择都至关重要,目标特征参数向量选取方法可以参考见相关理论,本书不做讨论。目标特征提取是目标识别的重要环节,特征向量既能描述确定目标的本质特征又能明显区分不同类型目标,根据实际应用中目标特征,选取或者设计一组好的特征向量对分类的结果非常重要,选择适当的特征提取可以使后续分类变得简单、降低误识率。

基于特征量分析目标识别的基本步骤包括训练样本库创建、特征向量训练、样本测试、目标识别等。

在完成目标识别后,从目标数据中获取每个目标的位置参数,不同类型检测数据中对目标位置描述是不一样的,如在图像数据中,目标位置通常为像素点坐标;在雷达数据中,目标位置描述为距离、方位角;在数据链路中,目标位置可以描述为高度、经纬度。根据目标定位的跟踪算法可分为概率跟踪方法和确定性跟踪方法两大类。

(1) 概率跟踪方法:针对复杂背景下的目标状态估计常用方法。通过状态方程描述目标系统更新的统计模型,采用基于贝叶斯滤波理论递推方法,利用目标当前时刻先验知识完成对目标状态估计。其中,目标状态变量用位置、速度等描述,状态方程作用是通过递推运算实现状态变量更新,基于贝叶斯的观测似然方程计算递推运算中的各种统计参数并比较计算状态变量的更新和实际观测状态,利用其预测误差修正状态变量的预测值。比较成熟的概率跟踪方法有卡尔曼滤波、扩展卡尔曼滤波、无迹卡尔曼滤波、隐马尔可夫模型、基于蒙特卡罗方法的粒子滤波等。

(2) 确定性跟踪方法:对概率跟踪问题的局部确定性优化。首先采用目标检测算法自动获取当前少量目标模板,训练目标模板数据获取目标特征向量;其次利用概率跟踪方法预测目标状态;最后候选目标位置与目标模板相匹配,以实现目标跟踪。确定性跟踪方法是局部最优方法,若跟踪窗的尺度小,则目标模板更新快,但对高机动目标跟踪偏差大;若跟踪窗的尺度大,则目标模板稳定,但可能难训练出可用特征向量。

3) 智能决策技术

智能决策是智能无人机采用人工智能算法,根据多源检测数据、飞行规则数据、目标数据、环境数据、历史数据等识别飞行态势、飞行冲突,并根据实时态势执行任务重规划,制定最优化的航迹,为空域管理提供实现手段。

无人机航迹规划是综合多种约束条件的博弈决策问题,约束条件包括任务约束、平台约束、防撞约束、反侦测约束、反防空炮火约束、地形约束等,不同应用中上述约束内容不同,约束参数各异。航迹目标函数不统一,需综合多方面因素综合考虑。

传统的人工航迹规划方法中对约束条件的精确数值化考量要求不高,但是在数字化战争条件下,无人机的实时动态航迹规划决策依靠计算机快速运算和人工智能算法推理实现,其中约束条件的精确考量是规划算法实施的前提。智能无人机任务规划结构框图如图7-8所示。想定飞行任务并对任务数量、执行情况做出预案式数字化估量,对各种预期约束条件建立数学模型并给出指导性决策原则,为无人机实施飞行提供约束参考,航迹规划智能决策在多种数据支持和多外部约束条件下实现。

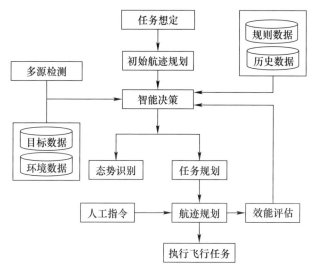

图7-8 智能无人机任务规划结构框图

无人机集群诱导、编队侦察等飞行任务中多无人机协调任务分配规划是一个更为复杂的决策问题,该问题既要考虑非线性多航迹搜索寻优,又要兼顾多任务协调分配的多输入、多输出,对智能决策流程合理性、算法稳定性要求更高。

4)精确定位与导航

无人机导航是按照预定的航线引导无人机在计划时间内到达指定地点的通信技术,可以保证空域管理的执行。飞机平台导航技术包括惯性导航、地磁导航、多普勒导航、地形辅助导航、定位卫星导航等,各种导航系统在不同的飞机平台上都有应用,由于技术原因,并没有导航系统具备相对其他系统的绝对优势,各具优缺点。根据无人机的应用需求以及定位精度要求,可以选用一种主导航系统和几种辅助导航系统,或者几种导航综合的技术形成无人机综合导航系统。

(1)惯性导航。惯性导航是一种依靠机载加速度计测量平台加速度矢量,根据牛顿力学原理,经积分运算获取平台瞬时速度、位置以及平台姿态的一种自主导航方式。惯性导航系统的优点在于系统不依赖外部设备,不需要向外界辐射能量,具有较强的自主性、抗干扰能力和隐蔽能力。系统不足之处在于,导航信息由积分计算生成,定位误差与积分计算能力有关,通常定位误差随时间而增大。另外,系统没有自主授时功能,每次使用之前需要较长的初始对准时间。

(2)地磁导航。地磁导航是一种根据地球近地空间内任意点的地磁矢量与该点的经纬度存在一一对应关系而设计的一种定位导航方式。根据数据处理方式,地磁导航可分为地磁匹配导航和地磁滤波导航。地磁匹配导航系统把预先规划好的航迹点的地磁场特征向量绘制成参考图存储在计算机中,机载地磁匹配测量仪器实时测出飞行位置地磁场特征向量并构建实际航迹点位置地磁实时图,对实时图与参考图进行相关匹配计算得到实时坐标位置。地磁导航系统的优点是具有无源、无辐射、隐蔽性好等,缺点是需要预先编制大量的地磁数据,计算量大,另外,在进入未编制地磁数据的空域,飞机导航可能出现盲区。

(3)多普勒导航。多普勒导航是一种利用地面回波频率与发射波频率之间的多普勒频率计算飞机地速和偏流角的自主式导航系统。系统由磁罗盘或陀螺仪、多普勒雷达和导航计算机组成,由磁罗盘或陀螺仪测出无人机的航向角,机载多普勒导航雷达不断向地面发射电磁波并依据多普勒原理计算飞机地速度和偏流角,导航计算机根据航向角、地速度、偏流角计算无人机飞过的路线。多普勒导航的优点是自主性好、抗干扰能力强、测速精度高、气候适应能力强,缺点是需持续发射电磁波,隐蔽性差,另外,其性能与地形有关、精度受天线姿态影响、测量有累计误差。

(4)地形辅助导航。地形辅助导航是一种根据航路测量数据与预设航路关键地区特征数据匹配相关程度来实时修正航路的一种辅助导航系统。根据选取的数据种类的不同,地形辅助导航可分为地形匹配、影像匹配和桑地亚惯性地形辅助导航三种。地形匹配根据航迹点周围地域的等高线或地貌映射计算该航迹点对应陆地表面地理坐标。影像匹配首先预定飞行路径的数字化影像信息,然后将实际地形影像与存储的影像进行相关比较以确定本机位置。桑地亚惯性地形辅助导航根据惯性导航系统输出的位置在数字地图上找到地形高程,使用递推卡尔曼滤波算法得到导航误差状态的最佳估计。地形辅助导航优点是没有累计误差、隐蔽性好、抗干扰能力强,缺点是计算量大,工作受到地形影响,不适用于平原和海面,受气象影响大。

(5)定位卫星导航。定位卫星导航是基于卫星信号的发射时间与到达机载卫星接收机的时间之差确定飞机位置的导航系统。为了计算飞机平台的三维位置和接收机时钟偏差,要求至少接收来自 4 颗卫星的信号。全球最有影响的卫星定位系统有美国 GPS、欧洲伽利略、俄罗斯 GLONASS、中国北斗。GPS 由 24 颗组网卫星和 4 颗有源备份卫星组成,均匀分布在 6 个轨道面上,实现全球、全天候覆盖。"伽利略"卫星导航系统共由30颗中高度圆轨道卫星组成,其中27颗为工作卫星,3颗为候补卫星,位于3个倾角为56°的轨道平面内,最高精度小于1m,主要为民用。GLONASS卫星导航系统由24颗卫星组成,精度为10m左右,用途为军民两用。"北斗"卫星导航系统卫星数量已经达到55颗,提供全球定位精度10m,测速精度0.2m/s,授时精度20ns,北斗全球卫星导航系统已于2020年建成,完成全面组网,用途为军民两用。定位卫星导航优点是全球性、全天候、实时性、连续精密导航与定位能力,缺点是易受电磁干扰。

(6) 综合导航。综合导航是组合使用两种或两种以上导航系统,通过性能互补性设计使组合后的导航系统比单一导航系统能力更强。例如,惯性导航与定位卫星组合方式利用了惯性导航系统的隐蔽性与卫星定位系统的授时能力,美国全球鹰和捕食者无人机采用的就是惯性导航与GPS组合的综合导航方式。随着传感器技术以及数据融合技术的发展,未来无人机的综合导航系统除了综合采用上述几种导航系统,还可能增加新的导航技术,如激光导航、微固态导航等,综合导航系统包含的分导航系统数量会远超过两种。

4. 智能无人机空域运行实例——自主感知规避

自主感知与规避要求无人机具备类似于飞行员的能力,在飞行空域采取行动,探测并解决某些危及安全飞行的危险。能够影响本机飞行安全冲突包括其他飞机、热气球、空域限制、地形、恶劣天气等。无人机利用机载设备探测以本机为中心的预定飞行区域,或者接收空管无线信号获取本机飞行空域相关情况,自主判别空域是否存在飞行冲突、冲突来源、是否要采取机动规避、采取何种规避措施等。自主感知规避主要步骤包括自主检测与跟踪、属性识别与威胁评估、自主规避决策与路径规划。

1) 自主检测与跟踪

自主检测与跟踪对应智能无人机的探测感知层,检测是实现自主感知的前提,针对不同无人机平台属性,应选择合适的传感器(如小型无人机可采用光电传感器,大中型无人机可采用雷达、ADS-B等传感器综合应用),有针对性地进行无人机平台上的传感器配置。高效、高概率探测到目标之后,通过感知数据利用相参累积、自适应多目标关联算法、卡尔曼跟踪滤波算法等信号处理与数据处理算法实现目标检测、定位与跟踪,获得空间目标的飞行状态估计,包括位置、速度等。

2) 属性识别与威胁评估

识别与威胁评估对应智能无人机的态势理解层,无人机传感器类型及任务不同则属性识别的任务不同,如利用图像传感器探测到的图像信息结合图像处理算法及深度学习理论可以对飞行目标进行精确属性分类、利用各种雷达监视数据也可以对飞行目标进行分类、利用飞行目标发送的信号信息并提取其信号特征可以对飞行器实现信号级的"指纹识别",而只能提供较少信息的传感器可能只能证明目标的存在。

属性识别从本质上来说是分类问题。利用图像进行识别一般可分为图像预处理分割和识别两个步骤。图像分割是图像处理中非常重要的技术之一,目的是把图像分割成多个部分,从而能够提取出感兴趣的部分,分割成功是识别成功的重要前提之一。图像分割常用的方法有边缘检测、区域分割和阈值分割,边缘检测是利用两个区域的像素强度、颜色分布及纹理特征呈现的不同来进行分割,区域分割是利用局部像素点的相似性进行图像分割,阈值分割是根据像素的灰度级将图像划分为像素点的集合,分割后的每个集合分别代表不同的图像目标。图像分割后对分割的部分进行识别,近年来主要采用神经网络对图像进行识别,以图像的像素点为神经网络的输入,以分类结果为输出,经过训练后可以对目标进行精确分类,关于神经网络的知识可参考相关书籍文献,本书不做讨论。

利用雷达监视数据一般可以获得目标的距离、方位、俯仰、速度、代码等信息,通过雷达监视数据对目标进行分类识别一般包括雷达数据预处理和实现目标识别两个步骤。雷达监视数据预处理是指对多传感器探测到的信息进行时间空间对齐等操作后对雷达原始数据的缺失项、异常项进行处理和清晰,从而提高分类效果;实现目标识别首先利用特征提取方法对各目标的监视数据进行特征提取,把目标飞行呈现的各自特点进行提取量化后利用决策树、贝叶斯理论、神经网络等方法对目标进行分类。

信号级的"指纹识别"是从信号级维度来进行目标识别,该方法考虑到飞行器、雷达机载应答设备在飞行过程中具有一一对应性和长期对应不变性(机载应答设备一般不会更换),以及每个机载应答机在制造过程中由于工艺、硬件器件的微小差异造成的其发射信号的细微差异(即使两个应答机发射信号代表的信息相同,信号脉冲内及脉冲间也有细小差异),对采集到的应答信号进行特征提取,使得每一个机载应答设备形成自身的信号级特征,进而形成机载应答设备的信号级特征库。该方法的主要过程包括信号采集、信号解析与预处理、信号分类存储、训练与识别,解析与预处理主要是指对目标的应答信息进行解析并核验其真实性,之后以其应答信息作为标签对信号进行分类存储,之后利用深度学习方法对各类别的目标信号进行特征提取和分类设计,待探测到未知目标时利用信号特征对其进行识别。信号级的"指纹识别"是近年来较为先进的技术,应用领域较为广泛。

威胁评估一般需要经过目标威胁属性指标体系构建和基于指标体系的威胁评估模型的使用。威胁指标的选择一般要满足关键性、可靠性和目的性,关键性是指能够反映威胁的关键因素作为指标,可靠性是指该指标是充分获得的可信度较高的指标,目的性是指该指标应能反映探测到的目标的意图;指标选择完成并量化后可通过一些评估模型对目标建立威胁等级划分和排序,评估模型包含但不限于神经网络、贝叶斯决策理论等。

3) 自主规避决策与路径规划

自主决策与路径规划对应智能无人机的行为规划层和行为控制层,完成目标探测感知、威胁评估后,无人机自主规避决策与路径规划的目的是根据环境数据、无人机机动约束、探测到的威胁信息、空域规划约束等信息,规划出一条从起始位置到完成任务目标位置的可行航迹,同时要求飞行代价尽可能小。本质上,自主规避决策和路径规划是一个带有约束的规划问题,约束条件即为机动约束、威胁信息、空域约束,代价函数为飞行代价,路径规划算法一般包括基于控制论的优化算法(如线性规划、非线性规划等)和基于几何学的搜索算法,其中基于几何学的搜索算法又包含确定性搜索和随机性搜索,确定性搜索包含的具体算法有 A*算法、D*算法、动态规划等,其特点是易于实现但有时难以找到最优解,随机性搜索包含的具体算法有遗传算法、神经网络算法、蚁群算法等,其特点是计算量大但适用性强;近年来随着计算平台的不断强大,随机性搜索算法应用更加广泛。

5. 编队与蜂群控制

无人机编队与蜂群控制主要用于军事用途,其关键技术问题包括队形设计、气动耦合、队形动态调整、航迹规划、信息互换以及编队飞行控制策略等问题,目前正是各无人机研发团队的研究热点。无人机编队飞行控制设备根据飞机数量和任务编队需求,按照系统选定的编队队形,采用长机—僚机的编队控制方式实现无人机编队协同飞行,编队协同包括编队形成、编队保持、故障处理、编队重构、编队解散等。系统在无人机编队执行任务时,可保障单个无人机防撞、飞行编队整体防撞。无人机编队飞行系统工作框图如图 7-9 所示。

系统中由双频实时动态定位(RTK)差分移动站配合无线数传电台实现无人机的相对定位,使用无线数传电台实现无人机之间的数据传输,通过飞行编队控制主机完成编队形成、编队保持、故障处理、编队重构、编队解散、机间防撞、编队防撞等算法的实现,并把数据发送给无人机飞控系统,完成无人机之间的协同编队飞行和防撞。

蜂群是一种更高级别的编队形式,采用完全扁平去中心化的网状结构,依靠点与点间的链接,像波动一样迅速传导信息,而后数量集聚导致质变,涌现出极端一致的"集群"特征。蜂群中每个无人机平台都是一个独立个体,每个个体只知道自己的任务而不知道群体情况;能够与邻近个体进行局部交流而不影响其

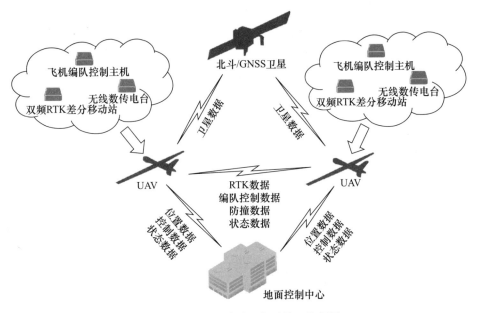

图 7-9 无人机编队飞行系统工作框图

他个体决定。

无人机蜂群的好处在于,群体成员是去中心化的分散个体,单一成员或少数成员的不确定状况不影响蜂群全局,具有鲁棒性;单一成员仅有简单自治个体规则,只需要较小智能,具有简单性;群体成员仅能感知蜂群局部信息,并通过非直接通信相互合作,具有可拓展性;群体成员间通过行为协同可将较为复杂的任务简化为若干简单行为,具有自组织能力。

蜂群控制思路简单,但是实施难度较大。首先,缺乏精度足够的定位方法,无论是相对定位还是绝对定位,都很难精准区分编队中的个体;其次,缺乏动态防撞规避手段,蜂群中个体防撞与任务重规划紧密相连,个体的每一次因突发状况采取的规避动作都会导致相邻个体不得不进行任务重规划;最后,目前还没有适用于无人机蜂群的通信链路。

7.2.3 无人机空域管理新技术

无人机空域管理新技术主要包括数据链技术、机载监视设备小型化技术以及星基 ADS-B 监视技术等,这些技术为未来无人机空域管理提供了重要支撑。

1. 数据链技术

数据链是无人机系统的核心组成部分之一,主要作用是完成对无人机平台的遥控、遥测、跟踪定位及侦察数据传输。如果将无人机平台比作风筝,那么数据链就类似于控制风筝的线，但数据链对于无人机平台的作用不仅只是"线"那么简单。

无人机数据链路系统包括上行线路和下行线路两个部分，上行线路是地面控制中心向无人机平台发出信号的通信通道，主要传输指挥控制信号、飞行路线控制信号等。下行线路是无人机平台向地面控制中心传回数据的通信通道，主要传送无人机状态信息、侦察或者探测情报。不同类型的无人机由于任务属性、平台体积和载荷限制，需要装备不同的数据链。侦察或者探测情报多为高清图像、视频等数据形式，对数据链的带宽及安全性要求很高，而且无人机数据链的保密、抗干扰能力也是限制中远程无人机发展的重要因素。

按照应用领域，数据链主要分为民用和军用两类，其中民用数据链主要应用于民航领域，军用数据链主要应用于军事侦察与作战指挥，包括战术数据链、宽带数据链和专用数据链。根据各数据链工作频段、使用兵种、平台，军用数据链还有其他更为详细的分类划分方式，如军用无人机数据链属于宽带数据链。另一种宽带数据链是通用数据链，主要用于三军联合作战指挥，但也有将其应用于无人机平台的先例。通用数据链可以完成空中平台向地面指挥中心传输图像情报数据的宽带数据链，工作在 X 波段或 Ku 波段，将来有可能扩展为 Ka 波段，具备平台与地面指挥中心及其他作战节点之间的情报数据交换能力。前向链路以 200kb/s 的传输速率把对平台或传感器设备的指令、各类链路控制信息等传送给空中无人机平台，返回链路可以设置为 10.71Mb/s、21.42Mb/s、44.7Mb/s、137Mb/s 或 274Mb/s 的传输速率，将传感器获取的侦察图像数据实时传送给地面指挥中心。

民用无人机数据链参照民航数据链标准，采用 L 波段数据链系统，该系统的缺点是抗干扰能力差、数据传输率低、带宽窄等，无法实现远距离通信。

未来无人机飞行时间更长、飞行距离更远、飞行高度更高，一些特殊用途无人机可以工作在临近空间，因此，对无人机数据链远距离、长时间、强抗干扰等性能要求更高。在未来很长一段时间内，无人机数据链的研究包括以下几个方面：

1）数据链中继技术

当无人机超出了数据链覆盖范围后，就需要中继手段延长数据链作用范围，提高通信稳定性，按照中继设备所处的位置可分为地面中继和空中中继两种。地面中继采用部署在无人机航路上的专用信号转发设备或者其他民用通信设施完成；空中中继采用卫星或其他通信类专用无人机平台。数据链中继技术的研究重点在于解决数据链宽带通信与无人机高机动、数据链信号覆盖范围与设备建设成本的矛盾。

2）天线对准技术

天线对准技术是指采用手动或者自动方式使发射和接收双方天线的主瓣波

束在通信双方发生相对位移的情况下始终相互覆盖,以达到最大的天线增益。对准的目的在于减小外部干扰和机间干扰。

3) 数据链标准化

数据链标准化是指将各种体制无人机以及有人飞行平台通信标准统一,或者相互兼容。无人机数据链标准化建设不仅是一个技术问题,更是一个政策问题,若不能实现无人机数据链标准化,无人机的研制与协调调度将困难重重,甚至最终会危及空域安全。

2. 机载监视设备小型化技术

由于体积和载荷的限制,无人机机载设备必须满足小型化要求,监视设备按照模块化设计,功能电路选用小尺寸集总参数元件实现。随着微电子科技工艺发展,按照功能集成的小型芯片式电路定制已经不再是难题,为研制体积更小、重量更轻、功能更强大的机载监视设备提供了契机。

在天线方面,尤其是具备军事用途的无人机机载侦察、导航、应答等通信系统,共形天线技术完全可以满足其小型化、宽频带、宽波束覆盖要求。共形天线是将天线弯曲与规定载体相共形的天线,使其可以与无人机平台更好地集成,减小无人机平台额外体积和重量。在满足性能要求的条件下,国内外很多研究机构和学者对实现共形天线小型化设计上也做了深入的研究,比较有代表性的是共形微带天线、共形对数周期折叠槽天线,其中,对数周期折叠槽天线具有非频变特性,其结构可以任意缩放控制其阻抗带宽的范围,在小型无人机应用中发展空间巨大。

3. 星基 ADS – B 监视技术

广播式自动相关监视是空管监视与通信系统中的重要成员,也是国际民航组织主推的一种新一代监视技术。无人机通过机载系统获取本机位置信息(经度、纬度、高度和时间)、飞机识别号、飞机状态等信息按照固定的数据格式形成一个 ADS – B 数据帧,然后将该数据帧通过机载 ADS – B 发射设备广播出去,在其威力范围内的其他装有 ADS – B 接收装置的飞行器和 ADS – B 地面站接收并处理该广播数据,将解算出的无人机飞机信息送给无人机飞控或地面管制中心。ADS – B 系统把冲突预警、ATC 监视有机地结合起来,为将大型长航时特种无人机纳入传统空域管理体系,为航空安全、航线优化、航空管制和提升航空效率提供信息服务,将空管系统的监视与通信能力提高到新的高度。

近年来,民航局不断完善民航 ADS – B 地面监视设施保障体系建设,按照国家民用航空 ADS – B 实施规划,未来 ADS – B 地面设施和地面网络能够对我国包括机场、终端区和航路在内的飞行情报区实现全空域覆盖,为飞行提供更加安全高效的空中交通保障,满足我国空管监视保障体系的需求。

随着航空器的快速发展和空域的逐步开放,在非航线的区域也将有无人航空器存在,在航线稀疏的大洋上空也将出现更多的无人机。对无空管雷达覆盖的区域及无法架设 ADS-B 接收站的大洋,利用星基 ADS-B 接收机对高空长航时无人机进行监视将成为必然选择。同时,现有的陆基、海基监视雷达及 ADS-B 系统难以满足对跨区域、长航段航空器的运行监视。星载广播式自动相关监视系统是以空间卫星为平台,可实现对绝大多数高空长航时无人机从起飞到降落的全程覆盖,同时还克服了地基雷达及 ADS-B 系统由于视距和遮挡带来的低空盲区问题。

国内如国防科技大学、中国科学院上海微小卫星工程中心、四川九洲空管科技有限责任公司等单位自主设计和研制了星基 ADS-B 监视设备,其中前两种载荷仅验证了在星座上对 ADS-B 信号接收的可行性,第三种载荷是国内首个面向空管管制运行需求研制的,不仅验证了信号接收可行性,而且对核心指标是否满足管制运行性能要求进行了评估。此举表明,星载航空目标自动监视技术正在由理论向实际应用迈进。

7.2.4 无人机空域管理面临的挑战

1. 无人机剧增引起的空中交通问题

随着航空业的发展,空域已经逐渐成为一种稀缺的自然资源。空域飞行器主要包括民航、军航和通航。我国空域中的飞行器以民航飞机为主,通航飞行器总飞行时间最少。目前,无人机产业呈现出蓬勃发展的态势,各种新机型、新应用层出不穷,我国无人机特别是民用无人机的发展已处在世界前列,未来在低空开放和需求牵引下,我国无人机很可能成为航空工业实现赶超发展的重要突破口,并成为国民经济转型升级的新增长点。世界各国都在积极拓展无人机的应用范围,相关研制投入和采购需求已经呈现出爆发式的增长。无人机市场快速增长伴随着飞行量的快速增长带来的直接问题是空域拥堵和交通冲突风险,这将引起人们的重点关注,并针对不同空域进行空域管理策略研究。

1)超低空与低空飞行

超低空与低空飞行区域主要包括民用微型、轻型、小型无人机在此范围内进行视距内或超视距飞行,主要应用包括个人娱乐、农林植保、国土测绘、电力巡线、应急救援、支线及末端物流等,也包括支线物流、应急救援、短途载人运输相关领域,飞行密度和频率较大,需要监管方、服务方、运行方及保障方共同解决飞行及空域管理问题。

2)高空和超高空飞行

高空和超高空飞行区域内,无人机空域管理主要面临的问题是监视、防撞、空域规划等问题,需要研究无人机智能自主感知规避、防撞系统、空域精细化管理等关键技术。

2. 复杂环境下无人机自主智能防撞决策能力需求提升

飞行防撞规避问题从飞机诞生起就是人们最关心的课题。针对无人机空域管理的防撞概念包括对合作飞行器(如民航飞机、军航飞机、通航飞机及合作式无人机)、非合作入侵飞行器(如"黑飞"飞机)、气象目标(如雷暴)、地面(包括水面)、山体、植被、建筑(高楼、铁塔、高压线等)等目标防撞。与有人驾驶飞机相比,无人机防撞难度更大,防撞需求更迫切,不仅仅是因为无人驾驶的原因,更在于以下几个方面:

1) 极端飞行环境

无人机通常飞行在有人飞机不能到达的空间。从飞行空间范围上看,高空无人机可以飞行在临近空间中(离地球表面20~120km的空域),低空无人机可以飞行在高度10m甚至更低。从应用上看,无人机可能部署在未知地带侦察,也可能从事火灾救援等。极端飞行环境意味着高危险性和高不确定性,高危险性是因为极端飞行环境中已知的碰撞源数量多,碰撞危害大;高不确定性是因为极端飞行环境中存在未知的碰撞源或者不能精确感知的碰撞源。

2) 防撞监视、侦察手段欠缺

监视、侦察是无人机感知飞行环境、探测碰撞源、预测碰撞风险的重要手段,是无人机最终制定防撞策略实施防撞规避的关键。监视应答装置可以建立合作型飞行器之间、飞行器与地面空域管制系统之间的联系,共享或下发本机飞行计划,通过飞行器自我决策或者空管系统调度防止航路冲突,这是监视技术实现合作目标之间防撞的基本思路。但是监视设备主要应用在大部分有人驾驶的飞机上,无人机上缺乏有效的监视与防撞装备。当前无人机数据链主要用于与无人机地面控制中心通信,这种方式对无人机自身以及空域其他飞行器而言是不安全的。侦察设备主要是指除了监视应答的机载检测设备,如红外线传感器、可见光传感器、微波雷达、激光测距、惯导设备及GPS/北斗导航设备等,这些为无人机感知飞行环境提供了主要途径。但是,受成本因素的限制,无法在所有种类的无人机上加装上述设备,这些装备的主要用途是战场侦察,而不是防撞探测。在感知设备如此欠缺的前提下,无人机只能飞行在隔离空域中。

3) 快速决策能力不足

无人机对入侵目标识别、跟踪、碰撞点预测、规避航迹规划、规避控制参数形成都是其决策内容,防撞决策能力也是无人机完成防撞的重要环节。无人机的决策能力与无人机的组成方式息息相关,当前无人机的主要组成方式是"人在回路",也就是系统的决策是由处于回路中的人来制定的,无人机平台执行。

"人在回路"方式决策执行的效率受到决策制定人员的能力以及链路通信质量的影响,在无人机对高速接近目标的规避过程中,数据链传输延迟或者中断造成的后果可能是致命的。例如,在临近空间中高速运动的飞行器飞行速度可以大于马赫数5,空域高度超过20km,在这种飞行场景中无人机的决策能力受到了极大的挑战。

4) 通信实时性与可靠性限制

实时和可靠的通信网络是无人机的自主飞行和集群飞行的基础。同时,各种作业任务的无人机与地面或空中中继之间会产生海量的业务数据。从无人机和空域运行安全性的角度出发,实现无人机的间隔保持、碰撞点预测、规避航迹规划及智能决策均要求空域系统为一个实时的动态系统。当无人机数量呈指数级增长后,通信带宽会面临严峻的挑战。当前的通信手段包括专用数据链、移动通信网络及无人机C2数据链等,但是难以满足未来广覆盖、高可靠、低延时和超高带宽通信的需要。5G通信技术发展和基础设施建设为无人机空域管理提供了新的思路,但是需要加快开展特定场景下的认证和推广。

3. 全域全时监视能力需求

无人机的一个主要优势在于其机动性不受人类生理和心理极限的限制。因此,在一些应用中无人机的使用性能可达到其飞行极限,能满足复杂空域飞行环境下特殊用途需求。无人机的使用空域一种划分方式可分为超低空型、低空型、中高空型、高空型等。高空型包括临近空间,临近空间具有重要的民用、科研和军事意义。具备大载荷、长航时、监视通信能力的无人机是部署临近空间的首选飞行器。长航时是临近空间无人机的关键能力,传统飞机留空能力以小时为计数单位,临近空间无人机的留空能力以天为计数单位甚至以月为计数单位,未来临近空间无人机平台的预定留空时间可以超过1年。

临近空间无人机空域管理效率除与防撞监视技术成熟度有关外,数据链路的安全和可靠性也是制约空管效率的重要环节。临近空间通信系统中的地面部分或者空间部分都存在遭受各种不同类型的干扰和威胁的可能,比较严重的情况下可能导致通信系统数据丢失,甚至造成灾难性的损失。目前,主要手段是在空间通信系统传输、路由、体系结构等方面采取安全技术措施,确保临近空间通信系统的信息传输过程中安全、可靠、不间断。

7.3 空域管理技术发展趋势

新型无人机、智能无人机的发展对空域管理技术提出了新的需求,新兴技术的发展也不断推动空域管理技术的演变,推动无人机空域管理系统的变革。

7.3.1 天地一体化空域监视系统

天地一体化空管监视系统是指天基监视网与地基监视网通过信息或者业务融合、设备综合或网络互联方式构成的天地一体化监视网络。其中,天基监视网络是彼此独立或者相关的卫星通信系统、卫星导航系统、空间物理探测系统、载人航天系统、空间观测系统、临近空间飞行器系统以及月球和行星深空探测系统等各种空间信息系统的总称。按照任务需求,一体化可以是单个天基检测网与地基网的融合,也可以是单个天基监视网自身的空间段与地面段通过星地数据链构成天地一体信息网络。

天地一体化空域监视系统的目标是对空中及临近空间飞行器全方位监视与管理,实现任何人(飞行器与飞行器、飞行器与空管中心)在任何时间、任何地点,与任何人进行信息共享。

飞行器的种类包括常规有人飞机以及无人飞行器,空域包括空中、临近空间,甚至太空层。根据飞行器种类以及空域特点,天地一体化空域监视系统设计准则包括以下几项。

(1) 全球化:实现全球全时全气候覆盖空中临近空间、太空层各种飞行器。

(2) 网络化:各种飞行器和地基站主要依靠星间链路、星地链路和国内地面线路组成综合信息网。

(3) 智能化:一体化系统具备高度的自主运行和管理能力,应对庞大的信息网和数据。

(4) 标准化:采用统一的标准和规范实现互联互通与资源共享。

7.3.2 综合化空域管理系统

综合化空域管理打破了当前空管体系相互隔绝的局限,实现军航飞行空域管理、民航飞行空域管理、通航飞行空域管理一体化,低空飞行空域管理、高空飞行空域管理、临近空间飞行空域管理一体化,建立跨部门、全机种、全空域的综合空域管理体系。该体系下涉及的技术包括增强的卫星导航和通信、广播式自动相关监视、天地一体化数据链通信、无冲突四维航迹管理、动态空域配置、管制自动化、自主机载导航和防撞系统等。

目前,全球在轨运行卫星数量超过1300颗。其中,中国在轨运行的卫星达到140余颗,应用范围覆盖通信、遥感及导航领域。在通信领域,随着卫星通信容量不断扩展,并与地面通信快速融合,已经具备了形成天基综合信息网和天地一体化信息网的通信网络基础;卫星导航也由单一导航卫星系统向相关增强系统组成的多模式全球卫星导航系统发展,增强导航系统的精度、完好性、连续性、可用性；在卫星遥感领域，卫星遥感测量数据精度持续提高，观测图像信息量不断增加。增强的卫星导航和通信为综合化的空域管理系统提供有力的空域监视、定位导航、气象服务、飞行计划共享等数据情报支撑。

天地一体化数据链通信旨在建立全球一体化的标准全空域通信网络，确保无人机、民航飞机、军用飞机等飞行器之间能在低空、高空、临近空间任意时段实时信息共享渠道通畅。

无冲突四维航迹管理综合考虑飞行效率与飞行安全，保证在繁忙空域中为各飞行器规划出最符合飞行能力的规避航迹。无冲突四维航迹管理实际是建立在多源数据融合和大数据分析基础上的智能规划技术。

动态空域配置是在确保安全前提下，通过建立基于精确数学模型的扇区规划方案，对扇区结构进行动态的调整，以提高空域实际能够容纳飞行器的数量，最终达到提高空域利用率的目的。动态空域配置要求空管系统能掌握全局飞行计划数据、飞行气象数据、扇区流量预测数据等，在未来繁忙空域管制中，动态空域配置将成为主要的空域流量控制方法，对数据掌握和处理能力的要求远超管制人员的能力极限，未来综合化空域管理系统必将具备强大的数据处理能力。

7.3.3　智能化空域管理

1. 基于概率的空域拥堵管理

当前空域拥挤的管理方法是一种基于实施策略成本和经验的人工管理方法，基本实施思路是通过分析某空域在一段时间内的交通需求，预测可能出现的空域状态与空域可用容量，然后比较判断此空域所能提供的服务能力能否满足空域使用需求，若服务能力不能满足空域使用需求，则认为该空域在这段时间内有拥堵风险。当前使用的空域管理方法对空域拥挤的预测和判断主要依据管理人员经验与管理条例实施，缺乏对空域拥挤本身在评价、管理、缓解、监控等过程中不确定性因素的数值度量及其对预测结果的影响计算，因此预测结果可能与实际运行状况不符，管制策略与空域运行态势不契合。

基于概率的空域管理是一种考虑空域管理各种不可预测性、不确定性和动态因素的方法，并在一定预测时间尺度下将各因素数值化参与空域拥堵预测与拥堵管理策略计算，结果包含数值及相关概率分布。

空域拥堵风险预测步骤如下：

（1）基于空域扇区已有的流量统计创建概率需求预测模型，根据当前空域流量观察数据实现目标空域各扇区的概率需求预测。概率需求预测包括获取飞行器（包括无人机）平台信息、飞行器航线信息初始化、更新飞行器状态、扇区飞行器空间－时间表。

(2) 根据扇区的类型、不确定性容量分布等因素创建空域扇区容量预测模型，预测目标空域各扇区的容量及概率。

(3) 设置空域扇区的拥挤风险阈值，计算目标空域及各扇区的空域拥挤风险概率。

模型概率计算方法与选取的概率分布形式相关，理论部分可以参考相关书籍和文献。

2. 多代理自主调度技术

随着空管系统的不断发展，空管监视通信网络覆盖面不断扩大，网络节点包括二次雷达、地面 ADS – B、星基监视等。从一定程度上讲，这些节点都是监视通信网络中的计算机节点，但是这些节点利用率很低，只用作监视通信中继，在比较偏僻的航路节点甚至处于休眠状态。随着未来空域中飞行器数量不断增加，高性能计算需求将逐渐增加，单独的单机计算机系统已经很难满足一些超大规模的计算任务。多代理正是应对这种需求，协调计算资源的计算机技术。

多代理是一个由多个相互作用的智能代理组成的环境内的计算机技术。多代理系统可以用来解决个人代理人或单片系统解决困难的或不可能的问题，它研究的主题一般包括协作、组织、通信、分布式问题求解、多智能体学习问题以及可靠性和容错性问题等。

目前，学术界对代理并没有一个统一的定义，影响比较大的是 Wooldrige 用几种方式给出的定义，包括代理的弱定义和强定义两种。其中，代理的弱定义要求代理应具备自治性、反应性、社会性、预动性、推理性特性；代理的强定义认为，代理应具有人性化的一些特点，而不是仅仅让它具有弱定义所描述的一些特征。从本质上讲，代理就是一个由多种心智状态组成的一种智能实体。

多代理结构包括网状结构、层次结构、联盟结构三种，空管系统可以根据片区网络建设的规模以及网络节点的计算能力选取适当的代理结构体系。在多代理网络结构的设计上，中心计算机和节点计算机分别充当全局代理与执行代理的角色，设置全局代理与执行代理之间的任务控制报文，实现节点计算机参与空域管制调度任务规划计算。

7.3.4　空域数字孪生体

伴随着数字孪生技术的出现，通过为数据处理、产品或者服务提供虚拟模型，将虚拟世界和物理世界相结合，通过对数据进行分析和对系统的监控，进而预防问题的发生，也能寻找新的机会，甚至通过模拟对未来进行规划。

空域数字孪生体是指空域物理实体的工作状态和工作进展在信息空间的全要素重建及数字化映射，是一个集成的多物理、多尺度、超写实、动态概率仿真模型,可用来模拟、监控、诊断、预测、控制空域物理实体在现实环境中的形成过程、状态和行为。在空域数字孪生体中,充分利用各种有人驾驶航空器、无人驾驶航空器、监视设备、通信设备、导航设备及探测管制设备的物理模型,传感器更新及运行历史数据,构建虚拟空间与现实空间的映射,进而反映实际物理空域的全生命周期过程。

空域数字孪生的技术体系将支撑虚拟空间、物理空间以及双向的信息流动等要素。在虚拟空间,需要具备对基础设备、系统、运行环境等多层次的仿真和建模能力。在物理空间,需要具备完整的空域运营管理能力、全集成自动化系统工程能力以及基于云计算、物联网和大数据的数字孪生分析与服务能力。同时,在连接和协同方面,需要具备虚拟空间和物理空间的信息集成与闭环反馈能力。

通过空域数字孪生体实现无人机系统空域的实时同步数据,接收智能管控决策,实现无人机空域管理的智能化。空域数字孪生体综合利用实时通信技术、传感技术、追溯技术、仿真技术、物联网技术等,在无人机及空域状态跟踪监控、目标识别、自主感知与避撞、编队飞行和智能决策等方面提供支持。

空域数字孪生体有望在无人机空域管理方面提供如下业务功能:

(1)情景仿真:将飞行计划、飞行任务、设备部署情况、空域信息等数据在空域数字孪生体中进行飞行情景仿真,为飞行计划/任务智能审批、飞行安全评估、飞行流量调度、飞行冲突检测等提供辅助决策,实现智能化低空运行管理。

(2)态势感知:空域数字孪生体实现态势融合、告警检测、威胁评估、流量估算、冲突推演等,由席位终端进行飞行态势显示、数据显示、空域显示、设备全景监视、预警/告警显示,进行管控操作。

(3)探测预警:通过雷达、光电、频谱、对抗设备和协同管控等设备进行分布式目标探测与识别,经探测物联网汇聚后通过动态空域规划处理后进行数据融合和预警/告警等相关处理。

(4)无人机探测与反制:威胁目标由空域数字孪生体进行威胁评估与智能处置辅助决策,生成探测与反制指令,引导和控制探测与反制设备对非合作目标进行探测和拦截处置。

(5)协同管控:运用人工智能与动态空域管理关键技术,综合态势、气象、空域流量、空域属性、冲突量等信息对合作区域的合作目标进行超视距集中管控。

7.3.5 UTM 与 UAM

原有的空域运行概念主要针对各种有人驾驶航空器进行设计,无人机的迅速发展为空中交通管理的运行概念、运行规则、基础设施、人员管理等带来了全新的挑战,势必将引发空中交通格局的新一轮变革。参与讨论大量不同类型的无人机如何加入空域运行体系以及如何构建无人机运行概念的用户主要分为两类：一类是低空无人机交通管理系统参与者，如 FAA 提出的 UTM 以及 EASA 提出的 U-space 相关方；另一类是城市空中交通管理系统参与者，诸如城市空中交通(UAM)或 AAM 的相关方等。

美国针对 UTM 和 UAM 相关用户进行了清晰的界定，并依据不同的安全风险等级设计了相应的运行概念、运行规则和运行服务框架，建立了两套独立的无人机运行系统框架。UTM 运行系统中的空域用户可以按照视距内或者视距外两种方式运行。视距内运行的运营人通过目视保持与其他无人机、有人机的安全间隔，在不与其他 UTM 用户进行数据交换的情况下，无法预先知道其他有人机和无人机的飞行意图，仍可保持运行安全。视距外运行必须依赖无人机的通信、导航/网络、监视性能，满足特定的监视性能要求后才可开展运行。UAM 运行系统中，由 UAM 服务提供商提供信息交互与协调服务，承担运行管理的绝大部分职责，主要包括飞行计划辅助服务和空中交通管理服务，如通信、间隔保持、排序、信息交互，甚至包括实施飞行签派职责等。为保证运行安全，参与 UAM 运行的航空器、UAM 机场以及运营人都应达到必要的安全性能等级要求，并通过相关的运行合格审定。

在 FAA 的 UTM 运行概念中，对按 107 部(FAA 小型无人机法规)运行的运营人仅需进行无人机注册登记，并获取远程身份信息及空域进入许可，也可以进入部分管制空域内。有人机运营人无须强制性加入 UTM，但是 FAA 鼓励这些有人机运营人通过加入 UTM 服务来增强空域用户情景意识，提升运行安全水平。

将来的 UAM 可能是一种公共服务与自驾的融合形态。首先，信息交互与协调等公共服务也存在通信系统故障、网络被阻塞攻击等风险，进而引发空中交通事故；其次，人的因素本身就是一种不稳定因素。随着各种技术发展，这些风险可通过智能辅助、多种高精度传感器数据融合、自主感知规避等手段予以解决或者缓解。若要实现 UAM 的全面运行，则需要各方不断验证和尝试，共同努力。

7.4 小　　结

未来无人机将成为空域中重要成员族，无人机涉足的领域包括军事、科研、安全、商业、交通物流及娱乐等，无人机的大规模应用无疑会增加空域飞行风险以及空域管控难度，无人机管制的法规/行业标准不完善、空管建设体系不足、防撞规避能力缺乏及全域全时监视能力滞后等诸多原因都影响无人机的行业发展。当前无人机空域管理方面有以下几个难点：

(1) 无人机大规模使用后的空域拥堵问题,尤其是低空空域交通拥堵问题,难点在于解决空域信息共享问题。

(2) 无人机防撞规避能力问题,包括无人机防撞技术、合作目标监视与防撞规避技术、非合作目标探测与规避技术等。

(3) 无人机全域全时监视问题,不同能力的无人机平台的飞行高度可以低于100m,也可以高于20km,滞空时间短的可以小于0.5h,长的可以大于半年,对空管系统全域全时监视的稳定性提出了更高的要求。

(4) 无人机可靠和实时通信问题,包括无人机与地面端、无人机之间及无人机与空中中继之间的通信,未来需要建立广覆盖、高可靠、低延时和超高带宽通信系统。

新兴技术的进步为无人机系统空域管理提供了机遇,尤其是数据链技术、机载监视设备小型化技术、星基 ADS-B 技术、人工智能技术及 5G 在无人机系统空域管理中的应用等。具有强抗干扰能力、高速数据传输率、宽带宽的数据链技术的应用,为无人机远距离、大数据通信的难题提供了解决方案;机载小型化监视设备的研制技术进步,为无人机平台的监视与管控提供了基础;星基 ADS-B 技术研制成功极大提高了空管系统的监视范围,尤其为高空长航时无人机进行全球范围的跨区域监视服务提供了可能性;而人工智能技术的应用则会赋予无人机空域管理新的生命。

未来空域管理系统的发展将进一步扩大监视空域范围、增强空域管理调度能力,建设基于大数据和人工智能的智能化空域管理系统。

缩 略 语

1090ES	1090MHz Extended Squitter	1090MHz 扩展电文
AAM	Advanced Air Mobility	先进空中交通
ABDAA	Airborne Based Detect and Avoid	机载探测与规避
ACAS	Airborne Collision Avoidance System	机载防撞系统
ACAS X	the Next Generation Airborne Collision Avoidance System	新一代机载防撞系统
ADS	Automatic Dependent Surveillance	自动相关监视
ADS – B	Automatic Dependent Surveillance – Broadcast	广播式自动相关监视
ADS – B IN	Automatic Dependent Surveillance – Broadcast In	ADS – B 接收
ADS – B OUT	Automatic Dependent Surveillance – Broadcast Out	ADS – B 发射
ADS – C	Automatic Dependent Surveillance – Contract	合约式自动相关监视
ADSEL	Address Selective SSR System	地址选择二次监视雷达系统
AIS	Automatic Identification System	船舶自动识别系统
ALAS	ADS – B Link Augmentation System	ADS – B 链路增强系统
AMTD	Adaptive Moving Target Detection	自适应动目标检测
ARINC	Aeronautical Radio Inc.	航空无线电组织
ARS	Airborne Radio System	机载无线电系统
ASM	Aerodrome Surface Multilateration Systems	机场场面多点定位系统
ATAR	Air to Air Radar	机载交通监视雷达（空对空雷达）
ATC	Air Traffic Control	空中交通管制
ATCRBS	Air Traffic Control Radar Beacon System	空中交通管制雷达信标系统
ATM	Air Traffic Management	空中交通管理
ATS	Air Traffic Service	空中交通服务
Autonomous UAS	Autonomous Unmanned Aircraft System	自主无人机
BCL	Behavior Control Layer	行为控制层

BPL	Behavior Planning Layer	行为规划层
C2	Command and Control	指挥与控制
C2L	Command and Control Link	指挥与控制数据链
CA	Collision Avoidance	防撞
CAA	Civil Aviation Authority	英国民用航空局
CAAC	Civil Aviation Administration of China	中国民用航空局
CDL	Common Data Link	通用数据链
CDTI	Cockpit Display of Traffic Information	座舱交通信息显示器
CNPCL	Control and Non-Payload Communication Link	控制和非载荷通信链路
CPFSK	Continuous Phase Frequency Shift Keying	连续相位频移键控
DAA	Detect and Avoid	探测与规避
DABS	Discrete Address Beacon System	离散地址信标系统
DOA	Direction of Arrival	波达方向
DoDAF	Department of Defense Architectural Framework	美国国防部体系架构框架
DPSK	Differential Phase Shift Keying	差分相移键控
DSL	Detect-Sense Layer	探测感知层
EASA	European Aviation Safety Agency	欧洲航空安全局
ELM	Extended-Length Message	扩展长度报文
EUROCAE	European Organization for Civil Aviation Equipment	欧洲民用航空设备组织
FAA	Federal Aviation Administration	联邦航空局
FCI	Flight Control Interface	飞行控制接口
FDD	Frequency Division Duplexing	频分双工
FDMA	Frequency Division Multiple Access	频分多址
FIMS	Flight Information Management System	飞行情报管理系统
FIS-B	Flight Information Service-Broadcast	飞行信息服务广播
FMS	Flight Management System	飞行管理系统
GBDAA	Ground Based Detect and Avoid	地基探测与规避
GBSS	Ground Based Surveillance System	地基监视系统
GCS	Ground Control Station	地面控制站
GIS	Geographic Information System	地理信息系统
GLONASS	Global Navigation Satellite System	俄罗斯全球导航卫星系统
GNSS	Global Navigation Satellite System	全球导航卫星系统
GPS	Global Positioning System	全球定位系统

GRS	Ground Radio System	地面无线电系统
GSAT	Globalstar	全球星
HDLC	High – Level Data Link Control	高级数据链路控制
HIDL	High Integrated Data Link	高集成数据链
ICAO	International Civil Aviation Organization	国际民航组织
IFR	Instrument Flight Rules	仪表飞行规则
IMC	Instrument Meteorological Condition	仪表气象条件
IMEI	International Mobile Equipment Identit	移动设备国际身份码
Intelligent UAV	Intelligent Unmanned Aerial Vehicle	智能无人机
ISLS	Interrogator Side Lobe Suppression	询问旁瓣抑制
JDL	Joint Directors of Laboratories	联合实验室
LBS	Location Based Service	基于位置服务
LCD	Liquid Crystal Display	液晶显示屏
MATS	Mobile Aircraft Tracking System	移动飞机跟踪系统
MDF	Multi – source Data Fusion	多源数据融合
MLAT	Multilateration	多点定位系统
MOPS	Minimum Operational Performance Standards	最低运行性能标准
MSO	Message Start Opportunity	报文发送起始时间点
MSSR	Monopulse Secondary Surveillance Radar	单脉冲二次监视雷达
MTBF	Mean Time Between Failures	平均故障间隔时间
MTOW	Maximum Take off Weight	最大起飞重量
MTTR	Mean Time to Repair	平均修复时间
MuSICA	Multi – Sensor Integrated Conflict Avoidance	多传感器融合防撞
NAA	National Aviation Authority	国家航空当局
NAS	National Airspace System	国家空域系统
NASA	National Aeronautics and Space Administration	美国国家航空航天局
NextGen	Next Generation Air Transportation System	下一代航空运输系统
PAL	Phase Alteration Line	逐行倒向
POI	Point of Interest	关注点
PSR	Primary Surveillance Radar	一次监视雷达
RA	Resolution Advisory	决断咨询
RCS	Radar Cross Section	雷达散射截面
RDSS	Radio Determination Satellite Service	卫星无线电测定业务

RNSS	Radio Navigation Satellite System	无线电导航卫星系统
RPA	Remotely Piloted Aircraft	远程驾驶航空器
RPAS	Remotely Piloted Aircraft System	远程驾驶航空器系统
RTCA	Radio Technical Commission for Aeronautics	航空无线电技术委员会
RTK	Real–time Kinematic	实时动态定位
RWC	Remain Well Clear	间隔保持
SCL	Situation Comprehension Layer	态势理解层
SESAR	Single European Sky ATM Research	单一欧洲天空空中交通管理研究
SIO	System Integration operation	系统集成和运行
SNMP	Simple Network Management Protocol	简单网络管理协议
SPI	Special Position Identification	特殊位置识别
SS	Self–Separation	自主间隔
SSR	Secondary Surveillance Radar	二次监视雷达
STDMA	Self–organized Time Division Multiple Access	自组织时分多址
STM	Surveillance and Tracking Module	监视跟踪模块
SWIM	System Wide Information Management	全系统信息管理
TA	Traffic Advisory	交通咨询
TCAS	Traffic Alert and Collision Avoidance System	交通警戒与防撞系统
TCDL	Tactical Common Data Link	战术通用数据链
TCL	Technology Control Level	技术控制等级
TDMA	Time Division Multiple Access	时分多址
TDOA	Time Difference of Arrival	到达时间差
TIS–B	Traffic Information Services–Broadcast	交通信息服务广播
TMA	Terminal Area	终端区
TOA	Time of Arrival	到达时间
TRM	Threat Resolution Module	威胁决断模块
UAM	Urban Air Mobility	城市空中交通
UAS	Unmanned Aircraft System	无人机系统
UAS–NAS	Unmanned Aircraft System–National Airspace System	无人机融入国家空域系统
UAT	Universal Access Transceiver	通用访问收发机
UAV	Unmanned Aerial Vehicle	无人机
UOM	Unmanned Aircraft System Operation Management	民用无人驾驶航空器综合管理平台

USICO	UAV Safety Issues for Civil Operations	民用无人机问题安全联盟
USS	Unmanned Aircraft Systems Service Suppliers	无人机服务提供系统
UTC	Universal Time Coordinated	国际协调时间
UTM	Unmanned Traffic Management	无人机交通管理
VDL-4	VHF Digital Link-4	甚高频数字链模式4
VFR	Visual Flight Rules	目视飞行规则
VHF	Very High Frequency	甚高频
VLOS	Visual Line of Sight	视距内运行
VMC	Visual Meteorological Conditions	目视气象条件
WAM	Wide Area Multilateration Systems	广域多点定位系统
WGS-84	World Geodetic System 1984	1984世界大地坐标系
XPDR	Transponder	应答机

参 考 文 献

[1] 陈金良. 无人机飞行管理[M]. 西安:西北工业大学出版社,2014.
[2] 郭露. 我国民用无人机市场发展历程及前景分析[EB/OL]. [2016-04-23]. https://www.qianzhan.com/analyst/detail/220/160422-d96a973b.html.
[3] 陈志杰. 空域管理理论与方法[M]. 北京:科学出版社,2011.
[4] 谢春生,郭莉,张洪. 低空空域管理与通用航空空域规划[M]. 北京:航空工业出版社,2016.
[5] 张正华. 我国空域管理现状分析[J]. 城市建设理论研究(电子版),2012(20):1-8.
[6] DALAMAGKIDIS K,VALAVANIS K P,PIEGL L A. On Integrating Unmanned Aircraft Systems Into The National Airspace System[M]. XIE H B,YIN D,YANG J,et al. 2nd Edition. Beijing:National Defense Industry Press,2016.
[7] 王世锦. 空域分类关键技术及应用研究[D]. 南京:南京航空航天大学,2010.
[8] 王雪峰,胡潇,杨明,等. 无人机空管领域现状分析与空管系统设计[J]. 现代导航,2016(5):330-334.
[9] 张传民. 对无人机飞行空中管制的几点建议[J]. 社会科学,2015(1):125.
[10] 周航,戴苏榕. 无人机低空域安全飞行管理概述[J]. 航空电子技术,2015,46(2):21-25,35.
[11] 苗延青,金镭,谈炜荣,等. 浅谈我国民用无人机适航发展趋势[J]. 航空标准化与质量,2014(6):29-32.
[12] AUSTIN R. Unmanned aircraft systems:UAVS design,development and deployment[M]. Hoboken:Wiley India,2017.
[13] GUPTA S G,GHONGE M M,JAWANDHIYA P M. Review of unmanned aircraft system(UAS)[J]. International Journal of Advanced Research in Computer Engineering and Technology,2013,2(4):1646-1658.
[14] Office of the Secretary of Defense. Unmanned Aircraft Systems Roadmap 2005—2030[R]. Washington,DC:Department of Defense,2005.
[15] 张涛,芦维宁,李一鹏. 智能无人机综述[J]. 航空制造技术,2013,56(12):32-35.
[16] 王英勋,蔡志浩. 无人机的自主飞行控制[J]. 航空制造技术,2009,52(8):26-31.
[17] 刘传银. 多无人平台协同作业理论及方法研究[D]. 沈阳:沈阳理工大学,2015.
[18] 郭仲平. 基于事例推理的空域管理辅助系统研究[D]. 沈阳:东北大学,2010.
[19] 李涛. 多源传感器数据融合及其在目标检测中的应用[D]. 成都:电子科技大学,2015.
[20] KHALEGHI B,KHAMIS A,KARRAY F O,et al. Multisensor data fusion:A review of the state of the art [J]. Information Fusion,2013,14(1):28-44.
[21] 姚楠. 基于单目视觉的运动目标跟踪定位技术研究[D]. 上海:上海交通大学,2014.
[22] 齐俊桐. 无人机:从技术革新到产业盛宴[J]. 机器人技术与应用,2015(6):34-36.
[23] 安高锋. 某型无人机飞行控制器的设计与仿真[D]. 南昌:南昌航空大学,2015.

[24] 葛明锋. 基于轻小型无人机的高光谱成像系统研究[D]. 北京:中国科学院大学,2015.

[25] 卓星宇,黄宸宇,周广军,等. 我国军民航空管制联合行动的运行体系与信息传递[J]. 交通企业管理,2016(3):63-65.

[26] 徐琳. 无人机控制数据链跳频时频同步关键技术研究[D]. 成都:电子科技大学,2012.

[27] 常宇恒. 无人机数据链路的设计[D]. 哈尔滨:东北农业大学,2015.

[28] 李岩. 复杂载体共形天线阵的分析与综合[D]. 成都:电子科技大学,2014.

[29] 陈烈. 天地一体化网络通用管理信息模型研究[D]. 哈尔滨:哈尔滨工业大学,2015.

[30] 袁伟. 临近空间高速飞行器测控链路设计与仿真平台实现[D]. 西安:西安电子科技大学,2012.

[31] 陈卫. 航空运输演化研究[D]. 北京:北京交通大学,2012.

[32] FRAZZOLI E,DAHLEH M A,FERON E. Real-time motion planning for agile autonomous vehicles[J]. Journal of Guidance Control and Dynamics,2002,25(1):116-129.

[33] OGREN P,WINSTRAND M. Minimizing mission risk infuel-contrained unmanned aerial vehicle path planning[J]. Journal of Guidance Control and Dynamics,2008,31(5):1497-1499.

[34] 蔡志浩,吴慧垚,王英勋. 基于系统分类和安全评估的无人机空域集成[J]. 北京航空航天大学学报,2013,39(11):1497-1502.

[35] 贺强,徐艺,马尧. 基于FCM的无人机飞行安全风险评估[J]. 民航学报,2018(1):31-34,21.

[36] 章玄,罗明. 关于民用无人机空域管理的研究[J]. 科技资讯,2017(30):135-136,138.

[37] 章玄. 基于无人机产业发展下的空域管理体制改革研究[D]. 南昌:南昌航空大学,2018.

[38] 房印闯,韩辉云,张华. 低空无人机探测反制的关键技术研究[J]. 中国新通信,2020,22(22):55-56.

[39] 李鹏涛. 低空微小目标探测与识别技术研究[D]. 西安:西安工业大学,2020.

[40] 杜鑫,刘巍,孙应飞. 针对低空目标的分布式组网探测[J]. 系统工程与电子技术,2020,42(5):1057-1062.

[41] 于周锋,王惠林. 无人机光电对抗技术研究[J]. 应用光学,2021,42(3):377-382.

[42] 薛猛,周学文,孔维亮. 反无人机系统研究现状及关键技术分析[J]. 飞航导弹,2021(5):52-56,60.

[43] 徐泽融. 武汉天河机场无人机防控系统研究[J]. 中国高新科技,2021(5):80-81.

[44] BERTRAM J,WEI P. Distributed Computational Guidance for High-Density Urban Air Mobility with Cooperative and Non-Cooperative Collision Avoidance[C]//AIAA Scitech 2020 Forum,2020. DOI:10.2514/6.2020-1371.

[45] 李安醍,武丁杰,李诚龙. 低空无人机自主避障算法综述[J]. 电光与控制,2021,28(8):59-64.

[46] 薛俊杰,张友刚,刘星辰. 无人机防相撞系统信息感知技术研究[J]. 战术导弹技术,2021(2):1-8.

[47] 全权,李刚,柏艺琴,等. 低空无人机交通管理概览与建议[J]. 航空学报,2020,41(1):6-34.

[48] 中国民用航空局. 2020年民航行业发展统计公报[R/OL]. [2021-06-10]. http://www.caac.gov.cn/XXGK/XXGK/TJSJ/202106/t20210610_207915.html.

[49] 张宏宏,甘旭升,毛亿,等. 无人机避障算法综述[J]. 航空兵器,2021,28(5):53-63.

[50] UPADHYAY A,SHRIMALI K R,SHUKLA A. UAV-Robot Relationship for Coordination of Robots on a Collision Free Path[J]. Procedia Computer Science,2018,133:424-431.

[51] 樊邦奎,张瑞雨. 无人机系统与人工智能[J]. 武汉大学学报(信息科学版),2017,42(11):1523-1529.

[52] 张尉. 二次雷达原理[M]. 北京:国防工业出版社,2009.

[53] 中华人民共和国工业和信息化部. 关于促进和规范民用无人机制造业发展的指导意见[工信部装〔2017〕310号][A/OL].[2017-12-22]. https://www.miit.gov.cn/jgsj/zbys/gzdt/art/2020/art_73aee6b161b54841a7480b3da01f6234.html.

[54] THIPPHAVONG D P,APAZA R D,BARMORE B E,et al. Urban air mobility airspace integration concepts and considerations[R]//2018 Aviation Technology,Integration,and Operations Conference. Atlanta,GA:AIAA,2018:3676.

[55] HOLDEN J,GOEL N. Fast-forwarding to a future of on-demand urban air transportation[J]. Airbus UTM,2016,31(5):1044-1059.

[56] BALAKRISHNAN K,POLASTRE J,MOOBERRY J,et al. Blueprint for the Sky:The roadmap for the safe integration of autonomous aircraft[J]. Airbus UTM,2018,22(3):764-778.

[57] 中共中央,国务院. 国家综合立体交通网规划纲要[Z/OL].[2021-02-24]. http://www.gov.cn/zhengce/2021-02/24/content_5588654.htm.

[58] BAUR S,SCHICKRAM S,HOMULENKO A,et al. Urban air mobility:The rise of a new mode of transportation[J]. Roland Berger Focus,2018,42(4):1078-1084.

[59] YE S Y,WAN Z Y,ZENG L,et al. A Vision-Based Navigation Method for eVTOL Final Approach in Urban Air Mobility(UAM)[C]//2020 4th CAA International Conference on Vehicular Control and Intelligence(CVCI). Hangzhou:IEEE,2020:645-649.

[60] 张礼廉,屈豪,毛军,等. 视觉/惯性组合导航技术发展综述[J]. 导航定位与授时,2020,7(4):50-63.

[61] 杨春娟,王峰,晋博,等. 基于计算机视觉的室内自主移动机器人导航综述[J]. 电脑知识与技术,2017,13(15):141-143.

[62] DAVISON A J,REID I D,MOLTON N D,et al. MonoSLAM:Real-time single camera SLAM[J]. IEEE Transactions on Pattern Analysis and Machine Intelligence,2007,29(6):1052-1067.

[63] LEUTENEGGER S,LYNEN S,BOSSE M,et al. Keyframe-based visual-inertial odometry using nonlinear optimization[J]. The International Journal of Robotics Research,2015,34(3):314-334.

[64] QIN T,LI P L,SHEN S J. Vins-mono:A robust and versatile monocular visual-inertial state estimator[J]. IEEE Transactions on Robotics,2018,34(4):1004-1020.

[65] QIN T,SHEN S J. Robust initialization of monocular visual-inertial estimation on aerial robots[C]//2017 IEEE/RSJ International Conference on Intelligent Robots and Systems(IROS). Vancouver,BC,Canada:IEEE,2017:4225-4232.

[66] YANG Z F,SHEN S J. Monocular visual-inertial state estimation with online initialization and camera-IMU extrinsic calibration[J]. IEEE Transactions on Automation Science and Engineering,2016,14(1):39-51.

[67] BARFOOT T,FORBES J R,FURGALE P T. Pose estimation using linearized rotations and quaternion algebra[J]. Acta Astronautica,2011,68(1-2):101-112.

[68] 张洪海,邹依原,张启钱,等. 未来城市空中交通管理研究综述[J]. 航空学报,2021,42(7):82-106.

[69] MUELLER E R,KOPARDEKAR P H,GOODRICH K H. Enabling airspace integration for high-density on-demand mobility operations[C]//17th AIAA Aviation Technology,Integration,and Operations Confer-

ence. Denver, Colorado: AIAA, 2017: 3086 – 3087.

[70] POLACZYK N, TROMBINO E, WEI P, et al. A review of current technology and research in urban on – demand air mobility applications[C]//8th Biennial Autonomous VTOL Technical Meeting and 6th Annual Electric VTOL Symposium. Mesa, AZ: Semantic Scholar Engineering, 2019: 333 – 343.

[71] KADHIRESAN A R, DUFFY M J. Conceptual design and mission analysis for eVTOL urban air mobility flight vehicle configurations[C]//AIAA Aviation 2019 Forum. Dallas, Texas: AIAA, 2019: 2873.

[72] SUNIL E, HOEKSTRA J M, ELLERBROEK J, et al. Metropolis: Relating airspace structure and capacity for extreme traffic densities[C]//Proceedings of the 11th USA/Europe Air Traffic Management Research and Development Seminar(ATM2015), Lisbon(Portugal), 23 – 26 June, 2015. Lisbon(Portugal): FAA/Eurocontrol, 2015: 10 – 18.

[73] SUNIL E, ELLERBROEK J, HOEKSTRA J, et al. Analysis of airspace structure and capacity for decentralized separation using fast – time simulations[J]. Journal of Guidance, Control and Dynamics, 2017, 40(1): 38 – 51.

[74] VASCIK P D, HANSMAN R J. Evaluation of key operational constraints affecting on – demand mobility for aviation in the Los Angeles basin: ground infrastructure, air traffic control and noise[C]//17th AIAA Aviation. Denver, Colorado: AIAA, 2017: 3084 – 3086

[75] FU M, ROTHFELD R, ANTONIOU C. Exploring preferences for transportation modes in an urban air mobility environment: Munich case study[J]. Transportation Research Record, 2019, 2673(10): 427 – 442.

[76] FADHIL D N. A GIS – based analysis for selecting ground infrastructure locations for urban air mobility[D]. Munich: Technical University of Munich, 2018.

[77] SUNIL E, HOEKSTRA J, ELLERBROEK J, et al. The influence of traffic structure on airspace capacity[C]//7th International Conference on Research in Air Transportation. Philadelphia: Researchgate, 2016: 4 – 8.

[78] SUNIL E, ELLERBROEK J, HOEKSTRA J M, et al. Three – dimensional conflict countmodels for unstructured and layered airspace designs[J]. Transportation Research Part C: Emerging Technologies, 2018(95): 295 – 319.

[79] GHARIBI M, BOUTABA R, WASLANDER S L. Internet of drones [J]. IEEE Access, 2016(4): 1148 – 1162.

[80] CONROW E H. Estimating technology readiness level coefficients[J]. Journal of Spacecraft and Rockets, 2011, 48(1): 146 – 152.

[81] KOPF J, RONG X, HUANG J B. Robust consistent video depth estimation[C]//Proceedings of the IEEE/CVF Conference on Computer Vision and Pattern Recognition. Nashville, TN, USA: IEEE, 2021: 1611 – 1621.

[82] NG P C, HENIKOFF S. SIFT: Predicting amino acid changes that affect protein function[J]. Nucleic Acids Research, 2003, 31(13): 3812 – 3814.

[83] BAY H, TUYTELAARS T, GOOL L V. Surf: Speeded up robust features[C]//European conference on computer vision. Heidelberg, Berlin: Springer, 2006: 404 – 417.

[84] FENG Z W, GUAN N, LV M S, et al. An efficient uav hijacking detection method using onboard inertial measurement unit[J]. ACM Transactions on Embedded Computing Systems(TECS), 2018, 17(6): 1 – 19.

[85] National Aeronautics and Space Administration. UAM Overview[EB/OL]. [2019 – 08 – 02]. https://

www. nasa. gov/uam – overview.

[86] The Los Angeles Times. From the Archives:Los Angeles Airways helicopteroverturns[EB/OL]. [2017 – 03 – 10]. http://www. latimes. com/visuals/photography/la – me – fw – archives – airways – helicopter – overturn – 20170221 – story. html.

[87] GOYAL R. Urban Air Mobility(UAM)Market Study[EB/OL]. [2020 – 08 – 01]. https://www. nasa. gov/sites/default/files/atoms/files/bah_uam_executive_briefing_181005_tagged. pdf.

[88] HACKENBERG D L. NASA Advanced Air Mobility(AAM)Urban Air Mobility(UAM)and Grand Challenge AIAA[EB/OL]. [2019 – 06 – 17]. https://ntrs. nasa. gov/citations/20190026695.

[89] BAUR S,SCHICKRAM S,HOMULENKO A,et al. Urban air mobility:The rise of a new mode of transportation[R]. Hamburg:Roland Berger,2018.

[90] 王世锦,隋东. 低空空域飞行冲突风险研究[J]. 西南交通大学学报,2010,45(1):116 – 123.

[91] KOCHENDERFER M J,HOLLAND J E,CHRYSSANTHACOPOULOS J P. Next – Generation Airborne Collision Avoidance System[J]. Lincoln Laboratory Journal,2012,19(1):17 – 33.

[92] 武丁杰. 近距平行跑道容量评估与优化[J]. 中国民航飞行学院学报,2014,25(1):22 – 25,28.

[93] YU X,ZHANG Y M. Sense and avoid technologies with applications to unmanned aircraft systems:Review and prospects[J]. Progress in Aerospace Sciences,2015,74(4):152 – 166.

[94] 毕红哲,张洲宇,申功璋,等. 无人机感知与规避技术研究进展[J]. 电子测量与仪器学报,2016,30(5):661 – 668.

[95] VALOVAGE E. Enhanced ADS – B Research[J]. IEEE Aerospace and Electronic Systems Magazine,2007,22(5):35 – 38.

[96] CHANDRASEKHARAN S,GOMEZ K,AL – HOURANI A,et al. Designing and implementing future aerial communication networks[J]. IEEE Communications Magazine,2016,54(5):26 – 34.

[97] CHOI J,VA V,GONZALEZ – PRELCIC N,et al. Millimeter – wave vehicular communication to support massive automotive sensing[J]. IEEE Communications Magazine,2016,54(12):160 – 167.

[98] BARNHART R K,DOUGLAS M M,ERIC S,et al. Introduction to unmanned aircraft systems[J]. Leuk Res,2011,7(1):51 – 55.

[99] LENTILHAC S. UAV Flight plan optimzed for sensor requirements[J]. IEEE Aerospace and Electronic Systems Magaine,2011,25(2):11 – 14.

[100] MOSES A,RUTHERFORD M J,VALAVANIS K P. Radar – based detection and identification for miniature air vehicles[C]//2011 IEEE International Conference on Control Applications(CCA). Denver,CO,USA:IEEE,2011:3 – 5.

[101] ROSEN P A,HENSLEY S,WHEELER K,et al. UAVSAR:new NASA airborne SAR system for research[J]. IEEE Aerospace and Electronic Systems Magazine,2007,22(11):21 – 28.

[102] LIN Y,HYYPPA J,JAAKKOLA A. Mini – UAV – borne LIDAR for fine – scale mapping[J]. IEEE Geoence and Remote Sensing Letters,2011,8(3):426 – 430.

[103] OSBORNE R W,BAR – SHALOM Y,WILLETT P,et al. Design of an adaptive passive collision warning system for UAVs[J]. IEEE Aerospace and Electronic Systems Magazine,2011,47(3):2169 – 2189.

[104] GIUSTI A,GUZZI J,CIRESAN D C,et al. A machine learning approach to visual perception of forest trails for mobile robots[J]. IEEE Robotics and Automation Letters,2016,1(2):661 – 667.

[105] FALANGA D,KLEBER K,SCARAMUZZA D. Dynamic obstacle avoidance for quadrotors with event cam-

eras[J]. Science Robotics,2020,5(40):9712.

[106] CHOI H,KIM Y,LEE Y,et al. A reactive collision avoidance algorithm for multiple midair unmanned aerial vehicles[J]. Transactions of the Japan Society for Aeronautical and Space Sciences,2012,56(1):15-24.

[107] LIN Z J,CASTANO L,MORTIMER E,et al. Fast 3D collision avoidance algorithm for fixed wing UAS[J]. Journal of Intelligent and Robotic Systems,2020,97(2):577-604.

[108] HAN S C,BANG H,YOO C S. Proportional navigation-based collision avoidance for UAVs[J]. International Journal of Control Automation and Systems,2009,7(4):553-565.

[109] 彭良福,林云松. 空中自动防撞系统最优逃避机动的确定[J]. 控制理论与应用,2010,27(11):1575-1579.

[110] LIU J Y,GUO Z Q,LIU S Y. The simulation of the uav collision avoidance based on the artificial potential field method[C]//Advanced Materials Research. Switzerland:Trans Tech Publications,2012(591):1400-1404.

[111] SUN J Y,TANG J,LAO S Y. Collision avoidance for cooperative UAVs with optimized artificial potential field algorithm[J]. IEEE Access,2017(5):18382-18390.

[112] YANG Z Q,LI C L,LIU G H. Cooperative 4D guidance for multiple UAVs based on tensor field[C]//2018 13th World Congress on Intelligent Control and Automation. Changsha:IEEE,2018:5-8.

[113] 梁宵,王宏伦,李大伟,等. 基于流水避石原理的无人机三维航路规划方法[J]. 航空学报,2013,34(7):1670-1681.

[114] WANG H L,LYU W,YAO P,et al. Three-dimensional path planning for unmanned aerial vehicle based on interfered fluid dynamical system[J]. Chinese Journal of Aeronautics,2015,28(1):229-239.

[115] ALONSO-AYUSO A,ESCUDERO L F,MARTIN-CAMPO F J. Collision avoidance in air traffic management:a mixed-integer linear optimization approach[J]. IEEE Transactions on Intelligent Transportation Systems,2011,12(1):47-57.

[116] SUNBERG Z N,KOCHENDERFER M J,PAVONE M. Optimized and trusted collision avoidance for unmanned aerial vehicles using approximate dynamic programming(technical report)[C]//2016 IEEE International Conference on Robotics and Automation(ICRA). Harbin:IEEE,2016:6-9

[117] DE WAEN J,DINH H T,TORRES M H,et al. Scalable multirotor UAV trajectory planning using mixed integer linear programming[C]//european conference on mobile robots. Paris:IEEE,2017:1-6.

[118] 宋敏,戴静,孔韬. 基于NMPC的无人机自主防撞控制方法[J]. 系统工程与电子技术,2019,41(9):2092-2099.

[119] SHAKHATREH H,SAWALMEH A H,AL-FUQAHA A,et al. Unmanned aerial vehicles(UAVs):A survey on civil applications and key research challenges[J]. IEEE Access,2019(7):48572-48634.

[120] JULIAN K D,KOCHENDERFER M J,OWEN M P. Deep neural network compression for aircraft collision avoidance systems[J]. Journal of Guidance,Control,and Dynamics,2019,42(3):598-608.

[121] HAN X,WANG J,XUE J Y,et al. Intelligent decision-making for 3-dimensional dynamic obstacle avoidance of UAV based on deep reinforcement learning[C]//2019 11th International Conference on Wireless Communications and Signal Processing(WCSP). Xi'an:IEEE,2019:2-8.

[122] RIBEIRO M,ELLERBROEK J,HOEKSTRA J. Review of conflict resolution methods for manned and unmanned aviation[J]. Aerospace,2020,7(6):79.

[123] BORRELLI F, SUBRAMANIAN D, RAGHUNATHAN A U, et al. MILP and NLP techniques for centralized trajectory planning of multiple unmanned air vehicles[C]//American Control Conference. IEEE Xplore. Minneapolis, MN, USA: IEEE, 2006: 9 – 12.

[124] ACIKMESE B, PLOEN S R. Convex programming approach to powered descent guidance for mars landing[J]. Journal of Guidance Control and Dynamics, 2007, 30(5): 1353 – 1366.

[125] COBANO J A, CONDE R, ALEJO D, et al. Path planning based on genetic algorithms and the Monte – Carlo method to avoid aerial vehicle collisions under uncertainties[C]//2011 IEEE International Conference on Robotics and Automation. Shanghai: IEEE, 2011: 1 – 7.

[126] PONTANI M, CONWAY B A. Particle Swarm optimization applied to space trajectories[J]. Journal of Guidance Control and Dynamics, 2010, 33(5): 1429 – 1441.

[127] 李猛, 王道波, 柏婷婷, 等. 基于蚁群优化算法和人工势场的无人机航迹规划[J]. 应用科学学报, 2012, 30(2): 215 – 220.

[128] 中国民用航空局. 轻小无人机运行规定(试行): AC – 91 – FS – 2015 – 31[A/OL]. [2015 – 12 – 29]. http://www.caac.gov.cn/XXGK/XXGK/GFXWJ/201601/t20160113_26519.html.

[129] 中国民用航空局. 民用无人驾驶航空器系统空中交通管理办法: MD – TM – 2016 – 004[A/OL]. [2021 – 07 – 15]. http://www.caac.gov.cn/XXGK/XXGK/GFXWJ/201610/t20161008_40016.html.

[130] 中国民用航空局. 民用无人驾驶航空器实名制登记管理规定: AP – 45 – AA – 2017 – 03[A/OL]. [2017 – 05 – 16]. http://www.caac.gov.cn/XXGK/XXGK/GFXWJ/201705/t20170517_44059.html.

[131] 中国民用航空局. 民用无人机驾驶员管理规定: AC – 61 – FS – 2018 – 20R2[A/OL]. [2016 – 07 – 11]. http://www.caac.gov.cn/XXGK/XXGK/GFXWJ/201705/t20170527_44315.html.

[132] 中国民用航空局. 特定类无人机试运行管理规程(暂行): AC – 92 – 2019 – 01[A/OL]. [2019 – 02 – 01]. http://www.caac.gov.cn/XXGK/XXGK/GFXWJ/201902/t20190201_194511.html.

[133] 中国民用航空局. 轻小型民用无人机飞行动态数据管理规定: AC – 93 – TM – 2019 – 01[A/OL]. [2019 – 11 – 05]. http://www.caac.gov.cn/XXGK/XXGK/GFXWJ/201911/t20191120_199530.html.

[134] 中国民用航空局. 民用微轻小型无人驾驶航空器系统运行识别概念(暂行): AC – 93 – TM – 2022 – 01[A/OL]. [2022 – 03 – 11]. http://www.caac.gov.cn/XXGK/XXGK/GFXWJ/202203/t20220311_212290.html.

[135] 中国民用航空局. 通用机场空管运行管理办法: AP – 83 – TM – 2021 – 01[A/OL]. [2021 – 03 – 24]. http://www.caac.gov.cn/XXGK/XXGK/GFXWJ/202103/t20210329_206951.html.

[136] VIDOSAVLJEVIC A, DELAHAYE D, SUNIL E, et al. Complexity analysis of the concepts of urban airspace design for METROPOLIS project[C]//EIWAC 4th ENRI International Workshop on ATM/CNS. Tokyo: Springer, 2015: 1 – 11.

[137] HOEKSTRA J, MAAS J, SUNIL E. How do layered airspace design parameters affect airspace capacity and safety[C]//FAA&EUROCONTROL The 7th International Conference for Research in Air Transportation (ICRAT). Philadelphia: AIAA, 2016: 1 – 8.

[138] 李诚龙, 屈文秋, 李彦冬, 等. 面向eVTOL航空器的城市空中运输交通管理综述[J]. 交通运输工程学报, 2020, 20(4): 35 – 54.

[139] LI C L, QU W Q, LI Y D, et al. Overview of traffic management of urban air mobility(UAM) with eVTOL aircraft[J]. Journal of Traffic and Transportation Engineering, 2020, 20(4): 35 – 54.

[140] 工业和信息化部. 关于促进和规范民用无人机制造业发展的指导意见: 工信部装[2017]310号[A/

OL]. [2017 – 12 – 22]. https://www.miit.gov.cn/jgsj/zbys/gzdt/art/2020/art_73aee6b161b54841a7480b3da01f6234.html.

[141] 综合. 聚焦无人机"黑飞"扰航事件频发威胁公共安全[J]. 安全与健康,2017(6):4–6.

[142] MIKE B. Status of the regulatory framework Montreal:Second Global RPAS Symposium[EB/OL]. [2017 – 09 – 19]. https://www.icao.int/meetings/rpas17/pages/default.aspx.

[143] British Airline Pilots Association, Military Aviation Authority, Department for Transport. Small remotely piloted aircraft systems drones midair collision study report – 16[R/OL]. [2017 – 07 – 26]. https://globalprojectengineering.ch/small – remotely – piloted – aircraft – systems – drones – mid – air – collision – study/.

[144] Manual on Remotely Piloted Aircraft Systems (RPAS):ICAO. Doc 10019[S/OL]. [2015 – 04 – 29]. https://store.icao.int/en/manual – on – remotely – piloted – aircraft – systems – rpas – doc – 10019.

[145] CAA. RPAS Operations Manual(EB/OL). [2017 – 06 – 08]. https://www.caa.me/sites/default/files/template_of_rpas_operations_manual.pdf.

[146] Qatar Civil Aviation Regulations. Unmanned Aircraft Systems(UAS)[A/OL]. [2017 – 03 – 31]. http://www.jarus – rpas.org/sites/jarus – rpas.org/files/qacr_005_2017_on_uas.pdf.

[147] MIKE L. Joint authorities for rulemaking of unmanned systems[EB/OL]. [2017 – 11 – 28]. https://wpo – altertechnology.com/jarus – joint – authorities – rulemaking – unmanned – systems/#:~:text = The%20Joint%20Authorities%20for%20Rulemaking%20on%20Unmanned%20Systems,operation%20of%20the%20Remotely%20Piloted%20Aircraft%20Systems%20%28RPAS%29.

[148] 王华伟,吴海桥. 航空安全工程[M]. 北京:科学出版社,2014.

[149] 徐肖豪,李冬宾,李雄. 飞行间隔安全评估研究[J]. 航空学报,2008(6):1411 – 1418.

[150] 张兆宁,王莉莉,李冬宾. 飞行间隔安全评估引论[M]. 北京:科学出版社,2009.

[151] 付其喜,梁晓龙,张佳强,等. 无人机低空交通管理系统综述[J]. 飞行力学,2019,37(2):1–6.

[152] 程擎,朱代武. 新一代空中交通管理系统[M]. 成都:西南交通大学出版社,2013.

[153] 王紫军. 小型多光谱相机无人机云台系统研究[D]. 杨凌:西北农林科技大学,2017.

[154] 林琳,刘志勇,刘引川,等. ADS – B 的无人机冲突检测告警技术[J]. 遥感信息,2017,32(6):33 – 37.

[155] 赵万友,李茂. ADS – B 在低空空域监视与目标防护中的应用[J]. 电子测量技术,2018,41(9):37 – 40.

[156] 中国民用航空局. 关于印发《基于运行风险的无人机适航审定指导意见》的通知:民航适发[2019]3 号[A/OL]. [2019 – 01 – 23]. http://www.caac.gov.cn/XXGK/XXGK/ZFGW/201901/t20190125_194383.html.

[157] 陈义友,张建平,邹翔,等. 民用无人机交通管理体系架构及关键技术[J]. 科学技术与工程,2021,21(31):13221 – 13237.

[158] 吕涛,李璐,周鑫. 一种多传感器异构数据接引的实现方法[J]. 中国新通信,2021,23(22):40 – 42.

[159] 唐斌,郑晓霞,蒲红平. 基于 ADS – B 的非合作飞行目标监视技术的可行性初探[J]. 成都航空职业技术学院学报,2018,34(4):42 – 44,88.

[160] 李坤龙. 基于 ADS – B 在空中交通管理实际应用的研究[J]. 民航学报,2021,5(3):37 – 40.

[161] 刘新生. ADS – B 自动相关监视系统可疑目标处理分析[J]. 科教导刊 – 电子版(中旬),2021(5):284 – 285.

参考文献

[162] 肖仁胜. 湖北 ADS-B 地面站组网效果评估研究[J]. 微处理机,2019,40(4):30-33.

[163] 黄宇军. ADS-B 系统在民航空管领域的应用与分析[J]. 信息通信,2019(9):68-69.

[164] 杨少君. 基于 ADS-B 的人防监视系统的研究与设计[J]. 电子世界,2020(14):142-144.

[165] 赵嶷飞,于克非. 星基广播式自动相关监视系统监视数据空中位置信息质量分析[J]. 科学技术与工程,2018,18(14):279-284.

[166] 冯涛,李洪伟,李家蓬. ACAS X 监视特性分析及防欺骗技术探讨[J]. 西华大学学报(自然科学版),2021(6):39-44.

[167] 彭勃滔,李杨,谢莉,等. 新一代防撞系统 ACASX 技术发展浅议[J]. 电子世界,2021(3):95-97.

[168] 蒋冬婷,范长军,雍其润,等. 面向重点区域安防的无人机探测与反制技术研究[J]. 应用科学学报,2022,40(1):167-178.

[169] 刘宏. 无人机探测反制技术及应用研究[J]. 科技创新与应用,2021,11(25):135-137.

[170] 杨雪,陈文红,张玺,等. 宽光谱光电系统多光轴平行性工程化测试方法研究[J]. 激光与红外,2019,49(8):978-982.

[171] 刘昊,魏志强,殷波,等. 基于细粒度分类的无人机识别与定位方法:中国,CN108711172A[P]. 2018-10-26.

[172] 孙璞. 美国国防部加强反无人机应对能力的动向分析与启示[J]. 网信军民融合,2021(2):26-28.

[173] 梁武昌. 北斗三号首次发射开启为全球民航提供卫星导航服务新时代[J]. 广东交通,2017(6):44-44.

[174] 朱永文,谢华,蒲钒,等. 空域网格化方法及其在空管中的应用研究[J]. 航空工程进展,2021,12(4):12-24.

[175] 洪兰收. 基于快速时仿真软件的机场地面运行冲突分析[J]. 通讯世界,2018(6):1-2.

[176] 陈棋,刘建光. 民用无人机综合管理模式研究[J]. 中国无线电,2018(3):33-36.

[177] 王兴隆,纪君柔,赵密. 基于遗传算法的多扇区移交点交通流量优化[J]. 科学技术与工程,2019,19(19):356-361.

[178] 张建南,刘以安,王刚. 基于优化粒子群算法的无人机航路规划[J]. 传感器与微系统,2017,36(3):58-61.

[179] 李楠,刘朋,邓人博,等. 基于改进遗传算法的无人机三维航路规划[J]. 计算机仿真,2017,34(12):22-25,35.

[180] 邓绮雯. 空中交通管理中空域规划的关键技术探究[J]. 中国新通信,2018,20(3):47.

[181] 舒红平,游志胜,刘健波. 基于飞行姿态的潜在冲突预警算法[J]. 计算机工程,2004,30(15):28-30.

[182] 洪方绍. 基于二次雷达检测的物流业追踪器设计[D]. 上海:华东理工大学,2012.

[183] 李村. 基于 GIS 的通信导航监控覆盖仿真系统[D]. 北京:北京邮电大学,2014.

[184] 王楠. SELEX 二次雷达接收机告警解析[J]. 硅谷,2014,7(17):169,136.

[185] 牛国玺. ADS-B 数据链路技术分析及其在空管领域中的运用[J]. 内蒙古电大学刊,2010(4):76-78,86.

[186] 李翔,张莉萍. 敌我识别系统与一次雷达融合的一种设计方法[J]. 舰船电子对抗,2011,34(4):32-34.

[187] 纪宸. ADS-B 数据处理系统设计与实现[D]. 西安:西安电子科技大学,2018.

[188] 杨成,林琳. ADS-B 数据链应用风险与对策研究[J]. 现代电子技术,2014,37(21):98-101.

[189] 邓江. 新型认证协议研究[D]. 四川:电子科技大学,2015.

[190] 程龙,周树道,叶松,等. 无人机导航技术及其特点分析[J]. 飞航导弹,2011(2):59-62.

[191] 李庶中,李越强,李洁. 无人机感知与规避技术综述[J]. 现代导航,2019,10(6):445-449.

[192] 周蕊. 终端区空域规划若干重要问题的研究[D]. 南京:南京航空航天大学,2009.

[193] 窦荣. 基于飞行需求的空域动态管理技术研究[D]. 南京:南京航空航天大学,2009.

[194] 张婧婷. 基于管制负荷的扇区运行安全评估研究[D]. 南京:南京航空航天大学,2014.

[195] 中国民用航空局. 无人机系统控制和其它安全关键通信空地链路无线电设备:CTSO-C213[A/OL]. [2019-06-04]. http://www.caac.gov.cn/XXGK/XXGK/BZGF/JSBZGD/201907/t20190702_197326.html.

[196] Minimum Operational Performance Standards for Traffic Alert and Collision Avoidance System Ⅱ (TCAS Ⅱ):RTCA DO-185B-2008[S/OL]. [2020-10-06]. https://my.rtca.org/productdetails?id=a1B36000001IcmYEAS.

[197] Minimum Operational Performance Standards For Air Traffic Control Radar Beacon System/Mode Select (ATCRBS/MODE S) Airborne Equipment:RTCA DO-181F-2020[S/OL]. [2021-05-08]. https://my.rtca.org/productdetails?id=a1B1R00000LoYDdUAN.

[198] Minimum Operational Performance Standards For 1090 Mhz Extended Squitter Automatic Dependent Surveillance-Broadcast(Ads-B) And Traffic Information Services-Broadcast(Tis-B):RTCA DO-260A-2009[S/OL]. [2020-09-06]. https://my.rtca.org/productdetails?id=a1B36000001IcjDEAS.

[199] Minimum Operational Performance Standards(MOPS)for Traffic Alert and Collision Avoidance System Ⅱ (TCAS Ⅱ) Hybrid Surveillance Change 1:RTCA DO-300A-2015[S/OL]. [2020-10-08]. https://my.rtca.org/productdetails?id=a1B36000001Ich3EAC.

[200] 李英成,薛艳丽,李西林,等. 北斗短报文的无人机飞行监管技术与装备研究[J]. 测绘科学,2019,44(6):47-51.

[201] 杨会军,王琦. 国外无人机数据链发展现状及其干扰技术[J]. 航天电子对抗,2016,32(6):57-59.

[202] 朱铁林. 卫星通信在无人机电力巡线中的应用分析[J]. 内蒙古电力技术,2020,38(3):50-54.

[203] 王俊,周树道,程龙,等. 无人机数据链关键技术与发展趋势[J]. 飞航导弹,2011(3):62-65.

[204] 何源洁,张华鹏. 无人机数据链技术及发展[J]. 电子技术与软件工程,2021(16):184-185.

[205] 中国民用航空局. 基于无人机的民用航空飞行校验专用地空数据链系统通用技术应用指导意见(试行):IB-TM-2022-001[A/OL]. [2022-01-25]. http://www.caac.gov.cn/XXGK/XXGK/GFXWJ/202201/t20220126_211288.html.

[206] 中国民用航空局. 中国民航监视技术应用政策:AC-115-TM-2010-01[A/OL]. [2010-11-02]. http://www.caac.gov.cn/XXGK/XXGK/GFXWJ/201511/t20151102_8010.html.

[207] Minimum Operational Performance Standards(MOPS)for Air-to-Air Radar for Traffic Surveillance:RTCA DO-366A-2020[S/OL]. [2021-05-06]. https://my.rtca.org/productdetails?id=a1B1R00000GshvQUAR.

[208] 张尉,张兴敢,等. 空管一次雷达[M]. 北京:国防工业出版社,2015.

[209] 中国民用航空局行业管理办公室. 空中交通管制L波段一次监视雷达 技术要求:MH/T 4038-2013[S]. 北京:中国民用航空局,2013:1-7.

[210] 中国民用航空局. 空中交通管制S波段一次监视雷达设备技术规范:MH/T 4017-2004[S]. 北京:中国民航出版社,2004:1-9.

[211] Command and Control(C2) Data Link Minimum Operational Performance Standards(MOPS)(Terrestri-

al):RTCA DO-362A-2020[S/OL].[2021-5-10]. https://my.rtca.org/productdetails?id=a1B1R00000LoYFZUA3.

[212] HIRSCHFELD R M A. Efficacy of SSRIs and newer antidepressants in severe depression:comparison with TCAs[J]. Journal of Clinical Psychiatry,1999,60(5):326-335.

[213] LIVADAS C,LYGEROS J,LYNCH N A. High-level modeling and analysis of TCAS[J]. Proceedings of the IEEE,2000,88(7):926-948.

[214] 中国民用航空局. I 型机载空中交通告警和防撞系统(TCAS I)机载设备:CTSO-C118a[A/OL].[2019-03-18]. http://www.caac.gov.cn/XXGK/XXGK/BZGF/JSBZGD/201904/t20190401_195457.html.

[215] 中国民用航空局. 带有混合监视的空中交通告警和防撞系统(TCAS Ⅱ)机载设备:CTSO-C119e[A/OL].[2019-03-18]. http://www.caac.gov.cn/XXGK/XXGK/BZGF/JSBZGD/201904/t20190401_195458.html.

[216] 魏航科. TCAS 和 S 模式应答机数据接口标准的研究[D]. 成都:电子科技大学,2018.

[217] 顾凤莲. TCAS 监视功能关键技术的研究与设计[D]. 成都:电子科技大学,2014.

[218] 张勍,冯毅,马丹,等. 5G 低空网络解决方案和运营应用[J]. 电信科学,2020,36(1):28-33.

[219] 韩玲,朱雪田,迟永生. 基于 5G 的低空网联无人机体系研究与应用探讨[J]. 电子技术应用,2021,47(5):1-4,10.

[220] 中国民用航空局空管行业管理办公室. 多点定位系统通用技术要求 第1部分:机场场面多点定位系统:MH/T 4037.1-2017[S]. 北京:中国民用航空局,2017:1-6.

[221] 中国民用航空局空管行业管理办公室. 多点定位系统通用技术要求 第2部分:广域多点定位系统:MH/T 4037.2-2017[S]. 北京:中国民用航空局,2017:1-6.

[222] 田磊,黄涛,水泉,等. 基于机场场面分布式 MLAT 到达时间差定位研究[J]. 现代信息科技,2021,5(24):20-23.

[223] 张万红. MLAT 系统定位算法研究及实现[D]. 天津:中国民航大学,2017.

[224] 陈京华. 机场场面多点定位系统的研究与应用[D]. 上海:上海交通大学,2015.

[225] 彭卫,黄荣顺,郭建华,等. 一种适用于机场场面 MLAT 监视系统的定位算法及其性能分析[J]. 航空学报,2015,36(9):3050-3059.

[226] WEI P,FANG Z,JIN L J,et al. A target dynamic model based on TDOA form for multilateration(MLAT) system[C]//2015 IEEE International Conference on Communication Problem-Solving(ICCP). Guilin,China:IEEE,2015:569-571.

[227] 中国民用航空局空管行业管理办公室. 1090MHz 扩展电文广播式自动相关监视地面站(接收)设备技术要求:MH/T 4036-2012[S]. 北京:中国民用航空局,2012:1-6.

[228] 何昕,李哲,张智豪. ADS-B 技术应用及发展趋势研究[J]. 微型电脑应用,2022,38(4):4-6.

[229] 王凤鑫,刘海涛,李保国,等. 星基 ADS-B 监视性能评估软件设计与实现[J]. 计算机应用与软件,2022,39(3):25-30.

[230] 倪久顺,陈利虎,余孙全,等. 星载 ADS-B 相关研究进展及展望[J]. 中国空间科学技术,2022,42(1):30-37.

[231] 邓晓波,王飞,杨光曜,等. 机载 ADS-B 技术现状与发展趋势[J]. 航空工程进展,2021,12(1):121-128.

[232] 李国圣. 星载 ADS-B 系统性能分析及可行性研究[D]. 成都:电子科技大学,2015.

[233] Minimum Operational Performance Standards for Airborne Collision Avoidance System Xu(ACAS Xu):RTCA

DO-386—2020[S/OL].[2021-5-10].https://my.rtca.org/productdetails? id=a1B1R00000LoYFjUAN.

[234] 丁鹭飞,耿富录.雷达原理[M].3版.西安:西安电子科技大学出版社,2002.

[235] 祁友杰,王琦.多源数据融合算法综述[J].航天电子对抗,2017,33(6):37-41.

[236] 敖伟.无源定位方法及其精度研究[D].成都:电子科技大学,2009.

[237] 赫永磊,李冬,王肖飞.电子对抗手段干扰无人机GPS/INS导航系统效能分析[J].舰船电子工程,2020,40(12):44-47.

[238] 简晨,尚飞飞.2.4GHz频段民用无人机压制干扰研究[J].数字通信世界,2019(3):33,36.

[239] 李牧,相里晓军,邵继强,等.无人机定向干扰拦截技术及设备解析[J].警察技术,2018(5):75-78.

[240] 夏朋.针对民用小型无人机的干扰与反制技术研究[D].成都:电子科技大学,2018.

[241] 赵嶷飞,张志玮.基于冲突阈值的城市物流无人机空域容量评估[J].中国民航大学学报,2021,39(5):1-6.

[242] 李翰,张洪海,许卫卫,等.物流无人机路径规划及评估方法研究[J].信息技术,2020,44(1):1-6.

[243] 周青,李广文.基于A*算法的无人机四维航迹规划研究[J].计算机仿真,2014,31(4):92-96.

[244] 李玲玲,韩瑞玲,张晓燕.城市低空空域可用空间识别与容量评估——以北京市为例[J].科学技术与工程,2021,21(19):8253-8261.

[245] 潘良波,赵晓晶,周文.基于全球三维空间网格的时空地理数据组织方法[J].城市勘测,2021(4):32-35.

[246] 中国民用航空局飞行标准司.无人机围栏:MH/T 2008-2017[S].北京:中国民用航空局,2017:1-10.

[247] 中国民用航空局飞行标准司.无人机云系统接口数据规范:MH/T 2009-2017[S].北京:中国民用航空局,2017:1-6.

[248] 刘大同,郭凯,王本宽,等.数字孪生技术综述与展望[J].仪器仪表学报,2018,39(11):1-10.

[249] 李欣,刘秀,万欣欣.数字孪生应用及安全发展综述[J].系统仿真学报,2019,31(3):385-392.

[250] 张天瀛,姬杭.数字孪生综述[C]//2019中国系统仿真与虚拟现实技术高层论坛论文集.北京:[出版者不详],2019:77-82.

[251] 裴求根,黄小强,吴振田.电网数字孪生北斗网格空间构建及无人机电力巡检应用[J].中国集成电路,2021,30(8):63-68.

[252] 任晓京.空客数字孪生对我国航空公司运行层面数字化转型的启发[J].空运商务,2021(5):53-56.

[253] 朱永文,谢华,王长春.空域数值计算与优化方法[M].北京:科学出版社,2020.

内 容 简 介

本书主要阐述了无人机系统空域管理的技术和方法,及其在军事、民用领域的应用。全书共7章,首先介绍了无人机系统空域管理的基本概念、发展现状和总体技术体系,其次围绕无人机系统空域管理主要涉及的探测监视、间隔管理、无人机探测与反制、空域使用及评估等技术,详细分析介绍了原理、模型和方法,最后针对日新月异的智能无人机,提出其未来发展趋势,阐述了其空域管理的需求和基本技术方法。

本书可供从事无人机探测与监视、无人机探测与反制、无人机运行管理等领域的科研人员或院校师生学习和参考。

This book mainly expounds the technology and methods of UAS airspace management, and its application in military and civil fields. The book has 7 chapters. First the book introduces the basic concept of UAS airspace management, development status and overall technology system. Then around various technologies mainly involved in UAS airspace management such as detection and surveillance, separation management, UAS Detection and Defense, airspace use and evaluation and so on, the book analyzes and introduces the principle, model and method in detail. Finally for the ever-changing intelligent UAS, the book puts forward its future development trend, expounds the requirements and basic methods of UAS airspace management.

This book can be used for scientific researchers or college teachers and students in the fields of UAS detection and surveillance, UAS Detection and Defense, and UAS operation and management.